高等教育工业设计专业全系列“十二五”规划教材

产品概念设计

尹　虎　刘静华　主　编
王　鑫　林英博　副主编
张印帅　申福龙　苗立学　参　编
尚凤武　主　审

中国铁道出版社有限公司
CHINA RAILWAY PUBLISHING HOUSE CO., LTD.

内 容 简 介

本教材包含四部分（共八章）内容，分别为：产品概念设计衍生方法（第 1、2 章）；产品概念设计衍生思路（第 3 ～ 6 章）；产品概念设计与设计竞赛（第 7 章）；产品概念设计案例分析（第 8 章）。

本教材在产品概念设计衍生方法部分介绍了产品概念设计的定义、特征、作用，并对其未来发展趋势做了展望，然后以几个经典、实用的设计思维工具讲解了产品概念设计的衍生方法。在产品概念设计衍生思路部分，从产品概念与可持续发展理念、产品概念与科技创新、产品概念与交互设计理念、产品概念与企业产品战略等方面，详细论述了产品概念设计的构思方向。在产品概念设计与设计竞赛部分，对国内外享有盛誉的设计赛事依据其获奖点的特征予以介绍，并指出其参赛注意事项，分享了参赛经验。在产品概念设计案例分析部分，对实战设计案例进行分析，有助于读者快速进入设计状态，把握产品概念设计的创新高度。

本教材适合作为普通高等院校工业设计专业的教材，也可供广大相关设计爱好者使用。

图书在版编目（CIP）数据

产品概念设计/尹虎，刘静华主编. —北京：中国铁道出版社，2015.12（2023.2 重印）
高等教育工业设计专业全系列“十二五”规划教材
ISBN 978-7-113-20433-4

Ⅰ.①产… Ⅱ.①尹… ②刘… Ⅲ.①工业产品－造型设计－高等学校－教材 Ⅳ.①TB472

中国版本图书馆CIP数据核字（2015）第131645号

书　　名：**产品概念设计**
作　　者：尹　虎　刘静华

策　　划：马洪霞　　　　**编辑部电话**：（010）51873371
责任编辑：潘星泉
编辑助理：钱　鹏
封面设计：佟　囡
封面制作：白　雪
责任校对：汤淑梅
责任印制：樊启鹏

出版发行：中国铁道出版社有限公司（100054，北京市西城区右安门西街 8 号）
网　　址：http://www.tdpress.com/51eds/
印　　刷：三河市兴达印务有限公司
版　　次：2015 年 12 月第 1 版　　2023 年 2 月第 3 次印刷
开　　本：787 mm×1 092 mm　1/16　**印张**：12.5　**插页**：4　**字数**：283 千
书　　号：ISBN 978-7-113-20433-4
定　　价：36.00 元

前　　言

创新是工业设计的核心动力。近年来，随着工业设计专业的热点从物质产品设计向非物质产品设计转化，工业设计的内涵和外延不断扩展，在交互设计、服务设计等新兴专业方向蓬勃发展，方兴未艾，产品概念的衍生与设计也越来越受到关注。它由传统产品设计流程的一个阶段正在发展为一个独立的设计研究方向。同时，国际权威设计赛事纷纷设立产品概念奖，以鼓励产品在源头的创新。

好的产品概念不仅可以创造全新的产品使用体验去取悦用户，而且关系到企业产品的市场战略，甚至涉及社会可持续发展等深层次的经济和社会问题。由于产品概念设计与许多新兴设计理念交集颇多，使得其本身也具有新兴设计领域的特征。然而，目前专门侧重于产品概念设计方面的教材比较缺乏，与设计行业蓬勃发展的现状以及工业设计处在历史转折关键节点的形式形成鲜明的反差。高等院校工业设计专业的学生对产品概念设计的探求欲望强烈，迫切需要相应的教材系统地引导。本教材包括概论、设计概念衍生方法、产品概念设计与可持续发展理念、产品概念与科技创新、概念设计与交互理念、产品概念与企业战略、产品概念设计与设计竞赛、优秀产品概念赏析共8章，力图让读者理解蕴含在产品概念设计下的层次更为丰富的设计思维，同时也为读者在设计实践中指明产品概念创意的构思方向。

在工业设计课程体系中，产品概念设计（或产品设计1）属于必修核心课程，是学生由技能基础课过渡到专业课的重要环节，建议在第五学期排课。因为此时，学生已经完成了设计基础课的学习（包括造型、构成基础和计算机软件基础），同时对所学专业也有了一定的理解，学生创作欲望强烈，所以第五学期正是开设产品概念设计课程的最佳时机。

本教材的特点在于训练学生前瞻性的产品概念创新设计能力。课堂讲授学时应占总课时的50%左右，其余课时分配给专题研究和课程设计。课堂讲授应采用精讲与串讲相结合的教学方式，基本理论与案例分析相结合，深入浅出地讲解课程重点、难点。针对教材的第二部分（第3章至第6章），以课堂讨论的形式进行专题研究，使学生把握产品概念的创新设计方向。

本教材由尹虎、刘静华任主编，王鑫、林英博任副主编，张印帅、申福龙、苗立学参与编写，全书由尚凤武主审。

本教材在写作过程中参考了大量的资料，为此向这些资料的作者表示忠心的感谢，由于时间仓促，编者水平有限，书中难免存在疏漏与不妥之处，恳请广大专家和读者批评指正。

编　者

2015年3月

目　录

第一部分　产品概念设计衍生方法

第二部分　产品概念设计衍生思路

第三部分 产品概念设计与设计竞赛

第四部分 产品概念设计案例分析

第一部分　产品概念设计衍生方法

第1章　概　论

学习重点：

1. 分析各个时代的产品设计概念和当时的人文背景之间的关系；
2. 区分狭义和广义两个范畴的产品概念设计的差别；
3. 产品概念设计与人体感官的关系。

产品概念设计，从字面上可以看作是产品设计和概念设计的结合。随着时间的推移变迁，人类社会中的各种定义也都在发生转变，“工业设计”“工业造型设计”“后工业设计”“产品设计”“交互设计”等名称都是不同时代产品设计的主流趋势。由此，为了能更好地理解产品概念设计的含义，在本章对常见的各个称谓进行释义，并将概念设计的历史发展脉络进行简要介绍。对于正处于产业转型阶段的我国来说，概念设计的重要性是不言而喻的，同时通过对其特征的学习，同学们可以将产品概念设计从字面上的定义进一步转变成为自己的理解。而本章第1.5节中的内容是从一个独特的视角带领同学们去见证概念设计从昨天的梦想的一步步实现，发展成为一个可以期待的未来。

1.1　产品概念设计的概念

1.1.1　产品

产品是人造的物，即人类创造活动的体现。我们经常在新闻中听说世界各地不同时代的遗址伴随着大量文物被发现，研究人员正是通过对这些文物的研究来分析先民的行为方式、精神生活、宗教信仰等信息，物即是精神生产的表征物，亦是一种语言，在表达着人类的历史。可以说人类的造物历史与人类的生活历史同样悠久。

动物也会创造，但还是出于本能，只能是为了自身最原始的生存模式的需要，马克思曾经在《1844年经济学哲学手稿》中指出：“动物固然也劳作，它替自己营巢造窝，例如蜜蜂、海狸和蚂蚁之类。但是动物只制造它自己及其后代直接需要的东西，它们只片面地生产，而人却全面地生产；动物只有在肉体直接需要的支配之下才生产，而人却在不受肉体需要的支配时也生产，而且只有在不受肉体需要的支配时，人才真正地生产；动物只生产动物，而人却在生产整个自然界；动物的产品直接联系到它的肉体，而人却自由地对待他的产品。动物只按照它所属的那个物种的标准和需要去制造，而人却知道怎样按照每个物种的标准来生产，而且知道怎样把本身固有的标准运用到对象上来制造。"

狭义的产品指的是人们生产、制造或收集上来的由一定材质以一定结构结合而成的，而又由一定的色彩和形式表现出来，可以批量生产的，对人具有相应功能的实体。例如，人们日常生活中所熟悉的家具、文具、玩具、交通工具、数码产品、家电设备、医疗设备等。广义的产品指的是能够提供给市场用来消费和使用，并能满足人类某种需求的任何东西，既包括有形的物品，也包括无形的体验和服务。产品实际也是服务。而在当今，忽视这两个层面中的任何一个都无法开发出一件成功的产品案例。

1.1.2 设计

英文中设计一词是design，其概念源于意大利文艺复兴时期的词汇disegno，最初的意义是指素描、绘画等视觉上的艺术表达，是对视觉元素如线条、色彩、质感、光线、空间等的合理安排。但设计一词在汉语中则包含了丰富的含义，人们所从事的各种行为，凡处于设想、预计和规划的阶段都可以使用设计一词，因此往往会加上相应的定语来限定方向、范围，例如机械设计、艺术设计、理财设计、职业规划等。实际上在现今社会行为中，无论是直接的或者间接的，还是经意或者不经意的，从生活用品到生态环境，只要是有人参与的行为活动，每一样都是经过设计的，只不过是有一些没有被察觉。

设计科学的创始人希尔伯特·西蒙（Herbert Simon），1981年在《人工科学》一书中指出："工程师并不是唯一的职业设计者。从某种意义上说，每一种人类行动，只要是意在改变现状，使之变得完美，这种行动就是设计性的。生产物质性人造物品的精神活动，与那种为治好一个病人而开处方的精神活动，以及与那种为公司设计一种新的销售计划、为国家设计一种社会福利政策的精神活动，没有根本的区别。从这个角度看，设计已经成为所有职业教育和训练的核心，或者说，设计已经成为把职业教育与科学教育区别开的主要标志。工程学院、建筑学院、商业学院、教育学院、法学院、医学院等，全都是以设计过程作为核心内容。"德国乌尔姆造型学院教师利特说："设计是包含规划的行动，是为了控制它的结果。它是很难的智力工作，并且要求谨慎的广见博闻的决策。它不总是把外形摆在优先位置，而是把与其有关的各个方面结合在一起考虑，包括如何制造，能否适应操作的人机工程学，人的感知因素，而且还要考虑经济、社会、文化因素。"

设计绝不只局限于对象的外形，西方工业化的过程是通过设计规划出来的，这些规划需要依赖并假设出一种人的本质为前提，用它来适应人的动因，解释人的追求和人们之间的关系，并在这个基础上，规划社会结构、劳动分工、政府的功能、经济发展的策略等，最终演绎出人的生活方式以一种时代精神表现出来。之后各种"产品"的设计应运而生，包括建筑、机器、日用品、管理方式和经营模式等，用来达到各种社会以及个人目的。设计作为人创造物、创造环境、创造世界、创造美学的行为，和哲学与文化，同为人类本质力量的体现。

1.1.3 产品设计

在我国，产品设计专业创立初期在学科目录上为“工业设计”。这里的工业设计区别于工业工程专业的机械结构设计，主要解决在一定物质技术条件下工业产品的功能与形式，结构与符号等的关系。

工业设计由Industrial Design 直译而来。1957年，国际上建立了国际工业设计学会联合会（International Council of Societies of Industrial Design，ICSID）。该组织对于促进国际工业设计运动发挥了积极的作用。1970年，国际工业设计协会为工业设计下了一个完整的定义：“工业设计，是一种根据产业状况以决定制作物品之适应特质的创造活动。适应物品特质，不单指物品的结构，而是兼顾使用者和生产者双方的观点，使抽象的概念系统化，完成统一而具体化的物品形象，意即着眼于根本的结构与机能间的相互关系，其根据工业生产的条件扩大了人类环境的局面。”这一定义表现了对从工业革命爆发之后所出现的大量的劣质工业产品的痛斥，和对当时工业制造生产业提出的要求，即生产者与使用者之间取得最佳匹配的创造性活动，换句话说是取得产品与人之间的最佳匹配。这种匹配，不仅要满足人的使用需求，还要与人的生理、心理等各方面需求取得恰到好处的匹配，这恰恰体现了以人为本的设计思想。但是，这个定义所针对的、涉及的工业设计还停留在狭义的工业设计中。

1980年，国际工业设计协会给工业设计更新的定义：“就批量生产的工业产品而言，凭借训练、技术知识、经验及视觉感受，而赋予材料、结构、构造、形态、色彩、表面加工、装饰以新的质量和性能，叫作工业设计。当需要产品设计师对包装、宣传、展示、市场开发等问题的解决付出自己的技术知识和经验以及视觉评价能力时，这也属于工业设计的范畴。工业设计的核心是产品设计。”可以看出，此时的工业设计的定义包含了为达到某一特定目的，从构思到建立一个切实可行的实施方案，并且用明确的手段表示出来的系列行为。它包含了一切使用现代化手段进行生产和服务的设计过程。这个定义又体现了工业设计的性质：它是一门覆盖面很广的交叉融汇的科学，涉足了众多学科的研究领域，犹如工业社会的黏合剂，使原本孤立的学科诸如：物理、化学、生物学、市场学、美学、人体工程学、社会学、心理学、哲学等，彼此联系、相互交融，结成有机的统一体。

2006年，国际工业设计协会为工业设计下的定义是：工业设计是一种创造活动，其目的是确立产品多向度的品质、过程、服务及其整个生命周期系统。这一定义的提出，预示着工业设计不仅是要在狭义的工业设计中为使用者和生产者双方的利益而对产品和产品系列的外形、功能和使用价值进行优选，更要偏向于广义的工业设计，强调过程、服务等无形的“产品”，从而更多地将工业设计列为一项“服务性工作”。

我国工业和信息化部为工业设计所下的定义是：工业设计是以工业产品为主要对象，综合运用科技成果和工学、美学、心理学、经济学等知识，对产品的功能、结构、形态及包装等进行整合优化的创新活动。工业设计的核心是产品设计，它广泛应用于轻工、纺织、机械、电子信息等行业。产品设计产业是生产性服务业的重要组成部分，其发展水平是工业竞争力的重要标志之一。对比国际工业设计协会对工业设计的定义，工业和信息化部的定义更符合当前中国的生产和生活水平。

1.1.4 产品概念设计

产品设计专业的从业者和教育机构，习惯依据对现有产品概念颠覆程度的不同，将产品设计按照类别分为三类：改良性设计、开发性设计和概念性设计。而从狭义角度来看，产品概念设计可以被看作是产品设计大范畴所包括的三个类别之一，以下将对其详加论述。

1. 改良性设计

全世界每天都有形形色色、各类式样的产品投放到市场，而在这众多的新产品中，完全意义上的原创性产品非常稀少，绝大多数都是作为老款产品的升级换代版本出现。只有在科技发生革命性突破，或者技术上出现飞跃性的创新时，才会有全新产品的诞生，并引导人们的生活方式、生存形态发生变化。

改良性产品设计是对已有产品在其造型、色彩、装饰、材料、技术、人机使用性能等方面进行改良和革新的再设计，占据了产品设计项目的大部分。对企业而言，这是一条少投入、风险小、见效快的最好路径。对于消费者而言，长期选择使用一款产品或者是某一品牌的一系列产品，会逐渐提升对其的信任甚至是依赖感,如果产品突然出现巨大的改变，则很有可能需要一个适应的过程而降低产品用户忠诚度。目前中国的企业80%为中小型企业，自主研发新产品的能力薄弱，有实力进行产品的原创性开发者更是寥寥无几，因此我国目前制造的产品进入国际市场主要有两条途径：一条是为国外企业做来样加工，另一条是将市场上成功的产品进行适当改良后销售出去。而全球绝大多数的大企业也是在对产品不断改进、优化的基础上壮大发展的。改良性的产品设计是工业产品不断完善优化、不断进步的动力。

2. 开发性设计

如果说产品的改良设计是一种渐变性地递进，那么，产品的开发性设计就是在产品推陈出新中的突变。开发性设计是指在对现有的科学技术水平或物质条件得到一定程度提升后，设计生产出具有功能性创新，能够满足人们更新更高的生产、生活、娱乐各方面需要的产品开发设计。开发性设计更多强调产品的实用功能，在发现新需求的前提下，充分利用或者发展技术优势和物质条件，对人潜在需求的满足。例如方便面的设计发明，就是解决了人们在空间或时间不方便进餐的情况下吃饭问题的设计。设计史上最著名的例子当属日本SONY公司的小型立体收录机设计，即随身听，使人们在活动中随时随地听到声音，改变了人们听的方式（见图1–1）。

图1–1 SONY小型立体收录机

3. 概念性设计

广义的概念，是反映事物本质属性的思维产物，它指导着人们的行为。概念设计体现着人类社会的一种生存理念和精神向往。因此，广义的产品概念设计可以看作是由分析用户需求到生成概念产品的一系列有序的、可组织的、有目标的设计活动，通过抽象化由模糊到清晰，不断进化来拟定未来产品的功能结构，寻求新产品的合理解决方案。在设计前期阶段设计者的构思最初是丰富和感性的，继而针对设计目标做出周密的调查与策划。分析出客户的目的意图，结合地域特征、文化内涵等，再加之设计师独有的思维素质产生一连串的设计想法，提炼出最准确的设计概念。创造性思维将繁复的感性和瞬间思维上升到统一的理性思维。最终所有前期概念转化为使用者的使用体验，概念产品则是一种理想形式的物化。

从分析用户需求到生成概念产品，概念设计改变了原有设计的一贯思维逻辑，甚至是重新定义某一设计领域的格局。概念设计首要关注人们的现实需求或预测将来的生活方式和审美趋势，常常不受现有科学技术水平和物质条件或设计开发成本的限制，它既可以以现有的技术资源对新产品的功能进行新的诠释，也能采用可以预见的新技术和新条件进行未来产品的设计开发。概念设计的目标追求往往最能体现设计是人的思维形象化这一设计的真正内涵。也正是因为概念设计的特殊性，概念产品的开发设计会对设计师的素质提出更高的要求。

概念设计关注更多的是基于未来人们的审美情趣和新技术平台下的产品开发，例如概念汽车的开发设计，汽车厂商常常不计开发成本，倾力打造具有前瞻性造型和技术超前的未来汽车，在把新的造车理念与技术实力展示给消费者的同时又表达了企业自身对未来发展的信心（见图1-2）。

图1-2　宝马概念车

概念设计中，概念可以基于人生活的时间维度提出，如对人未来生活形态的向往和预计。设计源于需求，在今天很多我们已经习以为常的设计产品，在未被大家接受、使用之前，可能都算是前卫的概念设计。但设计师通过对人未来需求的推测与预先判断嗅出了新产品存在的市场潜力。新的技术、材料，不断增加的财富，是满足人们对未来需求的物质基础。概念设计也可以通过人的思想深度去找寻。哲学思想、艺术背景和社会环境的不同，让设计师看待事物的基本观念存有很大的差异，将其情怀运用在设计中，就形成了具有多样化意识形态的设计概念。

1.2　产品概念设计的发展

概念设计有着其深厚的历史渊源，不管是概念设计发展的历史还是艺术史，如果割裂与社会发展史的关系，都会变为既毫无生气又没有说服力的时间点与定义。这是因为艺术现象和设计现象都正是人类社会发展过程中对事物认知概念在各个时期转变的表象。一般来说，设计活动的历史大体可以划分为三个阶段，即设计的萌芽阶段、手工艺设计阶段和产品设计阶段。在产品设计史中，继承和变革这两个主题一直在以不同的形式交替出现，并不时产生激烈的交锋。由于产品设计概念与人类社会文明的渊源，为了较全面地了解产品概念设计的发展，有必要捋顺各个时期的设计概念对产品的影响。

1.2.1 设计的萌芽阶段

设计的萌芽阶段从旧石器时代一直延续到新石器时代，由于生产力低下和材料的限制等原因，人类的设计技能以及设计意识都十分原始。人类在距今七八千年前发明了制陶和炼铜的方法，可以算是人类最早的有意识地通过化学变化将一种物质改变成另一种物质的创造性活动。新材料的出现促成了各种新型的生活用品和工具也不断被创造出来，这些都为人类设计开辟了新的广阔领域。人类随着生存危险的消失和温饱问题的基本解决，其他的需求也就会逐渐出现。这样，产品设计的概念便由保障生存发展到了使生活更舒适、更有意义，以满足社会发展的需要，人类由设计的萌芽阶段走向了手工艺设计阶段。图1-3所示为2012 年的布达佩斯设计周上展出的、由特拉维夫设计工作室Ami Drach and Dov Ganchrow设计的一系列石器工具，这些产品用现代方式重制了远古人类发明的史前古器物。通过三维扫描和打印技术，这些古老器具装备了数字化定做的把手，用工业化的外壳结构将不规则的石器完美包裹。

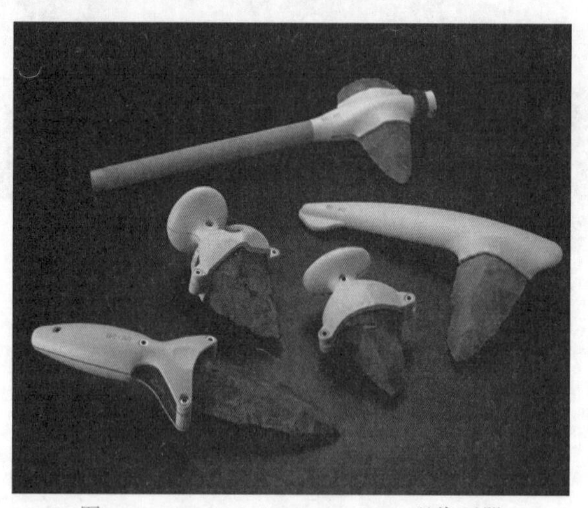

图1-3 ami drach / dov ganchrow 现代石器

1.2.2 18世纪前的手工艺设计

手工艺设计阶段起始于原始社会后期，后经奴隶社会、封建社会一直延续到工业革命前。人类在这数千年的漫长发展历程中，创造出了具有各地区、各民族鲜明特色的手工艺设计文明。在建筑、金属制品、陶瓷、家具、装饰、交通工具等各个设计领域都留下了大量的杰出作品，这些丰富的设计文化遗产正是当前产品设计概念的重要源泉。

在手工业时期，阶级观念使设计物常体现出森严的等级制度和权力观念，形成了所谓的贵族风格和平民风格。另外，由于特殊的自然、人文等因素差异，不同的地域形成了各自独特的设计风格。因此这个时期，设计对概念的表述远比其功能、技术的发展变化丰富得多。比如，在中国传统社会中，始于原始社会祭祀文化的礼乐之道支配着一切，对设计器物做了种种严格的规定，两千多年一直影响着中国设计艺术。中国的陶器设计赋予了器物精神和物质的双重功能，前者集中体现在彩陶的装饰纹样上。纹饰不单是一种视觉装饰，同时也是特定的人群的标志，是氏族共同体在文化上的一种表现。而在外国，西方文化更带有强烈的宗教特征，影响着设计。古埃及的手工艺制作非常发达，同样发达的还有其浓郁的宗教气氛，设计作品具有强烈的象征意味，内在精神层面的意义远超过它外在的实用性因素。古希腊陶器上的绘画也多以人物为主，反映了当时人民征战的情景和生活状态（见图1-4）。

图1-4　古希腊陶器

1.2.3　早期产品设计的探索和酝酿

工业革命是18世纪下半叶发生的一场由机器生产的变化而引发的一场大变革。虽然这场变革在表面上看只是以物质为先导的生产技术上的革新，而实际上却带动了社会很多方面的变化。工业革命带来的机械化的生产方式打破了几千年来的手工艺传统，集中式的机械化组织与生产形式取代了分散式的手工艺家庭组织形式，新式机器和新能源的广泛应用降低了产品的成本，产生了大批低廉的产品。人类社会结束了以手工为主的生产模式，开始向工业文明迈进。

伴随着工业化的汹汹来势，设计的主流也开始从手工艺设计转向现代产品设计。1851年，英国为了炫耀其工业革命发源地的地位以及强大的工业力量在伦敦海德公园举行了世界上第一次世界工业博览会，较全面地展示了欧洲和美国工业发展的成就，另一方面也暴露了产品设计中的各种问题。比如，早期的工业生产只注重功效，而忽略了使用的感受，而早期机器因为生产条件的限制，表现出的结果往往是粗糙与拙劣的产品，尤其是日用品的设计更难以满足上流社会的需要。出于对设计与艺术的严重脱节的深恶痛绝，一些有责任感的艺术家、设计师、批评家开始了理论和实践的两方面的探索。英国艺术批评家和社会理论家约翰·拉斯金（John Ruskin, 1819—1900）在对于伦敦“水晶宫”国际工业博览会的批评中，将粗制滥造的原因归罪于机械化批量生产。他认为工业化和劳动分工使操作者退化为机器,人们的创造性被剥夺了，造成了艺术与技术的分离；提倡回到手工生产方式，把设计与操作、艺术与技术完美结合起来。在反对工业化的同时，拉斯金为建筑和产品设计提出了若干准则，例如师承自然、从大自然中寻找设计的灵感和源泉；要求忠实于自然材料的特点，反映材料的真实质感等。这成为后来工艺美术运动的重要理论基础。

工艺美术运动和新艺术运动是两次伟大的设计运动。它们的主要功绩在于提倡艺术、技术与生产的结合，提倡创新。新艺术运动较之工艺美术运动没有过分强调复古意味，而是更多地使用新材料。新艺术风格把主要重点放在动、植物的生命形态上，结果却常常是表面上的装饰，流于肤浅的“为艺术而艺术”。虽然两者的局限性都很明显，但不可否定它们都是现代设计简化和净化的过程中的重要步骤之一。

经历了这一时期的一系列运动和变革，人们意识到工业产品中艺术与设计的重要性，开始以各自的方式探索新的设计道路。当人们改用全新的方式进行创造生产时，对于即将面对的新困难和新的可能性还不熟悉，起初总是需要借鉴甚至模仿以前的传统形式，这就在旧风格样式与新的材料和技术之间产生了矛盾，正是这种矛盾激发了对新的条件下设计的探讨，拉开了20世纪设计改革浪潮的序幕。

1.2.4 包豪斯与国际现代主义运动

对于产品设计来说，技术进步永远是其发展的根本动力。新产品和新材料的问世为其提供了新的造型方法和可能。生产方式的变化决定了产品样式必须与之相适应。此外，艺术理念的转变往往是产品设计概念发生革命的导火索。

20世纪初绘画现代流派迭起，他们摒弃对物体的写实描摹，着力于主观情感的表达；对绘画形式因素如构图、色彩、线条、材料做深刻细致的探索等。这给予设计很重要的启发。20世纪初到20世纪30年代之间，在欧美出现了声势浩大的设计运动，称为现代主义运动，以德国工业同盟的建立、包豪斯学校的成立和美国产品设计的职业化为主要标志。现代主义运动提出的主要理论观点是：强调功能第一、形式第二；注意新技术、新材料的运用；反对沿用传统产品模式。从此，产品设计从依附于艺术的从属地位变成一个独立的科学体系，设计方法也从艺术般的自由想象转化为以理性推测为主的思考。

为了赶上欧洲强国，以穆特休斯（Herman Muthesius,1861—1927）为代表的德国一群热心设计教育与宣传的艺术家、建筑师、设计师、企业家和政治家把向英国学习作为发展工业的国策组织了德意志制造同盟，聘请了包括德国现代主义先驱彼得·贝伦斯在内的三位当时较为先进的建筑与产品设计师担任三所颇为重要的美术学校的校长。这一举措对于德国设计教育产生了深远的影响。穆特休斯希望设计师们发展标准化的形式这一思想与制造联盟的另一位创始人威尔德却的理念产生了分歧，后者认为标准化会扼杀创造性，使设计师降格为绘图员，并被制造商支配和控制。这场争论表明此时的设计思想比起工艺美术运动时有了很大的飞跃。

1919年，德国现代建筑师和建筑教育家瓦尔特·格罗皮乌斯（Walter Gropius）在德国建立的包豪斯学院是现代主义真正确立的标志。包豪斯（Bauhaus）是世界上第一所真正为发展现代设计教育而建立的学院，在设计中提倡自由创造，反对模仿因素、墨守成规。包豪斯建立了使艺术与现代机器生产相结合的产品设计体系，在理论和实践上，确定了产品设计这一体系的作用、工作范围和工作方法；建立了与产品设计相适应的一套完整的教育体系，由其设立的平面构成、立体构成与色彩构成的基础教育体系，到今天还被广泛采用；树立了一种以机器生产为技术背景的现代主义美学观和艺术风格。应该说是包豪斯奠定了现代产品设计的理论体系和教学体系的基础，它在理论上的建树对现代产品设计的贡献是巨大的。

从19世纪后20年到20世纪初，美国通过电力技术革命迅速实现了工业化，成为世界第一经济大国。在工业发展的同时，为了促进市场销售，产品设计、商标、广告、企业形象等平面和电视媒体也开始被广泛采用，工业和科技的强大实力为美国产品设计的发展奠定了坚实的基础。第二次世界大战期间，许多著名艺术家、设计师流亡到美国，这也为美国产品设计的发展注入了新的活力。美国设计注重的是市场意义，人们把美国20世纪30年代不顾产品的实用功能而推出新的外形来使产品更新的设计行为称为“式样主义”。这几乎是一种纯商业竞争手段，这种人为缩短商品寿命周期的做法在美国称之为“有计划的废弃”，最能说明式样主义的例子是“流线型设计”。流线型成了一种象征速度和时代精神的造型语言而广为流传，不但发展成为一种时尚的汽车美学，而且还渗入到家用产品的领域,甚至于一些日用小产品如皮鞋、帽子、钢笔和订书机上，并成为20世纪30～40年代最流行的产品风格。有些流线型设计是有一定科学基础的，但不少流线型设计完全是由于它的象征意义，而无功能上的含义。这种流线型的滥用完全是以新奇的时髦取得顾客好感的商业思考。包豪斯的思想来到后，美国原有的式样主义和流线型开始衰落。

1.2.5 第二次世界大战后欧洲的产品设计

第二次世界大战之后，各国为了迅速从战争的创伤中恢复过来，纷纷致力于提高自己国家的工业化水平。美国产品设计的方法广泛影响了世界其他地区。无论是在老牌欧洲工业技术国家，还是在苏联、日本等新兴工业化的国家，产品设计都受到高度重视。德国和法国在战争中大伤元气，在设计发展中已不再占据主导地位。取而代之的是战后初期每个国家都形成了自己的设计理念和形式语言，呈现百花齐放的局面。至20世纪50年代，伴随着垄断的跨国公司出现，国际交往日渐频繁，市场的国界已消失，逐渐产生了一种国际化的发展趋势，并形成了国际式现代主义风格。

随着经济的复兴，直到20世纪60年代，现代设计在德国才得以全面恢复。德意志制造联盟促进艺术与工业结合的理想和包豪斯的机械美学仍影响着战后德国的产品设计，并发展了一种以强调技术表现为特征的产品设计风格。1953年成立的乌尔姆造型学院对战后德国的产品设计产生的影响非常大。其旨在培养科学的合作者，即能够在生产领域内将研究、加工、技术、美学以及市场销售等技能综合应用的全面人才，而不仅仅是高高在上的艺术家。以系统思想为基础的系统设计方法是另一个里程碑式的发展。系统设计是对功能主义的扩充，以产品功能单元之间的组合实现产品功能的灵活性和组合性。通过与博朗公司的密切合作，乌尔姆发展出的理性主义设计风格成为战后德国的主流，布劳恩的设计至今仍被看成是优良产品造型的代表和德国文化的成就之一。如果说包豪斯代表了现代设计的艺术化体系，乌尔姆造型学院则发展了产品设计中的科学化体系，将设计建立在科学的基础上，并产生了巨大的影响（见图1–5）。

1951年的“米兰设计三年展”通过打字机、汽车、摩托车、灯具等意大利产品设计的展示，第一次向世界宣告：意大利设计风格基本形成。意大利设计追求的是把现代生活需求与文化意识相结合，把功能的合理性、材料的特点与个性化的艺术创造统一起来。20世纪50年代，许多设计师与特定的厂家结合形成了意大利特有的“设计引导型生产方式”。塑料和先进的成型技术的结合，生产出大量轻巧、透明和色彩艳丽的低成本的塑料家具、灯具及其他消费品，体现出意大利设计更富有个性和表现力的风格。强烈的个性化也使得意大利的产品具备多种样态，比如“菲亚特”小型汽车一贯坚持小型车身、低油耗、线条柔和的特色，在欧洲和国际市场上具有强大的竞争力；而法拉利跑车却以豪华、高速、惊人的外形魅力著称。最有名的是“法拉利”。索特萨斯（Ettore Sottsass, 1917—2007）是意大利设计师的代表，20世纪60年代后期起，他的设计从严格的功能主义转变为更具有人性化和情趣化（见图1-6）。

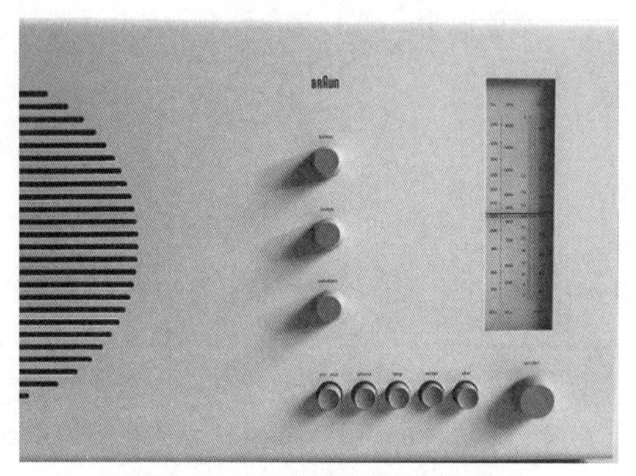

图1-5 布劳恩收音机外观设计

图1-6 索特萨斯设计的打印机外观

斯堪的纳维亚包含瑞典、丹麦、芬兰、挪威和冰岛等五个北欧国家。斯堪的纳维亚设计师在功能主义的基础上，将现代工业的理性原则与其传统文化特征相互融合，并结合自然环境与资源特色，形成了经济、合理、大众化、富有人情味的独特风格。在斯堪的纳维亚设计中几何形式被柔化了，常常被描述为“有机形”。瑞典是北欧现代工业基础最雄厚、也是最先发展起产品设计的国家。在20世纪30年代末，瑞典的家具设计就已经引起普遍欣赏与关注。丹麦的设计特点是朴素、简洁而且实用，将材料、功能和造型融合在一起。

20世纪30年代后期，美国现代艺术博物馆举办了几次“实用物品”展览，旨在向公众推荐实用的、批量生产的、精心设计的和价格合理的产品。这些实用物品被誉为“优良设计”，并以此反对“商业性设计”。“优良设计”这种风格具有简洁无装饰的形态，可以批量生产以获得更合理的价格，并探索了新的塑料材料和粘接技术。特别是可以使家具轻巧且移动方便的同时，还具有多功能性，它以严格的人机工程学和功能主义原则取代了“流线型”的单纯商业目的。这种设计风格实质上反映了当时材料的匮乏和资金的限制，也适于战后住宅较小的生活空间。

第二次世界大战之后，日本的工业和经济经历了恢复期、成长期和发展期三个阶段，成为现代设计大国，其产品设计也经历了这三个阶段同步发展。恢复阶段首先是从学习和借鉴欧美设计开始的，同时设计教育也开始兴办，并举行了战后日本第一次产品设计展览——新日本产品设计展。1953年到1960年，随着各种家用电器的普及以及交通工具的快速发展，产品设计也得到了很大的促进。但在这个时期，日本的不少产品都依然具有明显的模仿痕迹。从1961年起日本的工业和经济出现了一个全盛时期，产品设计由模仿逐渐走向创造，一跃成为世界领先地位的设计大国之一。到20世纪70年代，已经形成了自己独特的设计方法，在产品设计中十分强调技术和生产要素，即体现科技魅力的高技术风格明显，并得到了国际的高度认可。与欧美的职业设计师不同，日本的大型公司多实行终身雇佣制，并且十分重视合作精神，设计成果被视为集体智慧的结晶，并以公司的名义推出。日本还是一个集传统与现代设计思维于一体的国家。在大胆引进和发展高技术的同时，重视与传统文化的平衡，正是日本现代设计的一个特色。

1.2.6 后现代时期的产品设计

20世纪60年代至80年代这一期间在设计史上称为：后现代主义时期。生产逐渐出现信息化、分散化、知识化。消费者不再一味追求产品的使用寿命，而对产品新颖的样式和低廉的价格更感兴趣，并且希望产品能鲜明地表现自己的个性。后现代主义主张用装饰的手法来丰富产品的视觉效果，提倡关照人的心理需求，注重社会历史的文脉关系，大量运用符号语义，为设计注入了幽默、人性化的成分。后现代主义时期的产品设计出现了多元化发展的趋势，各种风格流派百花齐放，大体可以分为两个主要的发展脉络：一种是以“后现代主义”为代表的、从形式上对抗现代主义的设计，如波普运动、反主流设计等；另一种则是从现代主义设计演变而来的，是对现代主义的补充与丰富，如新理性主义、高技术风格和解构主义。

由Eero Aarnio设计的球椅（见图1-7），是波普风格产品设计最具代表性的作品之一。波普风格来源于英语的popular，又称流行风格，代表着20世纪60年代产品设计追求形式上的异化及娱乐化的表现主义倾向，在轻松的形式中蕴含着讽刺性和批判性。其最早起源于20世纪60年代的英国，并以英国为中心延伸到美国、德国、意大利等许多国家和地区。波普风格并不是一种单纯一致的风格，而是多种风格的混杂，在不同国家表现出的形式有所不同。例如，在美国，电话公司就采用了美国最流行的米老鼠形象来设计电话；在意大利，波普风格在家具设计上表现为形体含混不清，并通过和其他物品形式上的置换来强调其非功能性，如把沙发设计成嘴唇或是一只棒球手套的样式（见图1-8）。“波普”基本上是一场自发的运动，其本质是形式主义的，追求新颖、奇异的造型却缺乏坚实的理论和信念基础，因而给人昙花一现的感觉。但波普设计的影响很广泛，特别是在利用色彩和表现形式方面为设计领域带来了新的体验，可以看作是后现代主义的先声。

图1-7 Eero Aarnio设计的球椅

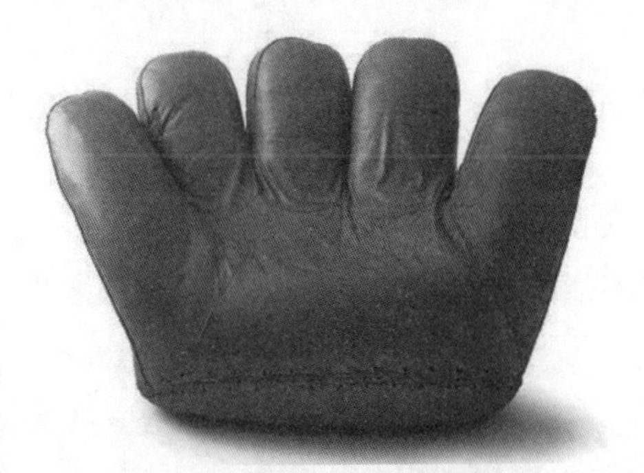

图1-8 Lomazzi设计的棒球手套沙发

20世纪50年代末以来以电子工业为代表的高科技迅速发展，影响了整个社会生产发展的格局，也让人们的思想、意识和审美观念发生了很大变化。高技术风格正是在这种社会背景下产生的，是当代社会对科学技术推崇的反映。高技术风格充分肯定科学技术之美，将现代主义设计中的技术成分加以提炼、夸张，并运用当代技术的形式特点，形成凸现科技象征精神的符号效果，从而获得美学价值，这就是高技术风格的核心内容（见图1–9）。迄今为止，汽车的操控台设计都可以视为这种风格的延续。

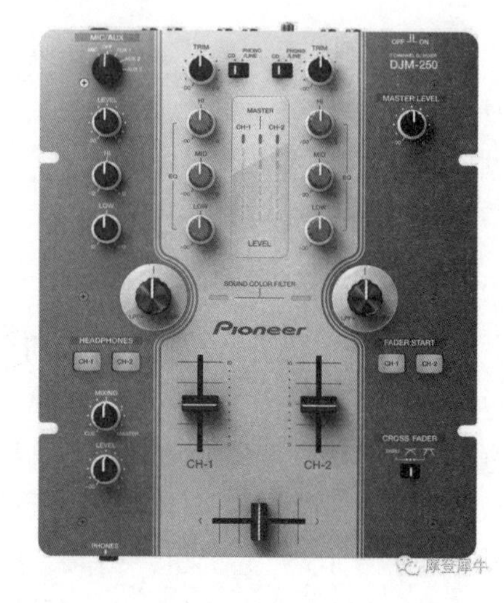

图1–9　高技术风格的产品界面

新理性主义实际上是现代主义的延伸和发展，它并非一味强调设计中的技术因素，也不追求任何表面的个人风格，而是更加注重用设计科学来指导设计。20世纪80年代以来，随着科学技术越来越复杂，一个成功的产品设计需要由多学科专家协作，并按照一定的程序共同完成。许多企业，如飞利浦、索尼、布劳恩等大公司都建立了自己的设计部门，并希望通过设计树立企业形象，这就要求企业的产品必须体现出一贯的特色，即使聘请自由设计师设计的产品也必须纳入公司设计管理的框架之内，以保持设计的连续性和品牌的家族化（见图1–10）。这些都推动了理性主义设计的发展，并且成为20世纪80～90年代产品设计发展的主流方向。

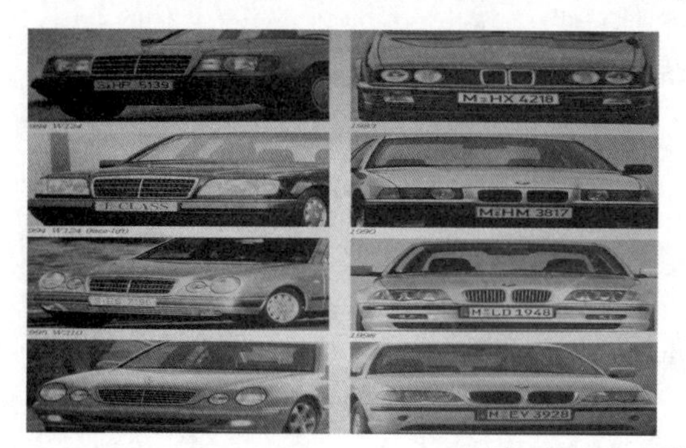
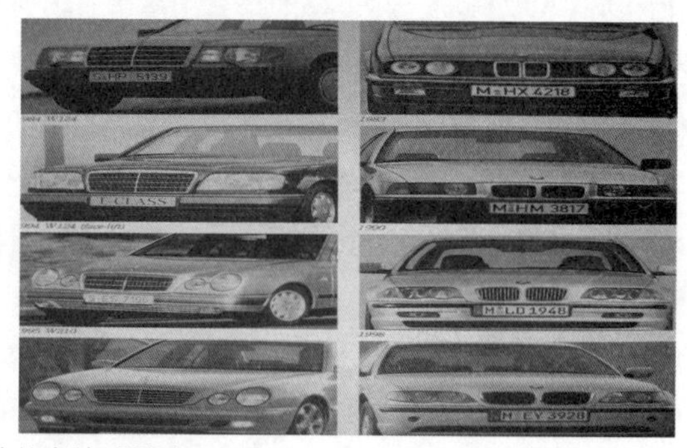

图1–10　汽车设计的家族式前脸

20世纪80年代，出现了一种激进的设计方法和风格，对和谐、统一等传统美学原则和秩序提出批判与否定，由于其对现代主义的重要组成部分——构成主义提出了挑战，而被定义为解构主义。解构主义并不仅仅是破坏结构而随心所欲地进行设计，尽管形态上貌似零乱，但它们都必须考虑并遵循结构因素的可能性和功能要求。因此，在当下很多设计作品都能够看到解构的特征（见图1–11）。

图1–11　扎哈哈迪德设计的非对称的快艇

1.2.7 第三次科技革命之后的产品设计概念

20世纪40年代末50年代初人类社会迎来了第三次科技革命，并一直延续到现在。新科技革命以电子信息业的突破与迅猛发展为标志，主要包括信息技术、生物工程技术、新材料技术、海洋技术、空间技术五大领域。晶体管和大规模集成电路，极大地降低信息传播的费用，其结果是：人类社会从工业时代进入了信息时代。这些新技术正在从根本上改变人们的社会经济生活，也带动了产品设计的进步和发展。

20世纪80年代以来，由于计算机技术的快速发展和普及以及因特网的迅猛发展，宣告了信息时代的来临。信息科技的巨大冲击不仅改变了人类社会的技术特征，也对人类的社会、经济和文化的方方面面都产生了深远的影响。产品设计作为人类技术与文化融汇的结晶毫无疑问也经受了这场剧烈变革的冲击挑战，而产生了前所未有的重大变化。CAD（Computer Aid Design）技术广泛应用于设计的各个领域，令产品设计的方式发生了根本性变化，也大大提高了设计的效率。基于CAD的三维建模、快速原型技术代替了各种手绘制图和油泥模型，基于网络技术的并行结构的设计系统，使不同专业的人员能及时相互反馈信息，从而缩短开发周期，并保证设计、制造的高质量。不同专业领域的融合、界线的模糊，让产品设计在高科技人性化、商品化的过程中起到了重要的桥梁作用。高技术产品，包括计算机、现代办公设备、医疗设备、通信设备等成了产品设计的主要领域。这使得专注于高科技产品开发与设计的一批具有代表性的跨国公司，比如日本的索尼公司、荷兰的飞利浦公司、意大利的奥利维蒂公司、德国的西门子和AEG公司、瑞典的爱立信、芬兰的诺基亚都在这一阶段创造了不凡的成就。

20世纪80年代末出现了一股绿色设计潮流，提出了“绿色设计”“可持续发展”“环境友好型设计”“生态设计”等口号。在以往的现代主义意识驱使下，在商家各种鼓励消费的刺激下，人们追求更新、更好、更高级、更快节奏，不断地在更新周围的产品。这样一来，设计出的产品的使用寿命往往很短，而部分设计师也只是一味地迎合市场的需求而忽略了对消费的引导。举一个简单的例子来说明，洗发液是人们日常必备用品，设计师们通常设计很漂亮的容器包装来装洗发液，塑料包装容器当洗发液用尽后变成废料，而这种塑料很难再处理。当人们的环保意识提高后，生活观念和消费态度也发生了变化，在发达国家更多的消费者开始关注产品的简约质朴，简化复杂性，对“慢”的再发现，享受慢节拍生活，为产品提出了新的价值。1991年，汉堡一家生产洗发液厂家举办了首次对环境友好的洗发液设计比赛。英国一名设计师获得一等奖，他把洗发液设计成洗发粉，凝结成块儿状，使用时掰下来一块，放进水里融化后使用，产品本身不需要再附加任何包装物,原有的塑料包装所产生的浪费也就不存在了。

绿色设计不仅是一种技术层面的考虑，更重要的是一种观念上的变革。反映了人们对于当下现代科技所引起的生态破坏的反思，体现了设计师道德和社会责任心的回归。主张尽量减少材料使用量，减少使用材料的种类，减少使用稀有昂贵材料特别是有毒、有害，对环境产生破坏的材料，最大限度地利用材料资源。这就要求设计者在满足产品基本功能的条件下尽量简化产品结构，合理使用材料，并使产品零件材料能最大限度地再利用；充分考虑产品的环境属性，比如可拆卸性、可回收性、可维护性、可重复利用性等，最大限度地节约产品在其生命周期的各个环节所消耗的能源。美国设计理论家维克多·巴巴纳克（Victor Papanek）强调设计应认真考虑有限的地球资源的使用问题，并为保护地球的环境服务。1992年瑞士政府的《NAWU报告》（Lutz et al, 1992）中提到："质量发展是依赖同样不变的原材料，在不增加自然环境负担的前提下，提高生活质量。我们把生活质量理解成对物质和精神的满意。"意大利米兰的多姆斯美术学院院长曼兹尼（E.Manzini）提出：今后的设计应当尽量减少产量，提高质量，同时设计还应当从文化和社会方面考虑发展方向。设计的目的不仅仅被局限在提高效率、可用性、市场竞争等，而被看成生态系统的规划方法。环境规划、城市规划、资源规划、废料再生规划等已经成为许多产品设计系的内容，通过设计思维表达出来就是：外形跟随生态（Form Follows Ecology）和外形跟随心情（Form Follows Emotion）。今天，在产品设计评价标准中，已把环保问题视为优良产品设计所必须具备的条件之一。图1-12所示为斯塔克为沙巴法国公司设计的一台电视机外观，它采用了一种用可回收的材料——高密度纤维模压成型的机壳,同时也为家用电器创造了一种"绿色"的新视觉（其他未来产品概念设计的发展趋势将会在第五节详细介绍）。

图1-12 Philippe Starck设计的电视机外观

综上所述，设计是人类文化现象中的一种。对设计历史的学习是对以往知识的承袭，是对现象与本质之间联系的探索，是我们创造的基础。对历史的研究愈加深入和细化，我们将会发现那些决定了设计史上起承转合的关键节点，实际上并不单单是以某位大师或者某个社会团体的意志为转移和决定的，而往往是整个人类社会伴随着特定的地理、气候等自然因素的影响，发展到特定阶段的必然产物。这些学习能够转化成为对当下社会现象关注的一种兴趣和动力，从而滋生出真正富含营养，充满能量，能对社会产生影响的设计概念。

1.3 产品概念设计的作用

1.3.1 满足不同层级需求的产品概念设计引领人类的进化

马斯洛理论（Maslow's Hierarchy of Needs）又称"基本需求层次理论"，是行为科学的理论之一，他把人类需求分成生理需求、安全需求、社交需求、尊重需求和自我实现需求五类，依次由较低层次到较高层次排列。马斯洛需求理论各层次需要的基本含义如下：

（1）生理需求：这是人类维持自身生存的最基本要求，包括呼吸、水、食物、睡眠、生理平衡、分泌、性等。

（2）安全需求：包括人身安全、健康保障、资源所有性、财产所有性、道德保障、工作职位保障、家庭安全等。

（3）情感和归属的需求：包括类似友情或者爱情之类的呵护和关爱。

（4）尊重的需求：包括自我尊重、自信心、成就感、对他人的尊重和被他人尊重。

（5）自我实现的需求：这是最高层次的需要，是指实现个人理想、抱负，发挥个人的能力到最大程度，达到自我实现境界的人，接受自己也接受他人，解决问题能力增强，自觉性提高，善于独立处事，要求不受打扰地独处，完成与自己的能力相称的一切事情的需要。

在当前学界达成的共识是智人（homo sapiens），也就是现代人的学名)的生物物种在自然演化过程中改变得非常缓慢，人固有的保守会抑制外界变化的影响，人类的行为和文化的变化需要数十年的时间，而生理特性的改变则需要数千年。但是从创造第一个石器工具开始，在缓慢的演化进程当中人类却创造了璀璨的文明和无数的科学技术的进步，正是人类这些需求构成了人们进行概念设计活动的动因，对于不同层面的需求，人们设计出不同的产品予以满足，需求的高层级越高，对概念设计就越为依赖。例如，对于皇帝和乞丐而言，设计一个普通的水杯就能够满足他们同样生理上对喝水的需求，但是是否需要在水杯上设计金银宝石的镶嵌，就是区分身份象征的需求了。设计一辆最普通的汽车就能完成代步的需求，但是更高端的汽车会配备安全气囊和雷达满足安全需求层面，而贵族阶层对汽车被尊重或者自我实现层面的需求会多于其基本的代步功能。在低级的需求中，建筑只要完成其功能性的作用即可。但是更高级的概念层面，陈旧的建筑同时又担负着承载人群共同记忆的使命。2001年，英国建筑设计师诺曼·福斯特对伦敦大英博物馆进行了改扩建设计，使古老建筑的生命在概念设计中得到了延伸。

不同的社会发展阶段对产品概念设计提出的要求也大相径庭。前面我们已经交代过，每一次科技发展所带来的社会进步都无一例外地导致了人头脑当中概念模型的演化，从而带来新的设计思潮和风格流派。例如第一次工业革命之后，科学技术迅猛发展，当蒸汽机的钢铁巨钳轻易地把坚硬的石块碾成粉末，当漆黑的夜晚被电灯的光芒映照的如同白昼般明亮，当以炸药为原料的新式武器随心所欲地把在中世纪视为牢不可破的城堡穿透，当这些科技的成果呈现出惊人的力量的时候，人们的野心自然会开始膨胀，不再敬畏神明，转而敬畏人类自身的力量。因此在现代主义时期的概念设计中很明确地通过以几何形体为原型的人为形态充斥着概念设计作品，直线条、矩形、正圆所体现出的秩序感和数理关系取代了古典主义时期对神明的信奉和对自然和谐的探寻。而经历了战后的飞速发展和膨胀阶段之后，人们看到人类的盲目扩张和挥霍对自然的破坏，势必会引起反思，这种反思的概念反映在设计上都带有鲜明的标记。例如，由旧钢厂改建设计而成的德国杜伊斯堡景观公园就是体现这一概念的代表作（见图1-13）。

或许我们无法再现石器时代的原始人在设计工具的时候，头脑中有怎样的概念原型，但可以肯定的是这些概念模型逐渐越来越高级，越来越复杂，进化速度也越来越快，资本主义几百年来创造的财富,比以往人类社会创造财富的总和还多，然而谁又能否认这些新的技术所衍生出的概念产品在潜移默化之中改变了人类的生活方式和价值取向呢 ？如果在人体内植入了一些仿生增强物品，比如人工眼球晶状体，或者是耳内助听设备结合互联网提供实时地识别和提示功能，亦或者是为运动员植入能增强其能力的人工材料，这些是否会导致基因的变化呢？况且，即使没有这些科技，一些专业人士的大脑中和其专业相应的结构部分，多年下来也都被增强了，在多年的不断熟悉和积累中，他们大脑中的海马状突起也在增大。现实世界中的人们和网络虚拟世界中的人们哪个更接近真实呢……当我们不断提出新的概念，并创造出改变个人和社会的概念产品时，自身也已经距离人类的原型越来越远了。

图1-13　杜伊斯堡景观公园

在产品概念设计发展的目前阶段，交互设计是其主要的代表之一，交互设计领域的专家将交互设计定义为对人类行为方式的设计，也就是说最终我们所设计的概念产品从某种角度就是人们的行为方式。这与本节对概念设计的作用的阐述不谋而合，人们设计出了产品，产品又反过来影响了人类的生活乃至思维方式，人们在设计着自身的生活方式，在概念产品的创造过程中也重新定义了自身的属性。

1.3.2　提升资源的整合与推动社会的前进

任何一种资源在被发现、利用之前都是没有经济价值或文化价值可言的，因此也是隐性存在的。例如，石油资源在内燃机发明之前毫无价值，而当其能够被利用生产化工材料以及作为交通工具的燃料之后，其地位几乎超越了矿石、木材等传统材料，成为了世界上最重要的资源之一。所以说具有发现资源，并将“隐性”变为“显性”的能动的资源意识对于资源认识来说是最重要的，而这一意识本身就是一种概念设计的形式。“可持续发展”“保护资源”都是既是针对资源认识的口号，也是产品概念设计的目标。

资源的概念在社会的发展中慢慢扩展，它不再是一个封闭的定义。现代资源理论将“资源”衍生成为一个更大的概念，认为“它是一种抽象，涵盖了社会活动中为实现既定目标而开发利用的所有物质的和精神的，现实的和历史的，经济的和社会的各领域内的各种资源。它是为保证社会活动目标实现而所必需的一切条件，包括物质的条件、制度的条件和意识的条件。”从这个意义上讲，资源是我们这个世界的一切所有物，资源意识是以现代资源观对世界的重新发现，从自然、社会乃至历史的范畴为当代社会的发展寻求可持续动力的战略努力与战术计划。而产品概念设计是创造行为的一种，其中包括设计主体(人)、设计行为、被设计物这三个基本元素。被设计物包括设计的对象和设计材料等内容，其本身价值的实现依赖一种物质的或非物质性的概念思维来源，也可能成为被再次设计的资源，因此对资源进行设计和利用的过程事实上是一切过去和现在的文化存在被资源化和再资源化的过程。

从更大的范围来看，完整的设计资源可分为“硬性资源”和“软性资源”，前者是设计行为中必须具备的环境、设备、人力等设施条件所搭建的平台；后者是指设计行为中架构在设计对象与设计材料之间的各种设计介质，其应用的过程，就是以人类文化的积淀为主要内涵的资源形态在概念设计中被重新激活及释放能量的方式和过程。发掘这些资源，并将它们紧密聚集在设计行为的周围，需要一种能动地看待存在之物的“资源”意识，而如何使用这些资源，则需要对它们进行重新的梳理。资源被整合后自身蕴含的能量在新的格局中被发挥出来，使其价值得以实现，从而使设计得到发展。

例如，位于广东省深圳市福田区的华强北商业区（见图1-14），其前身是以生产电子、通讯、电器产品为主的工业区，拥有厂房40多栋。随经济发展，成本升高，工厂外迁，商场入驻，华强北区域功能发生变化，华强北逐渐成为了中国最大的电子市场。市区政府及时把握住转变的契机，1998年开始对华强北商业街进行改造，变成深圳最传统、最具人气的商业旺地之一。华强北商业区作为全国首批购物放心一条街在2008年第十届高交会华强北分会场开幕仪式上获得“中国电子第一街”荣誉称号，标志着行内确认了华强北商业街在全国电子商业界的龙头地位。类似的，对资源统合规划的大的概念设计行为还有北京798、美国的硅谷等。

图1-14 华强北商业区

产品概念设计是制造业发展的前瞻行业，它创造了产品的个性化和高附加值，而这种个性化是企业品牌价值的重要因素，如果不注重产品的设计概念，将难以形成鲜明的企业特色，成就一流企业。其次，高附加值在现代制造业中起到核心地位和关键性作用，产品的价格已经不再是简单的原材料、人力、运输成本的叠加。世界各国在产业升级的过程中往往把产品概念设计作为重中之重，通过加速设计的发展来带动各个产业的发展。由于其特殊的地位和作用，许多国家已经把其作为国家创新战略的组成部分。为了加速产业发展，许多国家设置专门的管理部门，投入巨大资金，并在产业政策上给予扶持。

美国、意大利、澳大利亚等国家相继设立总统或总理产品设计顾问，或政府级的产品设计委员会。英国设有国家设计委员会，主持全国产品设计推进工作。1982年1月，英国首相撒切尔夫人亲自主持了英国工业大臣和工业界高级管理人员参加的产品设计研讨会，制定了国家发展产品设计的长期战略和具体政策，讨论了设计教育的投资问题，并指出“将为英国的企业创建更多就业机会的希望寄托在国内外市场成功地销售更多的英国产品上……如果忘记优良的设计的重要性，英国工业将永远不具备竞争力。”日本在通产省设有设计促进厅和设计政策厅，以及产业振兴会，用于推进这项工作。日本在各省设立产品设计专职机构，直接参与国家经济发展政策的制定。芬兰政府2000年通过了国家设计政策纲要，名为“设计2005”，将芬兰“成为设计和创新方面的领先国家”作为国家的发展战略进行实施。许多国家设立专门奖项用于奖励产品设计大师的创新成果。如日本早在1957年就设立了“优秀设计奖”（Good Design Award）（见图1-15），德国1969年设立了“好的形式”（Good Form）联邦政府奖，德国的IF和红点设计奖是设计界知名度和认可度都非常高的奖项（见图1-16）。韩国自1985年以来设立了“好设计产品奖”并对重大优秀创新设计授予总统奖。这些振兴产品设计的措施同时也大力推动了各国的工业水平。中国工业设计的发展历史相对较短，1987年，中国工业美术协会正式更名为“中国工业设计协会”，是中国工业设计发展史上的一个里程碑。2007年2月13日，温家宝总理做出重要指示：“要高度重视工业设计”。表明了我国政府对于工业设计的重视。2008年3月13日，国务院办公厅出台了国办发〔2008〕11号文《国务院办公厅关于加快发展服务业若干政策措施的实施意见》，其中，“工业设计”被清晰地纳入现代服务业中。

图1-15 Good Design Award标志

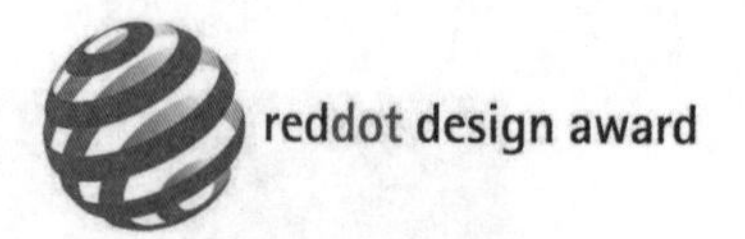

图1-16 红点奖标志

1.4 产品概念设计的特征

如果需要发掘产品概念设计的特征来对其加以识别，会发现在一个具有标志性的成功概念设计案例中常常体现出三个必备因素：功能的需求、技术的进步和理念的发展。有时一个新的产品设计概念的提出，往往是这三个因素结合的产物。在本节将以足球鞋和跨界车这两种产品为例，分别从这三个方面去解析它们身上所体现出来的产品概念设计的特征。

首先以足球鞋这款产品为例，在现代足球产生的一个多世纪里，天然皮革一直是制作生产足球运动鞋最佳的材质。就足球运动的特点对球鞋功能性的需求而言，自然皮革的性能是其他植物纤维和早期的仿皮革人造面料所无法替代和超越的，尤其是在袋鼠皮材质被发掘出来之后，其材料的性能同产品的需求之间达到了最佳的契合度，所以在相当长的时期里，以袋鼠皮为原料的足球鞋都是各大运动品牌的最高档次产品。然而，近两年足球爱好者在挑选球鞋的时候会发现，一些品牌在产品定位中，标价最高的足球鞋竟然是人造革材料，对于已经习惯了原有产品定位的用户消费者来说，这可能是一时无法接受的，因为袋鼠皮代表最高端产品已经成为他们头脑当中的固定概念。然而，这种固执的改变可能只是时间上的问题，因为经过分析便不难发现，这一现象的产生实际上是三大要素都同时具备的必然产物。

1. 功能的需求

足球运动的发展对足球鞋产品的功能性提出了更高、更细分的要求，不同的场地对鞋钉长度和形状有着不同的要求，每个不同位置上的运动员对球鞋的功能需求也是有着细微区分的，前锋队员会要求球鞋在其快速冲刺和射门的时候能提供更坚实的支撑，以帮助运动员发挥出最佳的爆发力；中场选手则会希望球鞋穿起来更为舒适，这样可以使运动员在控球中更加自信，并且能传出更加具有弧线、路线变化更多的传球；而后卫位置会更希望球鞋能给他们带来更稳定的防守发挥。这样一来单一的自然皮革材质在应对这么多的不同需求的时候就显得力不从心。

2. 技术的进步

袋鼠皮材质一度代表了足球鞋产品的最高品质（见图1-17）是因为其柔软度和韧性的绝佳配比（这种绝佳也是相对的，耐克公司开发出的飞线技术的目的也是为了对这种配比进行进一步的优化），而当材料科学的进步终究有一天能够生产出性能与之相仿甚至超越它的人造革材料时，袋鼠皮将不再是唯一绝对的选择（见图1-18）。

图1-17 袋鼠皮足球鞋

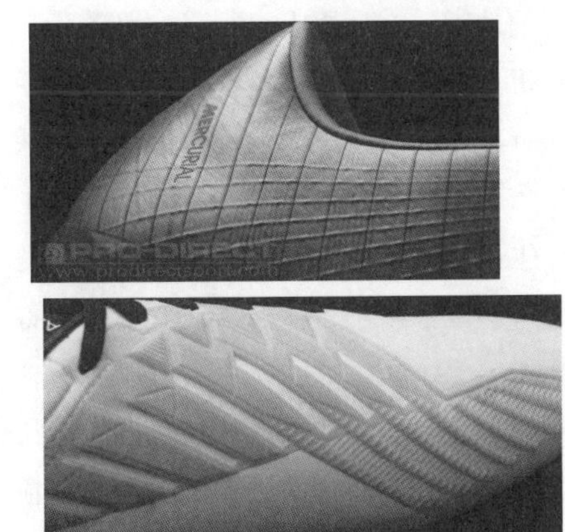

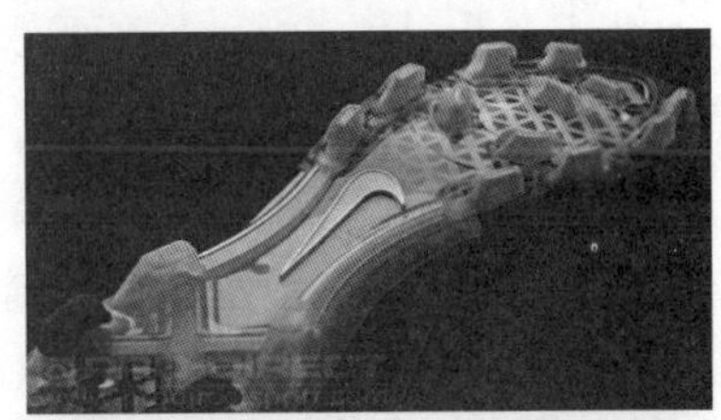
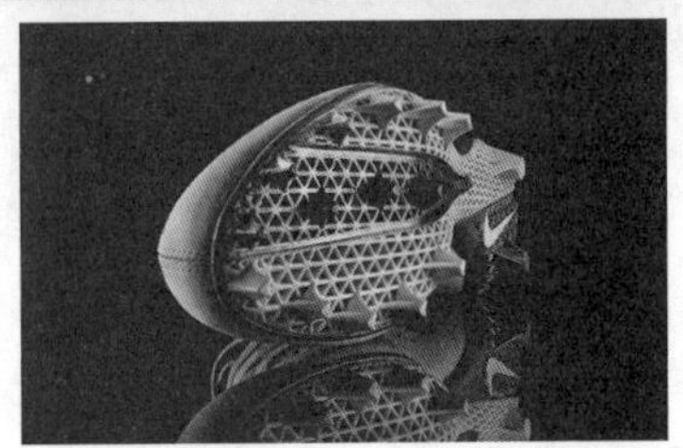

图1-18 新式材质设计的足球鞋

3. 社会因素

环保主义和动物保护主义概念通过长期的倡导和呼吁，在社会中达成具有优势比例的共识。

不难看出，当以上三个条件均发展成熟的时候，必然决定了生产厂商的决策层对其最新的概念产品设计的定位产生巨大的策略变革。

这样的案例在跨界产品里面更是不胜枚举，而当跨界产品成为一种常态时，则标志着该产品已经进入到生命周期的下一阶段。跨界车也是具有说服力的一个案例，20世纪80年代经过汽车产品的初级细分，私家车大体上可以分为轿车、SUV、旅行车等种类，选择轿车产品的用户强调在城市路况驾驶时的速度、操控感和舒适度等驾驶感受，这使得轿车产品通常具有底盘低，轮胎扁平比小的特点以迎合驾驶人的需求。而SUV（全称Sport Utility Vehicle）正好相反，为了能够满足对越野性能的提升，尤其是一些硬派SUV则尽可能地升高底盘，加厚轮胎。而进入到20世纪90年代之后用车需求发生了变化：

1. 功能的需求

尤其是在发展中国家，家庭往往达不到像欧美发达国家一样拥有专属用途多辆车的条件，一辆私家车，除了满足代步功能以外还往往被期望拥有宽敞的车内尺寸，更好的视野，更宽敞的储物空间，对于不良路况有较好的通过率，当然这些是不能够以牺牲车本身的加速性能与舒适性为前提。面对这些近乎相互矛盾的需求，专属用途车辆已经不能同时满足。

2. 技术的进步

随着发动机、底盘等关键技术问题的解决和技术提升，使得跨界车的概念提出成为可能，轿车的小排量发动机在推动越野车的庞大车体时不再显得吃力，也不会产生非常高的燃油消耗；非承载式车身和差速锁技术更多地适用在城市路况的车辆上；轮胎技术的升级让同一款轮胎能够适应城市高速亦或者是郊外的非铺装路况。技术盲区逐渐消失促使产品分界越来越模糊。

3. 理念的发展

城市的有车阶级有着更多的时间去休闲和放松，并且对健康的生活理念越来越推崇。周末郊游或者是假期全家的自驾游逐渐发展成为一种流行的生活方式。周末或者假日的时候约上三两好友或者与家人开车外出，到一处风景秀丽空气新鲜的地方，然后蹬上自行车一路骑行，彻底放松身心，这样的户外休闲方式比单纯开车自驾游更有机动性和灵活性，可以与大自然的一草一木亲密接触，比纯粹的户外自驾更加健康和环保，放松身心的同时还可以锻炼身体，对于深爱户外的骑行者来说，甚至可以独辟蹊径，开辟一条新的骑行之旅。4+2（把自行车固定在汽车上，先开车到达目的地，再骑自行车游玩或锻炼）的休闲户外生活方式深受世界各地骑行者的喜爱，越来越多的车友喜欢上了这一生活方式。SUV更是作为热门车型来实现这样的搭载方案，配备一套牢固的车顶架、自行车架也是骑行运动爱好者的乐趣。

综上所述，产品概念设计从不同的角度去发掘，可能具备多层面的特征。但无论从哪个视角看，以上三点基本上能够比较全面地涵盖其特征。而基于以上特征的用户体验无疑是现阶段设计的核心概念，用户体验是指使用者在使用一个产品的过程中主观的生理和心理感受，虽然主观性和个体差异令用户体验具有相对的不确定性，但是对于一个界定明确的用户群体来说，其共性的用户体验是能够通过设计调研和实验来论证和推导的。比如数控机床和一些医疗设备（见图1–19），从某种角度上来说具有功能上的共性。但在用户体验层面上的差别，使得这种产品外观的造型语言大相径庭。

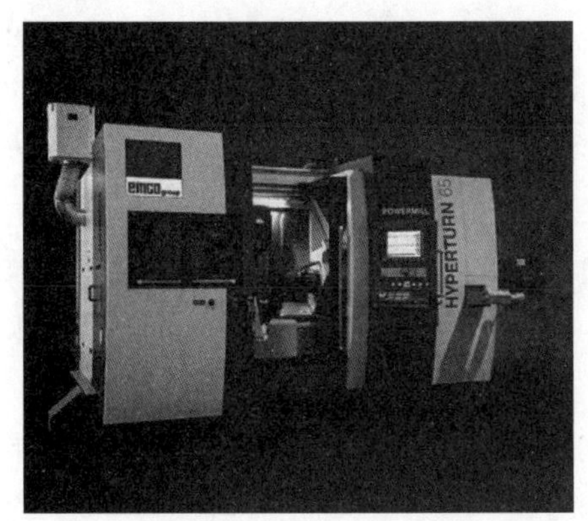

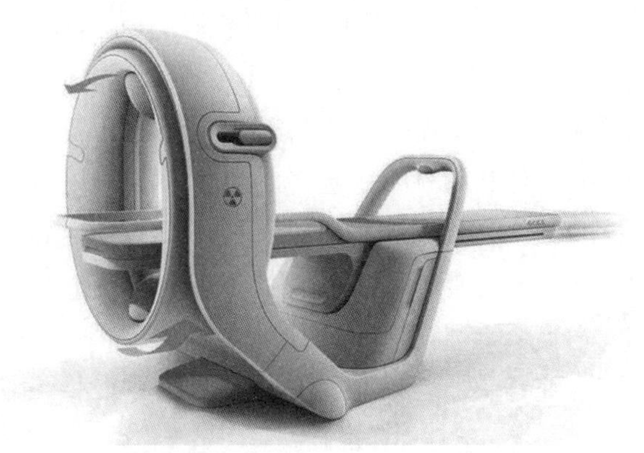

图1–19　机床和医疗床的对比

1.5　梦想·设计·未来

随着科学技术的进步，产品设计的内容与方式、设计的观念都在不断地变革，使得未来的产品概念设计有无数种的可能和发展方向。但无论未来的科技发展到何种程度，出现多少种可能的未来产品概念设计案例，都将离不开它的用户——人。在前一节提出，人们设计出了产品，产品又反过来影响了人类的生活乃至思维方式，人们在这一循环中设计着自身的生活方式，在概念产品的创造过程中也重新定义了自身的属性。在这一过程中人类和其他大多数动物一样，通过五种感官来感知这个世界，也通过对这些感受进行虚拟，来描述和模拟着世界。随着不断的进化，人类感知世界的媒介和表述世界的方式不断地升级，对世界的虚拟越来越逼真，越来绝接近于能够像神一样创造出世界。下面分项分析一下各种感官是如何被加以利用的。

首先，视觉是人类最重要的感官，绘画是对视觉最早的模拟和研究，例如古埃及人利用正面率和平面化构图来对客观世界和内心景象进行描述，而文艺复兴时期的大师们已经掌握了运用透视关系和光影效果来表现视觉上的空间感、立体感。人们为了追求更加逼真的虚拟效果还发明了全景画（见图1–20）。战争全景画可以追溯到1795年——罗伯特·巴克绘制的《豪勋爵的胜利和荣耀的6月1日》，而最为著名的是1883年向观众开放的《色当战役》全景画。实际上无论是那种方式，用二维的图像来虚拟三维的景象，都依赖的是人眼成像的视错觉。我们的眼睛之所以能够看到一个具有景深的立体三维的真实世界，这种感知三维的能力是视网膜不一致（或称为左右眼看一个物体位置的轻微偏移）的一个副功能。而视错觉起初也是让全景画成为争论焦点的美学特质。争论的双方阵营都截然对立地坚持着各自的立场：人数较多的一方因为错视强烈的效果而承认全景画的价值；少数的一方批评视错觉的手法被过多地滥用，且视它为危险。著名的全景画评论家约翰·奥古斯特·坎伯哈德，在他的著作《美学史》（1805）中描述了全景画的效果，关于全景画是否适合作为一个艺术媒体的问题，其答案是绝对否定的。他首先指出这一媒体的形式上对于视觉欺骗的性质："没有比这个复制的自然更接近自然的了。""我在真实与虚幻、自然与非自然、真实与幻象之间摇摆，我的思考和心境被强制性地摇摆，好像一直在船上打滚或摇晃。我只能以此来解释对全景画对那些没有心理准备的观众所产生的头晕眼花和不适的感觉。""我觉得自己被困在一个矛盾的梦网中……即使与环绕在我周围的实物对比，也不能把我从这可怕的噩梦中唤醒，以至我不得不继续沉溺于这违反我意愿的梦境中。"由此可以看出，即便是不能传送移动的物体和声音，而这一完美的视觉效果仍然会令人在幻象与真实之间产生混淆的冲突，生理上的不适，更令他无法从错视中逃脱，也许生活在现代的我们无法对坎伯哈德当时的体验感同身受，但这一史实充分体现了视觉幻象的力量。到今天，三维立体画（见图1-21）也是街头艺术家和一些商业活动炙手可热的表现形式。

为了取得更加逼真的视觉影像，人们在艺术的道路上进行了漫长而卓绝的奋斗，终于在180年前的一天，第一张用光作的画——《用光作画》被生产出来了。只存在于人们眼睛和大脑之间的幻像被实实在在地定格在了二维平面上。之所以说它实实在在，是因为这次作画的工具不是艺术大师的油彩，而是大自然的画笔。通常人们解释摄影，总是喜欢以物理上和化学上的成就，这两条线索去定义摄影的发明，却很少提到了人类渴望再现幻像的内部精神促动。也许当《用光作画》被创作出来的那一刻，人们会感叹到，人类终于凭借着自己的双手还原出了这个世界真实的样子。

图1-20　辽沈战役纪念馆全景画

图1-21　三维立体画作品

在电影普及之前，人们对动态影像还做过一些相对初级的尝试，比如让连环画片快速旋转的"西洋镜"等。人们应该很早就发现了运动的图像的乐趣，比如一面是鸟笼，一面是鸟的扇子。20世纪80年代出生的人应该还能记得小时候经常玩的立体卡通画片，在画片表面做成规则的细微起伏，利用观看角度的微差带来的不同视觉效果而产生一个小小的连贯动作。但因为运动的幻觉必须依赖一连串单独画面的连续出现，电影的发明一直到科技有相当程度的发展之后才开始。尤其是必须拥有大量的单独画面，而这是在纸上作画所办不到的，但摄影的出现提供了最有效和廉价的方法，可以快速生产出成千上万张的图像。于是，1826年摄影的发明及其后的一系列探索，终于使电影的诞生成为可能。在电影发明后的一百多年的时间里，人们用尽办法将时、空、光、声这四种活动影像的必备元素进行各种方式的组合，以其更胜于小说和静态图像的强烈的现实感和叙事性，成为最具力度的媒体，也是一个多世纪的时间里人类幻化现实的至高境界。

此后，不满足于只在二维屏幕上呈现视觉幻象的人们又发明出了三维成像，比如球幕、立体眼镜、立体投影等以及真正在三维空间成像的全息影像技术。IO2公司的创立者Chad Dyne在29岁就读于美国麻省理工学院研究生的阶段发明了里程碑式空气投影成像和交互技术，“Heliodisplay”气体投影系统（见图1-22）设计灵感来自于海市蜃楼的成像原理，它是一个利用空气的电子和热动力学系统。它的基本原理就是把空气吸进机器，转变其成像特性后再重新射出，并从下向上投影图像使图像浮在空中，从而可以让人们在不同角度都看到图像。一套投影系统包括一台投影机和一个可以制造出由水蒸气雾墙的空气屏幕系统，投影机将画面投射在上面，由于空气与雾墙的分子振动不均衡，可以形成层次感和立体感很强的图像。用户可以从不同角度观看，甚至可以用手指、钢笔或其他物件对浮在半空中的图像进行控制，相当于一个无屏幕的触摸屏。

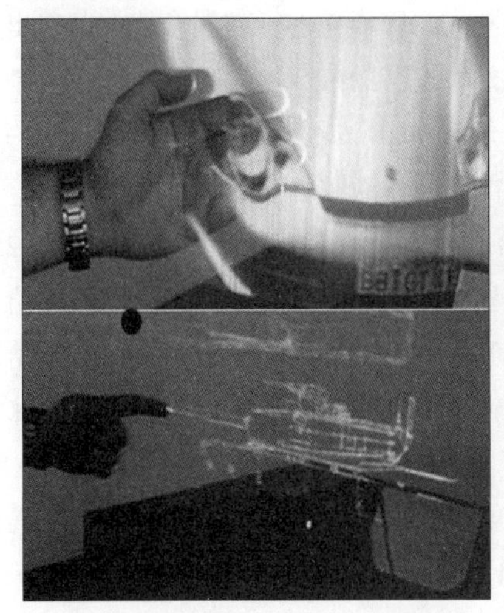

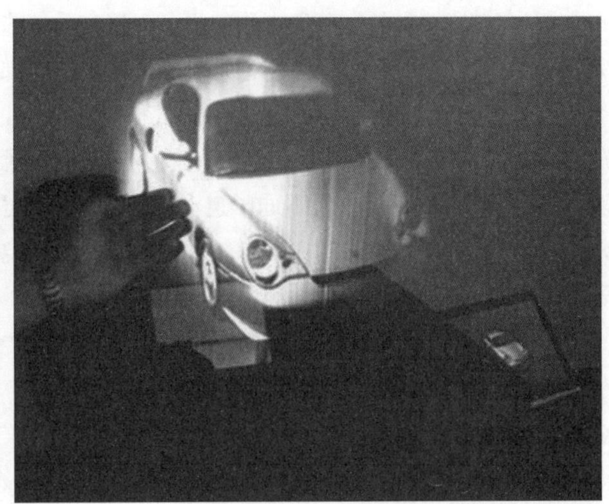

图1-22 “Heliodisplay”气体投影系统

除此以外，还有两种全息影像技术：一种是日本Science and Technology公司2006年开发的、使用激光束来投射3D 影像到空气中，投影机利用氧气和氮气在空气中散开时混合成的气体变成灼热的浆状物质，并在空气中维持到能够形成一个短暂的 3D 影像，基于这种不断在空气中产生的”小型爆破”和先进的激光技术，可以用白光在空气中展现出三维（三次元）的形体。另一种是南加利福尼亚大学创新科技研究院的研究人员在2007年研制的一种360° 全息显示屏，它可以将图像投影在一种高速旋转的镜子上从而实现三维图像，在合理距离下显示任何角度的3D图片。整个显示系统包括一个高速视频投影机、一个被全息扩散体覆盖的旋转镜面，还有进行渲染视频信号解码的处理器和显卡，可以每秒渲染5 000多幅交互式3D图片，再将这些图片投影在一个各向异性反射体上，利用动作追踪垂直视差和透视修正几何方法来支持3D动作。全息投影技术的日新月异，使其所带来的逼真影像可以构建出一个让视觉难以分清虚实，接近完美的虚拟空间，并在产品展示发布、舞台互动以及未来将会有更多应用可能的领域盛行。

通过光的三原色原理几乎所有的颜色都能再现出图像虚拟和传输，同理气味电子化虚拟和传输也是可以实现的，这就需要气味传感器（电子鼻）和气味合成技术了。以色列魏茨曼研究院的两名科学家研究出了“可以传输味觉”的数学公式。根据他们研究出的方法，可以先通过气味传感器将所感觉到的气味数字化，任何气味都可以与某种化学物质发生物理反应或化学反应，造成如质量、颜色、电特性等某一物理量的变化，通过特定的信号转换机制可以将其转化成电信号，从而可以进行电子化传输。接收方再通过互联网传输接收该数据，气味合成器会将接收到的气味还原出来，只不过这时我们的舌头和鼻腔感知到的味道可能已经是化学合成的香精和味素。

如果人类的嗅觉可以延伸到网络上，将是非常有意义的事，比如在上课时看植物图鉴，将植物的名称和气味一起学习，将会大大提高学习效率；在医院里早中晚分别散发不同的气味让长期住院患者重新恢复起来，还可实现医用香味疗法；在化妆品广告上，也可以让顾客真实感受到各种香味；在游戏上，战场上硝烟弥漫的气味将会大大激发游戏的真实感。一些公司和组织已经在这个领域取得了相当的成果：2004年《新科学家》网站报道了英国一家名为Telewest的宽带ISP正在测试一种气味发生装置。茶壶大小的设备内置20种气味胶囊，胶囊中的微粒混合能够制造出60种以上的不同气味。通过计算机软件识别网页或者电子邮件所携带的气味电子信息，能够控制设备释放出这种气味。佐治亚州的Trisenx公司制造了一种叫作Scent Dome的设备。网民在浏览一个旅游网站时可以闻到海的味道，或者浏览在线百货商店时能够闻到新鲜面包的和水果的味道。客户也可以根据自己的设定，将不同味道混合，甚至制造出恶心的味道。这种装置当时定价为250英镑。同样，在日本东京的丰田展览馆内的一个小电影院里，气味和电影图像一起实时传递给观众席上的观众。比如，电影里的男主角和女主角擦肩而过时，那种女性的飘香也将实时传递给观众。日本资生堂和法国电信公司也都着手研发通过网络传输香水气味的装置。以下是一些气味虚拟传输设备的实例：David Sweeney设计的Olfactory Display能收集并散发16种独特新颖的味道，而且各种味道之间可以混合，可通过微型的压电泵传输到压电扩散器散发出去（见图1-23）。美国最大的计算机产品展示会“COMDEX”上所展示的“iSmell”的香味合成装置（见图1-24）。

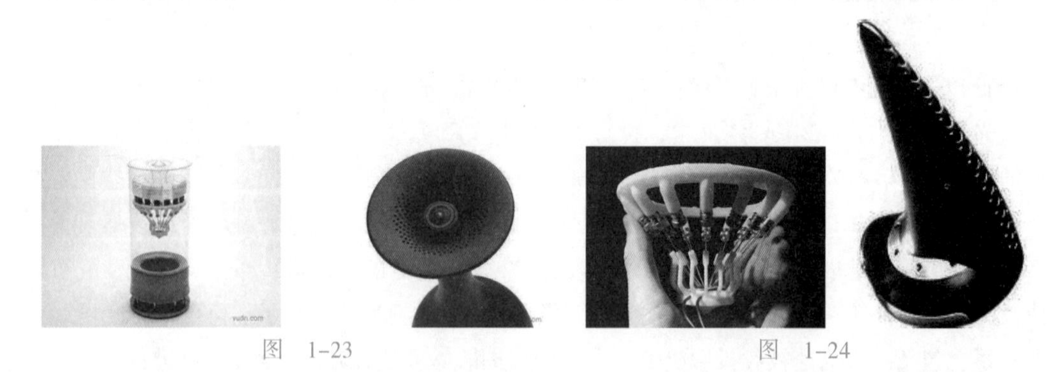

图 1-23　　图 1-24

对感官进行探索和虚拟的成果每天都在涌现，越来越多能模拟真实感觉的技术正在变成现实。对于赛车游戏玩家和进行模拟飞行训练的飞行员来说，触感振动技术早已不是什么新鲜事。触感装置是一种可以在多个自由度上精确记录位移过程，并转换为电信号的装置，现在已经在科研领域里也扮演越来越重要的角色。操控机械领域对高技术和便利的远程操控设备的敏感性很强，触感装置用于研究与发展机械人操控、纳米操作、宇航领域、危险作业、水下操作等方面；在心脏手术和脑外科手术中，触感设备协助手术操作，在医疗教学上可以帮助实习医生练习手术操作；与电子显微镜结合使用，触感装置让科学家不但能看到分子、原子，而且也能让他们去触动它。而最基本的触感振动设备便是越来越多出现在手机、MP3、数码照相机上的触摸屏。

只是，迄今为止，所有的触感振动设备都是直接和计算机或者其他实现虚拟现实环境的系统相连的，进行的是单一的人机互动。英国贝尔法斯特女王大学电子工程系教授阿兰马歇尔及其领导的研究小组在一次实验中让远程接触变得更加真实直接，两个相隔超过480 km的人进行了一次虚拟握手，成功地感受到他们的手握在一起。实验中提供触感的数码手套内嵌了一系列微型电动机和压板，实验者利用它可以进行轻抚、抓取等行为的感知，甚至能够感觉到对方的皮肤纹理。实验基于一种叫作“基于分散式触感虚拟环境的网络结构”(Network Architectures forDistributed Haptic Virtual Environments)的技术，简称HAPNet。不难理解，这项技术的关键点包括两方面的内容：一种是触感振动技术；另一种是对触觉信号的网络传输。触感振动(haptic)技术是指用户通过一些特殊的计算机输入/ 输出设备，与计算机程序进行交互以获得真实的触觉感受，用户既可以提供计算机信息，还能以触感的形式接收计算机发出的信息。比如，借助其他一些视觉虚拟现实设备，计算机能够感知到人体的运动并做出反馈。用户用数码手套拿起一个虚拟的网球时，显示器或者数码眼镜上的网球也会随之移动。这让用户会感觉真的把球拿在手里，而这些模拟真实网球的触感信息都是计算机通过数码手套里的电动机和压板传递给用户的。实验的技术难点在于，通常的网络传输技术也是为了传输视觉和听觉信息而设计的，触感振动技术对即时性有很高要求。因此，任务重点就是开发出一种适合于在网络中传输触感振动的网络服务质量(QoS) 和一些在用户终端使用的技术，用来补偿长距离网络传输带来的数据包延迟或者丢失的问题。马歇尔教授相信，这种技术将带来一种全新的体验。例如，可以将网页图片嵌入实物纹理信息，让浏览网页的人可以触摸到实物的质感，让网购的消费者可以亲手检验商品的品质。另外，一些高端的技术运用也可能通过HAPNet 受益，例如在线的外科手术培训以及一些复杂的装配操作训练等。目前在产品设计领域使用比较广泛的有配合freeform软件使用的三维雕刻笔（见图1-25）

图1-25 freeform 三维雕刻笔

计算机语言的出现使人类终于可以不在仅限于被动地感知和记录着生存体验，而是通过这种语言去表述和再现出来，这就是在玩电子宠物的游戏的时候，为什么一个塑料盒子可以成为虚拟出的一只小狗的原因，因为虽然这只狗即没有毛绒绒的质感，也不会汪汪叫，但程序给予了这个盒子真狗的属性，比如知饥知饱，知寒知暖，会“生病”，会需要人陪伴玩耍等。我们虚拟出了这只狗的性格。主人虽然无法体会视听触嗅觉的感官，但却可以体会到精神层面的感情依托。而在网络中人们不仅仅局限于感观的虚拟，而更多的是模拟一种存在，用大量符号化的语言，在虚拟社区中扮演着一定的角色。在因特网里面，大众在交互媒体面前才真正呈现出主动的姿态，成为信息的反馈源，甚至是建设者本身。网络空间改变着现实中的存在环境，网络化的规则也引导、决定着人们社会行为的原则和规范。由于网络主体面对的是一个符号化的世界，在网络中人与人之间的关系呈现出匿名性，这就使得在网上互动的双方，能够知道的只是互动过程中各自所表现出来的爱好、情趣、志向等精神属性，至于互动各方的行为举止则在很大程度上淡化，基本不受社会规范、社会角色期待的制约，人与人关系中的社会“身份感”也就消失了，人对现实群体“归属感”也消失了。同时，网络的符号性和匿名性也驱使交往的主体对对方身份的虚幻化，对自我认同的放大化。这会令人以为在虚拟空间的行为可以摆脱外界因素的限制，使主体能够敢于抛开现实社会中形成的各种面具，不再需要掩饰自己，而以一种本真甚至本能性的存在方式展开活动，大大地剥离维持道德规范的媚俗面具，展示一个真实的自我。从而由于网络时代的到来使人实现充分自主。

还有一点不容忽视的是，在人类虚拟化进程中，我们在越来越真实地模拟出感官体验的同时，也在逐渐地禀弃了我们的感官直觉。举例来说，在古典主义时期，一幅传世的大师作品实际上是全息虚拟的单元感官体验，那个时期追求的效果是通过眼睛看到一幅画上的玫瑰，就能在实际当中感受到玫瑰花的香气。而现在越来越直白的感官模拟已经让我们的意念感官在钝化。这是一个关于未来的虚拟的假想，却已经如此现实地改造着人类的集体经验。

每一次科学技术革命——远程遥控、人工智能、基因克隆、赛博格、机器人等技术的发展都给社会带来的新的文化现象，进行哲学人学的阐释，引领未来人文精神的发展趋势。人类社会的发展也从来就不会因为道德伦理和人性的约束而停下向前的脚步。那么，当网络化、艺术化、娱乐化、情感化、交互、体验……已经成为近年来概念设计的主要形式时，是否会出现一种新的维度，并构建起产品概念设计的表象特征。或许我们暂时感受不到这种维度本身的直接呈现，但是他无时无刻地不将感官经验运用于产品设计中，又通过多重交互使产品呈现出全新的感受力和元素，这使得产品造型的概念变得越来越虚化，或者被抽象成一个长方形的box，或者回归到流体雕塑的有机原型。

现在我们正在目睹一个戏剧性的历史停顿，旧的世界模式看起来正在迅速失去它的逻辑性。技术与自然、物质与精神、人性与机械之间的隔阂正在瓦解。思想与存在的对抗已经丧失了其破坏力。我们可以试着想象，当这些感官体验都可以被人为地虚拟出来，虚拟现实由单元虚拟拓展到全息虚拟，人们不必再依靠自然界来提供和满足生理需求，在这种情况下，人们是否会像科幻影片中所描绘那样，沉浸于虚拟的矩阵世界带来的知觉层面与精神层面的满足呢？毕竟目前人们在网络或是游戏的虚拟世界中投入的时间和精力越来越多了，对云端的依赖越来越强，更倾向于在虚拟世界中表露出真我的一面。在这种情况下，人机交互将是怎样的形式，而产品概念设计又将会呈现出怎样的形态呢？这些设计是带领人们顺应虚拟化的进程，还是带给人们对自身生存状况的精神反思，形成了对传统关于“人”及人的存在方式的意识、观念的巨大冲击。透过这些，我们仿佛看到一个由0和1搭建的巴别塔（又称巴比伦塔、通天塔）正在拔地而起，通向设计和概念的本真。

小　结

通过本章的学习，同学们对产品概念设计的定义，历史发展脉络以及其与产品设计之间的关系有一定的了解。掌握产品概念设计的特征和作用，能够让同学在更深的层面上理解其本质，从而对专业学习做出合理的规划。在最后一节中，通过介绍与人类感官之间的联系，以及人类如何能够从被动的认识世界，临摹世界发展到创作一个全新的世界这一过程，为同学打开了产品概念设计的神秘面纱，揭示出当前概念设计产品万变不离其宗的根本所在。

习题与思考

1. 设计一个表格，将每种设计风格以及其所对应的时间段、代表人物、代表作品、该时间段的产品设计精神等做对应。

2. 写一篇文章来描述未来人类的生存状态。

第2章 设计概念衍生方法

本章学习重点：

1. 对设计师的设计概念最终传达给用户所历经的过程的分解和分析。
2. 21种催生灵感的思维技巧，迅速令设计概念从无到有。

任何创作项目，无论是音乐、绘画等艺术创作，设计类创作还是科技发明创作，都可以分为创意和执行两个阶段，其中创意阶段即概念衍生的过程。对于刚接触产品设计领域的同学来说，最难的就是让一个普通的头脑进化成一个创意型思维模式的大脑，但只有做到这一点才能彻底摒弃拾人牙慧、人云亦云的思考习惯，转而去欣赏和专注真正具有创新性和创造力的思维方式。而一个国家国民的创造力，或者说是原创水平，是决定该国家民族能否成功从制造大国转型成为创造大国的根本原因。本章将通过四个小节来讲解有效的设计概念衍生方法以供同学学习和参考。

2.1 概念衍生思维模式描述

人类是一种群居动物，文化是特定人群的生存方式。设计师在研究和设计一件产品的过程中，实际上是在设计其背后的文化，将我们对文化现象的理解通过自身所擅长的方式转换成为信息表达出来。在这一层面上，产品是一种媒介，通过这种媒介将信息传达出去。传达需要语言，无论是哪种民族国家的语言，亦或是视觉语言和肢体语言，每一种语言都代表一种绝无仅有的世界观、文化、哲学和思维方式。因此设计概念的衍生离不开我们对于文化和语言的理解。文化、语言、符号是衍生设计概念的土壤和源泉。如图2–1所示，设计师通过符号到信息等专业技巧把产品概念传达给用户。

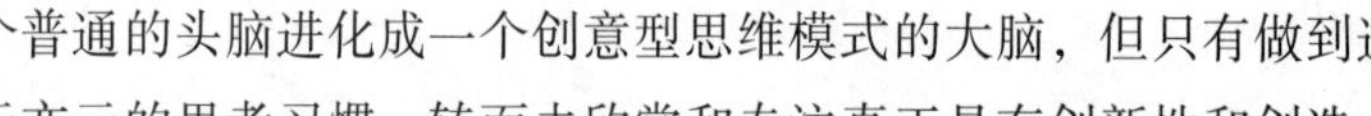

图2–1 设计概念衍生模式

2.1.1 信息

首先我们来理解一下何为信息。信息是用符号、信号或者消息中所包含的内容，来消除人们对客观事物认识的不确定性。其普遍存在于自然界、人类社会和人的思维之中。在哲学课程中我们学习过，运动是指宇宙一切事物、现象的变化和过程，是无条件、永恒和绝对的。而信息中所体现出来的是事物运动状态和运动规律的表征，也是关于事物运动的知识。所以信息是普遍存在的，并且对人类的生存和发展至关重要。80年代哲学家们认为信息是直接或间接描述客观世界的，把信息作为与物质并列的范畴纳入哲学体系。信息一般具有如下特点：①可识别；②可转换；③可传递；④可加工处理；⑤可多次利用；⑥在流通中扩充；⑦主客体二重性；⑧信息的能动性等特征。以图2-2为例，在招贴广告中，吉普车和钥匙是海报中信息的客体，钥匙被加工处理成为山峦的效果，因而被转换识别成为困难的路况。钥匙包含的信息在流通中得到扩充，传达出吉普车卓越的越野性能。

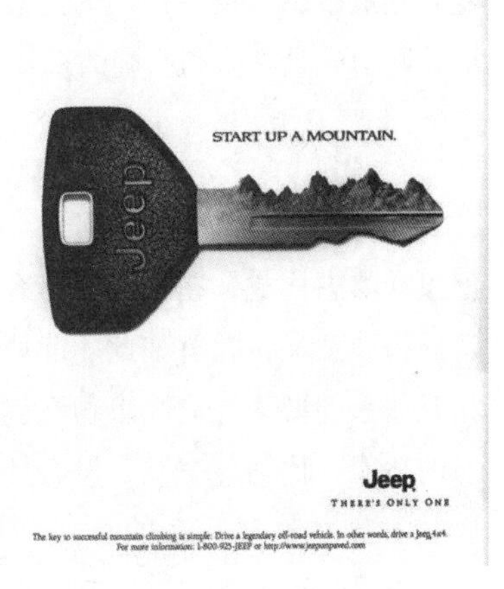

图2-2 jeep汽车广告海报

2.1.2 产品

某种程度上说，产品就是人类对某一功能需求的媒介。在麦克卢汉所提出的媒介理论中，媒介是人的感官能力的延伸和扩展。文字印刷媒介是视觉能力的延伸，广播是听觉能力的延伸，电视是视觉、听觉的延伸，数控机床是视觉和触觉能力的延伸。这一观点具有重要的启发意义，但是它并不是严密的科学考察和试验的结论，而是建立在“洞察”基础上的一种思辨性的推论,这个观点的提出是为了说明传播媒介对人类感官中枢的影响。产品可作为一种媒介，同时也是信息的载体。人类通过产品媒介从事与之相应的信息传播或其他的社会活动。因此真正有意义的信息并不仅仅是各个时代的传播内容，往往在不同的时代，人类所传达的生存理念和宗教信仰并没有发生实质性的变化，而是这个时代所使用的传播工具的性质，以及所带来的可能性和造成的社会后果发生了变化，这才是我们所说的时代精神。这是麦克卢汉对传播媒介技术在人类社会发展中的地位和作用的高度概括。

图2-3所示的跑鞋产品同时也是一种媒介，在卖场当中首先是通过其视觉信息符号，传达了该品牌设计师一直所秉承的科技能够提供给人体最大程度的舒适度和保护，以及对人体机能的提升这一系列的概念信息。（视觉符号就是以线条、光线、色彩、肌理、形状、平衡、空间等符号要素所构成的用以传达各种信息的媒介载体。这些视觉元素符号会引起视觉细胞的感知，也只有通过这些元素的差异与组合，才能了解和认识客观事物的信息变化。空间和形状由不同的点线面构成，色彩则由色相、纯度、明度构成。其各自信息特点的象征性不仅在

图2-3 运动鞋海报

形式上使人产生视觉感知，更为重要的是它能唤起人们思索联想，进而产生心理感受。光和色为视知觉最敏感、反应最快的元素，在创造气氛、调动人的情感等方面，其作用无与伦比。空间和形状则构成最具体和明确的视觉对象。）

2.1.3 形态

产品设计从概念衍生开始，其功能语意和文化内涵到最后终究要诉诸于形态来表述。形态由形象和状态构成，在一个形态系统之中，每一个形态要素的单元体在整个系统之中都应该具有一定的指涉意义，只有如此才能使系统内部的若干相互联系的要素与周围事物建立起联系，实现形态的功能。比如一个圆是没有任何指涉对象的，也就不存在外部联系的意义，自身不能构成符号；当圆形的按键作为形态要素时（见图2-4），在形态上能给人以柔和、亲切感，并可提示有可能具有旋转功能；如果圆形的按钮顶面是微微凹下去的弧面，人们通过联想就会与手指按压这一操作方式相联系，这样形态要素就呈现出一定的意义性，并且能被消费者所理解。

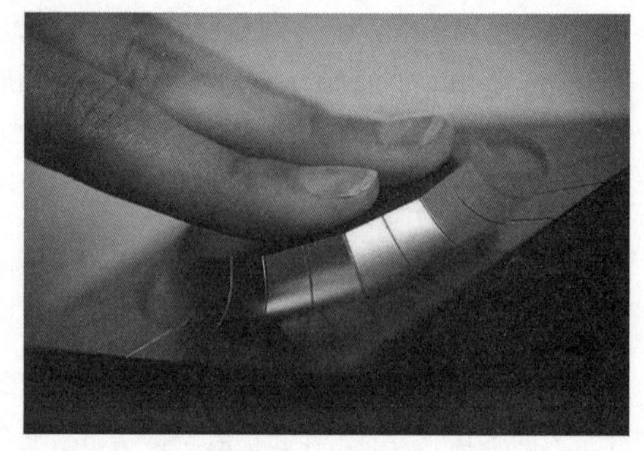

图2-4 圆形按键

从形态的语言学特征方面来看，产品形态功能的实现，实际上也是符号系统的语意得以形成。比如自然界中对称的形态结构能给人以均衡和稳定的感觉，螺旋式的结构设计能创造出旋转的使用方式（见图2-5），基于细胞生长形衍生的泰森多边形参数化设计为现代产品概念设计和建筑设计提供了新的形式语言（见图2-6）。形态符号的语意和语用关系能通过合理的产品结构得到明确的界定。

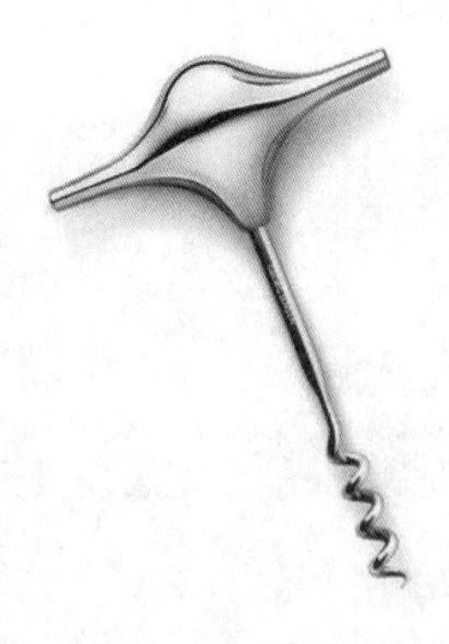

图2-5 开瓶器

图2-6 泰森多边形产品形态

2.1.4 语意

语意即语言的意义，对产品概念设计语意的研究实际上是研究人造物在特定的环境当中的象征性。语言结构是语言的社会性部分，是一种约定俗成的规范，它支配着人们的语言交流。语言的结构关系，决定了语言的功能,也是决定语言是否显现语意的内在条件。在产品概念设计中广泛使用的各种形态之间形成某种特定的关系时，就具有叙事、象征、再现、表现、装饰的语言功能，并能够显现形态的语言意义。

凯迪拉克作为美国汽车文化的象征，其硬朗流畅的线条，闪亮的镀铬装饰，夸张的灯体造型等鲜明的设计符号语言，象征了对于力量、权利和性的追求和崇拜。也诠释了那一时期美国的产品设计风格区别于欧洲和日本的本质原因。20世纪50年代正处于美洲大陆的“梦幻年代”，这一时期汽车的设计生产都以宽大奢华为特征，富足的经济和能源基础，是美国汽车设计不重视油耗的资本。在登月梦想和波普艺术盛行的时代背景下，凯迪拉克于1955年问世的Eldorado车型的艺术表现力取得了前所未有的辉煌。一经问世便极受注目。二战结束后，世界经济开始复苏，哈利·厄尔的汽车设计也插上了“飞翔的翅膀”。1947年，哈利·厄尔从洛克希德LockheedP-38闪电战斗机上获得启发，次年，凯迪拉克Sedanet车型用银光闪闪的镀铬装饰和漂亮的尾鳍征服了世人。1951年，他又设计了别克LaSabre车型，其灵感来自军刀（Sabre）战斗机，凹陷的椭圆形水箱格栅与喷气式飞机的进气口极为相似。LaSabre同样拥有漂亮的尾鳍，这也是20世纪50年代汽车设计的一大特色。其后，他相继设计了Firebird系列车型，设计灵感同样来自喷气式战斗机，虽然形象怪异，但却都是哈利·厄尔梦幻作品的代表。1959年，凯迪拉克推出了有着夸张尾鳍的Eldorado Biazzitz车型，两盏“火箭”式尾灯摄人心魂，这是哈利·厄尔为通用公司设计的最后一款车型（见图2-7）。

图2-7　凯迪拉克的火箭尾翼

2.1.5　符号

语言学提倡通过符号研究一切学科和现象，符号学原理是产品设计语意的更深层原理，也是设计师在选择并使用其独具特色的语言来进行设计概念的表达时所必须了解的内容。在古代，一个人要奉旨行事，需要拿到皇帝或者统帅的令牌或者令符，这个令牌或者圣旨上面的玉玺印记，就代表了皇帝本人的出席，所以说符号最原本的功能是其所指代的原型可以同时分身多处，无限复制。在当下有意义的形态都可以看作符号。符号利用一定媒介来表现或指称某可以被大众所理解的事物，是传播者和受传者之间的中介物，它承载着交流双方向对方发出的信息。

根据皮尔斯的符号学理论，任一符号都是由三种要素构成：①指代性，即代表事物的形式；②被符号指涉的对象；③对符号意义的解释。即媒介关联物，对象关联物和解释关联物，每个符号都具有三位的关联要素，任何事物若没有表现出这三种关联要素它就不是一个完整的符号。例如几个组成卫生间标识和开关标识的几何图形本身没有任何意义（见图2-8），它最多只能作为符号的媒介联系物而不能作为符号，但是当组合在一起时，图形就能指示出其所代表的不同性别人物形象的抽象形式，当这种意义被人们所理解时，几何图形就构成了符号。从上面这个例子可以看出，符号是意义与对象世界之间的结构关系，这种结构关系使对象和意义融合为统一的符号系统。就像人类通过产品改变生活方式，从而使人、自然与社会协调发展，融为一体一样，符号使人与世界沟通，使世界作为意义被主体理解和掌握。符号既非主体亦非客体，而是介于心物、主客之间的关系结构，这种关系结构是在解释活动中形成的。

图2-8 开关和卫生间标识

作为信息载体的视觉元素是在概念设计上可利用的信息符号，如同文字，它构成视觉语言的语意基础。视觉信息符号在被选择时，已不再单纯作为视知觉的对象，而是成为传达信息的符号与工具。视觉信息以符号形式存在于所有的自然形态与认知形态之中，从宏观到微观、从具体到抽象、从光线到色彩、从空间到时间，从有机物到无机物、包括人类自身，都既是视觉对象，又是视觉的信息符号（见图2-9）。依据信息性质的不同，分为定量信息符号、情感性信息符号、定向信息符号、定性信息符号、概念性信息符号、常识性信息符号、象征性信息符号、区域性信息符号等。一般来讲，具体信息符号传达的信息比较准确、具体；抽象的概念性信息符号则具有含量大、共性强的特点。

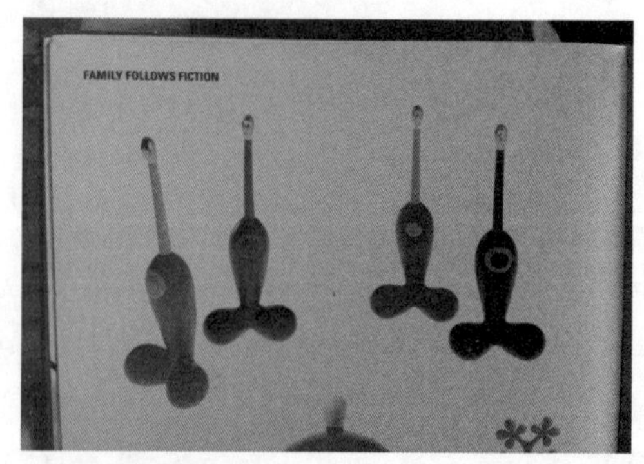

图2-9 带有鲜明视觉符号的阿莱西品牌产品

符号是由媒介关联物、对象关联物和解释关联物共同作用而构成的系统。在这个系统中，每个符号是在与其他符号的差别中确定自身意义的，三个关联物只有在全部联系中才能构成符号，同时符号作为意义对象，只有在一定的环境中才能发挥解释的作用，这样的符号只有作为系统才能体现出其意义性。一个石块本身不具有意义，但是鹅卵石本身的质感和形体特质使得其区别于自然界中其他的形态（见图2-10），使得其能够成为代表自然、舒适与原生态的符号，因此成为产品造型模拟的对象。

图2-10　鹅卵石播放器图片

产品的功能是产品概念的最终设计目标，也体现了产品形态符号的目的性，是形态符号系统的深层结构关系。形态系统的功能是形态符号意义内涵的外延。作为媒介关联物的形态与外部环境相互联系和作用过程的秩序及能力，在功能的实现过程中，形态符号的解释关联物发挥了其作用，在这一过程中，形态引发了人们心灵当中观念的符号化。对于产品设计师而言，形态符号意义表述的“度”是较难把握的，表述得过于直接，就会使形态语意失去其复杂性，产品概念的可读性变得浅薄；表述得过于隐晦，产品由一件设计作品变成了艺术作品。其意义可能会成为设计者自身的高峰体验而很难被解释和接受，所以设计师必须根据具体的语境，使形态系统的功能能够被广大接收者所理解。

产品功能的实现是形态由表至里的转化过程，正如同符号系统也正是通过媒介关联物——对象关联物——解释关联物而发生作用的，解释是符号系统建立在媒介关联和对象关联物基础上的功能体现。然而产品概念的衍生过程，未尝不是客体（要素）——内部联系（结构）——外部联系（功能）这一过程的反向追溯，我们应在确定形态功能目标的基础上，去确定形态的结构和要素。产品概念设计思维的衍生，务必要掌握形态符号在与外部环境发生联系的过程中所扮演的角色，利用系统的思维方式去创造物质媒介，在多维的文化语境中去发掘和创造更合理的多元生活方式。

以日本风格设计为例，解读在其设计作品（如枯山水）中所最终体现出来的形态功能（见图2-11），如果深究其设计概念的衍生，首先需要去解读其语意，禅宗庭院内，树木、岩石、天空、土地等常常是寥寥数笔即蕴涵着极深寓意，在修行者眼里它们就是海洋、山脉、岛屿、瀑布，一沙一世界。后来，这种园林发展臻于极致——乔灌木、小桥、岛屿甚至园林不可缺少的水体等造园惯用要素均被一一剔除，仅留下岩石、耙制的沙砾和自发生长与荫蔽处的一块块苔地，这便是典型的、流行至今的日本枯山水庭园的主要构成要素。这其中的每一个符号都有着其丰富的象征寓意，比如石灯笼,日语中有“净火”一词，是指神前净火，意味着用火去净化万物。每当人们在保留火种时就愈感到火具有的神奇魅力。人们不愿让这神圣的火种熄灭，就用笼去罩住它。石灯笼罩住的圣火一般被置放在寺庙内，它后来演化为日本园林景观中的重要元素，它预示着光明和希望，会给人带来好运。类似的符号还有龟岛鹤岛和石塔等。在这些符号形态背后的，是直接影响其的禅文化。

禅宗与设计的结合往往令日本艺术家们心驰神往，浮想联翩，并成为他们表现自己文化心理结构和审美感受的最佳选择。因而，在他们的设计概念中，普遍认为"简单的优于复杂的，幽静的优于喧闹的，轻巧的优于笨重的，稀少的优于繁杂的"。所以在他们的创作中，他们常将那些江边暮雪、山村落日、渔舟晚唱、石幽水寂、山乡野趣等，一些含有禅机的意象，巧妙地纳入自己用图形或形态构筑的自由王国，追求一种清远幽深的意境。在享受自然风物之美的同时，含蓄委婉地传达出自己的心性所在。

禅不是一个实物，它是心灵智慧不经意的流露、不刻意造作，豁达开朗的自然真心，它是一种心领神会的境界，人人都能领悟，但因内涵不同，境界高低也不同。禅的滋味又是形形色色的，每个人都可悟禅，禅是"空灵"的豁达，是"性空"的奇妙体验。禅，也不用刻意去寻觅，可它又是无处不在，只要"悟"，即可得。随着时间的推移，世间万物的枯荣变化，都不要放在心上，表现出禅师处世的淡泊与无心。禅其实推崇的是一种简朴的生活形式。人活着的最高境界，应是优雅地活着。

日本的设计艺术中，由于禅宗理念的渗入，而愈显灵性和深幽（见图2-12），因为禅意的设计艺术，始终表现出一种自然外物的空寂，它以"象外之象、意外之意"，描绘出一个极静的空灵意境，艺术家们只有内心与外物合一，才能体会到空寂的禅意，方能步入禅宗的"即空即有，非空非有"之境。日本传统建筑中那空灵的格子窗所带来的幻象美，传统茶室里所透射出的空寂与简素气氛，还有古城京都街道所构成的素雅清静的朦胧美，其实都是在禅宗哲学思想的指导下所形成的美学特征。

图2-11　枯山水图片

图2-12　Lexus is轿车线条语言

2.2　头脑风暴的应用

在进行产品概念设计的时候，灵感毫无疑问是最佳的创意来源，但更多情况下一个好的设计概念的获得，不能仅仅依赖于等待灵光乍现那一刻，或者说那些突如其来的项目需求也由不得我们有条不紊地坐等灵感的垂青，而是要主动出击去激发灵感。

从另一方面来讲，对于几乎每天依靠创意生活的人，比如设计师，难免会遇到设计瓶颈的情况。人们拒绝让自己的创造力思如泉涌的原因有很多，这种情况有的时候是由于日复一日，年复一年的重复性工作所产生的惯性思维让我们的大脑思考问题变得程式化，也有可能是在从小的成长过程中一直被灌输相信并接受事实的常规概念导致，就如同皇帝的新装的故事，人们都这么说，就觉得事物本来既是如此。无论如何当我们面对这些设计障碍的时候，更需要的是一些手段和方法来帮助我们激发创意的潜能，而头脑风暴法无疑是其中最有效的方法之一。

“头脑风暴”原意是指精神病患者神经错乱和胡言乱语，20世纪初的心理学家格蒙德·弗洛伊德把它作为一种心理治疗的手段，让病人躺在躺椅上面，然后把病人们头脑中出现的想法进行自由地联想，并接下来和病人们一起分析他们的想法。但是在今天，头脑风暴已然演化成为各行各业的人用一种相对快速有组织的方法来产生创意的一种手段。数名专业人士坐在一起，在很短的时间里不受拘束、自由奔放地思考问题，不加限制地去思索、讨论提出来问题，并产生众多的意见和思路。

这样的做法相比较自己坐在一个屋子里冥思苦想的好处来自哪里呢？不难发现，大脑是我们所有创意的产生地。虽然灵感都来自于此，但它仅仅是产生地或者说是工具，每个人的大脑结构基本上是相同的。如果想成为激发创意的源泉，大脑还需要发生化学反应的原料，这些原料可以是我们的经历，看到的、听到的、闻到的、品尝到的、感觉到的、遇见过的人、去过的地方，这些才是帮助我们产生联想，从而在大脑中产生创意的关键。正因如此，才显得一个人的经历是多么的有限。而当若干个不同的家庭背景，和成长经历的人坐在一起就一问题进行交互性探讨的时候，这种方法的很多好处就显而易见了。它可以使参与者互相启发影响，这种交互性的刺激能够大大地诱发和促进产生创造性思维。

举一个简单的例子，比如说有ABCDE 5个人就一个提案进行创意，第一阶段5个人每人提出1个方案就是5个方案，到了第二个阶段，这5个人就上一阶段的每一个提案进行深入，因为每个人的思路不同，第一阶段的5个提案，到了这一阶段可能就会衍生出25条思路，相比较一个人的冥思苦想，头脑风暴的提案效率则可能会是指数递增了。如此看来创造性思维是一种专注思想的方法，让人全身心投入地从另外的视角或者是以前从没尝试过的角度去对待某个问题，从而产生一些此前从未想过的新想法。它是一种对传统思维的延伸，也被称为发散性思维。以这种思维为基础的头脑风暴可以帮助我们实现多种目的：

（1）为了产生创意和可行的方法来解决一个问题。

（2）在处理一个问题的时候能够覆盖所有的可能性。

（3）在处理一个问题的时候刺激创造力，激发想象力。

（4）为个人或者公司推广一个更加有组织的方法来解决问题。

（5）鼓励在思考的时候产生“任何事情都是可能”的想法。

对于团队型头脑风暴，一般来说以四到十个人的组比较适中，否则人员太多会造成互动和跟进上的混乱。在一个团队进行头脑风暴的过程中，其主要任务通常是对创意概念的采集，正如同上面所提及的，每个人的思考点都建立在自己以往的生活经验所产生的对未来预见的基础上，因此，如果某一个人提出了很好的创意，另外几个人就可以衍生出甚至是更好的改良和提升。

对于团队型头脑风暴来说，一个组织者既协调人是非常重要的，他要起到掌控大局的作用，作为组织者需要注意以下几个问题：

（1）协调人要为本次头脑风暴准备好房间、笔纸或是其他的工具。有时用素描本来代替白纸也许是更佳选择，有的人在头脑风暴的时候喜欢使用文字，而有的人则更喜欢随意地勾勒出一些线条和图形或者图表来创意，素描本的质地无疑更能够刺激大家书写或是绘画的欲望。头脑风暴中肯定难免会有需要公示的环节，这种时候白板和公告板就显得必不可少，白板上面可以列出创意的关键词、关键短语、图标甚至是投票结果，而软木材质的公告板则可以把文摘卡、照片、简报等资料信息灵活地组合排列在上面。某些情况下可能还会用到录音笔、照相机和录像机等工具来记录，以确保会议当中的每一个小细节都不被遗漏。随着科技的不断进步，越来越多的大企业甚至已经采用了专门的项目管理类软件，来提升头脑风暴的效率。

（2）明确讨论的问题，确定讨论的目的。这个命题听起来似乎过于简单，然而实际上在非常热烈的讨论当中，如果大家没有全面地了解问题所在，很容易偏离主线，要想出一个解决之道的挑战就更大了。

（3）设立一些讨论的规则并严格执行。比如，规定在讨论过程中，只提出问题，而不讨论其可行性程度，那么在头脑风暴阶段就要避免对新的创意做出例如“这个想法不现实”这一类的评价。

（4）设立时间的节点。在时间线上面明确的标注出每个需要完成的任务的最后期限，让团队按照日程表来行事，可以避免无谓的拖延现象，也可以避免因为一个人进度落后，而影响到整个团队的效率。

（5）要保证请来的活动者都是本领域的专业人士或者了解本领域必要的背景知识，并让每一位与会者都了解本次活动的目的。在头脑风暴进行当中，协调人还要负责收集和整理好每一个创意，并且把这些创意公布给大家知会，以便这些创意原型能够得到发展和改进。

（6）确保照顾好大家的情绪也是同样非常重要。为了激励和调动出每一个人的最大思维活跃度，协调人要保证每一个的发言都能得到聆听和尊重，让大家感受到自身价值被欣赏，因此即便是看起来非常幼稚的提案也不能被马上拒绝甚至是嘲笑，这样每个人都有机会在一个相对轻松和谐和非审判的氛围下参与讨论。面临讨论过程中的困难或者瓶颈，要敢于坚持不放弃，即便是出现冷场的尴尬局面也要积极面对解决或者分析，况且没有一个绝对愚蠢的创意，就算想出来的创意中大部分都是被证明不可行的，但是产生创意的过程至少让你的头脑朝不同的方向运转而且强迫你从不同的角度去考虑事情。一个完全不现实的怪异的点子，也许会将你的思路带到一个前所未有的开阔境地。

（7）不要急于给创意下结论。要记住头脑风暴更适合提出问题而不是解决问题的过程，不要过于期待地限定要在一个小时或是更短的时间内想出一个绝妙的创意，而是应该顺其自然地让创意自由流动，从十几个几十个甚至更多的创意当中挑选出一个好点子来，总是比从很少的几个点子当中挑选更容易。当有了足够的创意的基础，那个近乎完美的方案自然就会出现在那里。

（8）还有很重要的一点是会场秩序应该控制在一个热烈但有序的状态之中。要在讨论过程中富含激情，因此协调人要注重用一些技巧来进行刺激，提升团队的思维积极性，让成员们对提案主动、乐观、积极以及关注。把大家的教育背景以及各种经验都发挥出来，甚至需要将五种感官完全调动起来，激发那些奇异的联系。

以上谈到的是一个能够开展并完成头脑风暴的理想状态，但对于设计师来说，很多的时候需要自己一个人独立完成一个新概念的产生，这种情形下，是否可以不依靠其他人的干预而进行思维的发散，则需要一些锻炼和技巧。

2.3　调研与用户研究

数据采集对于产品概念设计有着决定性的指导作用，是概念衍生的基石。许多感性创意的发想，在执行之前都必须有确凿的数据材料作为支撑。其次数据也会为我们展示出市场的空缺和潜在的需求。可以通过以下的步骤来完成一次数据采集的策划：

1. 明确数据的目的和任务

首先明确本次采集的目的和任务，也就是明确数据要解决哪些问题，采集什么样的数据资料，及其用途。

2. 确定调查对象

明确调查对象的选择取决于调查目的，有的时候调查对象是一个实体，有时也会是一个事件、行为或者是现象。

3. 确定采集数据内容的种类和来源

根据调查的目的与假设，确定资料的清单，再依据清单决定资料的来源。通常，资料可以分为初级（Primary Data）与次级资料（Secondary Data）。前者又称为原始资料，即为特定研究目的而经过实地调查，首次直接收集记录，获得并以反映市场现状为主的资料。搜集这种资料所需花费的成本较高；后者又称二手资料，为现在已经在资料库里存储了的，或者已经在媒体上公开了的数据资料。次级资料的收集一般较节省时间，因此如果有合适可用的次级资料，应尽量先利用。但在利用次级资料时，要注意资料所涉及的信度与效度的问题。

4. 确定数据采集的时间、地点以及方式

例如，拟利用观察法，应设计记录观察结果的登记表或者记录表；拟利用访问法，则应设计问卷；拟利用实验法，则应设计实验时所需使用的各种道具，如仪器、设备、表格等。具体分类如下：

（1）观察法：观察法是观察特定活动的运行以及收集数据的过程。观察法基本上是观察者独立进行的，对受调查对象的合作要求相对比较低。同时，因受观察员的影响较小，故对被观察者的外在行为的观察结果比较客观，并且能够注意到一些重要的细节，这些是观察法的优点。但无法观察被观察者的内在动机或企图，且成本可能较高，在时间与地点方面所受的限制亦较大，这些都是观察法的缺点。

（2）访问法：利用人员访问、电话访问及邮寄问卷访问等方式进行调查，是收集受访者的社会经济条件、态度、意见、动机及外在行为的有效的方法。各种访问方式优劣互见，各有其适

用的场合，也各有其缺点。在选择采用何种方式时，应就成本、时间、访问对象、调查时可能发生的偏误，以及问题的性质等因素加以比较。

① 现场访问法可以分为电话现场访问、面对面访谈以及大厅随机测试等。可以想象，这种方式所面对的最大的壁垒，是对被采访者时间的占用以及心理安全方面的抵触情绪，一旦突破这些壁垒，得到的数据内容会比较深入，精确性较高，所以以这种方式所采集的数据一定是价值最高的一手资料。因此在做现场访问的时候首先要注意采访者自身所表现出来的诚意，比如首先要有一个积极的态度，这样可以通过语气表现出对访谈主体的兴趣，否则自身的话语如果有所迟疑或者无聊沉闷，又如何期待对方的合作。礼貌的措辞和适宜的语速都是给对方留下好印象的关键。除了电话访谈之外的其他形式，都可以从受访者的面部表情揣测出对方对问题的潜在态度，所以要注意观察细节，甚至在受访人状态不稳定的情况下给予一定的鼓励。同时在语言表述遇到障碍的时候，手势和其他的肢体语言也是表达观点的重要方式。

正确的访谈对象和场合是非常重要的，因为只有合格的人士，访谈结果才有价值。比如对于一款儿童监护产品的前期调查，年轻的儿童家长的意见和建议比中老年人和青年人群含金量要高得多。而将调查地点设在小区游乐场，就要比在商业区和办公区，更能够赢得受访者的耐心和精彩的回答。采访对象是一群家长和儿童的时候，相对单独的儿童和母亲，受访者的心理安全度要高得多。

② 问卷访问调查法是现代各种社会调查最常采用的方法（见图2-13），由调查者运用统一设计的问卷，向被调查者了解市场有关情况，可用来了解各种事实、行为、观念、态度方面的表现，具有间接性、书面化、标准化的特点，用途非常广泛，对于数据采集有极为重要的作用。首先问卷法一般采用间接的数据采集，也就是说被调查者在填写问卷的时候，调查者是不在场的。两者的不直接见面可以使被调查者在填写过程中不受到调查者的影响，但同时调查者也无法对填卷过程加以控制。其次，因为是使用设计统一、结构统一的标准化问卷进行调查，对于每个被调查者来说问题都是完全相同的，并且按相同的规定填答，这就给后期的整理和分析研究创造了非常有利的条件。再次，调查者通过问卷用书面形式提出问题，被调查者对问卷同样做出书面形式的填写，这就决定了调查者与被调查者在文化程度、理解能力等层面需要处于在一定程度上的对等状态，才能使得这种形式的调查成为可能。

常见的问卷访问调查法有报刊问卷、邮政问卷、送发问卷等。相对于前两者，送发问卷具有回收率高和回收及时的优势，因此被更多采用。问卷中一般包括四个内容，即封面信、指导语、问题和答案、结束语。封面信是用来向被调查者说明此次调查的主办方的身份；调查的内容、目的、意义；以及对被调查者的要求和期望等。这部分的文字要简洁、准确，语气要谦虚、诚恳，同时篇幅不要过长。这些内容很大程度上决定了被调查者能否认真地接受调查。指导语一般既可以放在封面信之后，集中对问卷的填答方法、要求、注意事项等加以总的说明。

问题和答案是问卷的主体和核心的组成部分。首先按照不同形式，问题可以被分为开放式问题和封闭式问题两大类。开放式问题在问题提出时并不提供任何具体答案，被调查者可以不受任何限制地自由地填写，充分发表自己的意见。这样可以使调查者得到更多生动、丰富、具体的数据。但开放式回答最困难的地方是需要较高的文字表达能力，花费比较长的时间和精力，也会给统计整理带来困难。封闭式问题会在提出问题的同时，将备选答案也提供给被调查者从中进行单选或者多选。这种问答方式的优势是方便、节省时间；答案的标准化程度高，给后期对资料进行整理和综合分析的工作带来了有利条件。在目前的设计问卷中，常常会采用将两种形式的问题结合应用于一份问卷的方式，以一种形式的问题为主另一种为辅，以便充分发挥各自的优点。问卷中的问题，按其内容不同可以分为两类，一类属于事实、行为方面的问题；另一类属于态度和愿望方面的问题。前者通常可以用来了解市场现象的各种实际表现；后者则常常用来了解被调查者的心理、观念及期望值等。问卷调查法可以了解的市场现象是十分广泛的。结束语放在问卷的最后一方面表示感谢，另一方面还应征询一下对问卷本身的意见和想法。

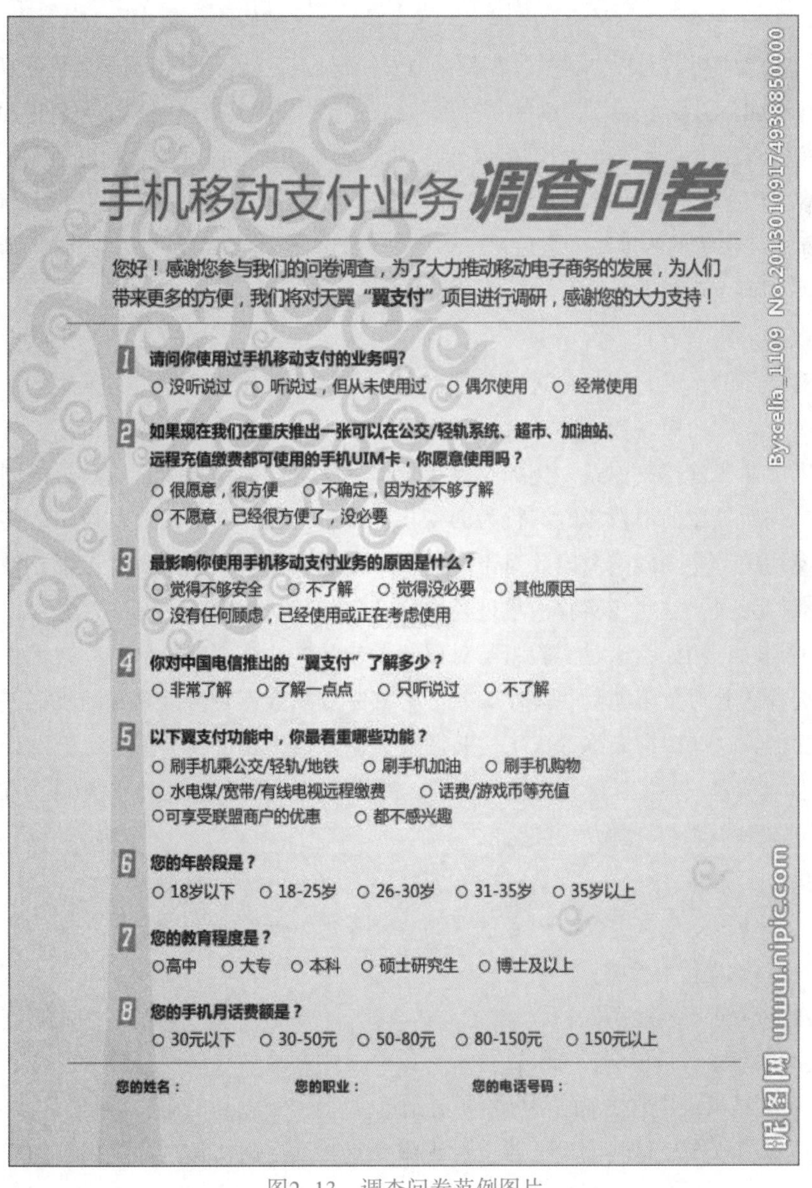

手机移动支付业务**调查问卷**

您好！感谢您参与我们的问卷调查，为了大力推动移动电子商务的发展，为人们带来更多的方便，我们将对天翼“**翼支付**”项目进行调研，感谢您的大力支持！

1 请问你使用过手机移动支付的业务吗?
○ 没听说过 ○ 听说过，但从未使用过 ○ 偶尔使用 ○ 经常使用

2 如果现在我们在重庆推出一张可以在公交/轻轨系统、超市、加油站、远程充值缴费都可使用的手机UIM卡，你愿意使用吗？
○ 很愿意，很方便 ○ 不确定，因为还不够了解
○ 不愿意，已经很方便了，没必要

3 最影响你使用手机移动支付业务的原因是什么？
○ 觉得不够安全 ○ 不了解 ○ 觉得没必要 ○ 其他原因————
○ 没有任何顾虑，已经使用或正在考虑使用

4 你对中国电信推出的“翼支付”了解多少？
○ 非常了解 ○ 了解一点点 ○ 只听说过 ○ 不了解

5 以下翼支付功能中，你最看重哪些功能？
○ 刷手机乘公交/轻轨/地铁 ○ 刷手机加油 ○ 刷手机购物
○ 水电煤/宽带/有线电视远程缴费 ○ 话费/游戏币等充值
○可享受联盟商户的优惠 ○ 都不感兴趣

6 您的年龄段是？
○ 18岁以下 ○ 18-25岁 ○ 26-30岁 ○ 31-35岁 ○ 35岁以上

7 您的教育程度是？
○高中 ○ 大专 ○ 本科 ○ 硕士研究生 ○ 博士及以上

8 您的手机月话费额是？
○ 30元以下 ○ 30-50元 ○ 50-80元 ○ 80-150元 ○ 150元以上

您的姓名： 您的职业： 您的电话号码：

图2-13 调查问卷范例图片

③ 访问法还可以利用互联网传播的广泛性在互联网上进行。网上调查有着显著的优点，例如成本低、范围广、速度快；交互性好，能够实现问卷的多样化设计；抽样框丰富；有独特的质量控制手段。当然其缺点也较为明显，比如样本缺乏代表性；回答率低；回答的真实性难以保证；不合适开放型问题的调查等。

（3）实验法：实验法是相对科学的一种高级方法，实验者依据对所需数据的要求，有意识地通过改变或注入某种因素，来观测其对结果产生的影响。实验法对行为与环境等因素加以控制，能了解各变数间的因果关系。但实验法在市场调查研究上的应用较它在物理、化学等自然科学上的应用困难，而且难免存在误差，不过它是唯一能证实因果关系的一种研究方法。

例如，一位咖啡店的老板作了一个实验，他发给每位实验者四杯由不同颜色的杯子盛装的同一种咖啡，杯子颜色分别是红色、黄色、青色和棕色。之后请大家评测哪个颜色里面盛装的咖啡浓度正好。实验者品尝之后，绝大多数人都认为青色杯子里的咖啡太淡，而红色和咖啡色杯子里面盛装的咖啡太浓，黄色杯子里面的浓度正好。通过这个实验，咖啡店老板并没有将咖啡杯统一换成黄色，而是将咖啡的浓度降低之后，统一用红色的咖啡杯来盛装，这样一来，所使用的原料就减少了，从而使利润增加。

实验法数据采集有着自身鲜明的特点，首先，实验是实验者通过控制一个或者几个因素，来研究因素对产品的影响，比如通过对一千名测试者的背部曲线数据进行采集，从而推导出最符合人机的座椅靠背曲面参数，亦或者通过实验得出未来一个季度的女装市场流行色。然而因为有各种外来的非实验控制因素，例如在测量价格变化对产品销售量影响效果的同时，其他诸如社会热点事件所导致的消费者购买行为的变化，竞争的同类产品的改良策略，甚至气候的变化都可能使最终销量受到影响。因此对于产品设计概念的实验数据采集并不都是像自然科学实验结果一样准确无误。这些在实验采集过程中所产生的随机性影响，有一部分可以在实验设计时加以控制和消除，例如，通过实验组与对照组比较的方法来消除一部分外来因素的影响；通过科学方法选择实验对象来消除代表性偏差。另外一些剩余不可控因素和随机误差，是无法通过努力来消除的，这些因素最终形成了实验调查误差。以下是三种类型的实验设计：

① 无对照的事前事后实验。这种实验方式，需要选择一批固定的实验对象作为实验组，通过实验激发对其前后的检测对比做出结论。

这种实验的步骤为：

a．选择实验对象；

b．对实验对象进行前检测；

c．对实验对象进行实验激发；

d．对实验对象进行后检测；

e．用后检测结果对比前检测结果做出实验结论。

例如，在对一款产品包装的设计改良过程中，对在同一超市该产品试用装的领取量进行实验。首先未采用新包装时一个月的试用装领用量为40%，换用新包装之后第二个月的领用量提升为45%。据此，可以得出结论为新包装的设计对于消费者地吸引更为有效。但是，如果不采用新包装，第二个月的领用增长率为多大，并无精确的估计。

② 有对照组的事后实验设计。有对照组的事后实验设计是在选择一组实验对象进行实验激发的同时，选择一批相同或者相似的实验对象作为前者的对照另成一组。对照组不参与实验激发，但需要与实验组具备可参照属性。最后，对比实验组与对照组，做出实验结论。

这种实验的步骤为：

a．选择实验对象，将其分为两组；

b．对实验组对象进行实验激发；

c．对实验组和对照组对象进行后检测；

d．做出实验结论。

例如，国内某产品品牌在准备将该企业产品拓展至东南亚市场之际，准备对产品VI系统进行改版，以适应当地的消费人群对于文化理念、宗教信仰，以及所涉及的对图形和色彩的喜好。该企业分别在当地两个人流量、消费能力等因素均相同的商业中心区设立了临时卖场，其中一个采用全新的VI系统，另一个继续沿用在国内所采用的旧系统。在三个月的试销之后，最终进行了实验激发的卖场的销售额大大超过采用旧系统的卖场，因此实验证明了新VI系统的设计成功。

③ 有对照组的事前事后实验设计。这种试验方式是综合前面两种的特点，即在有对照组的试验中，对于实验组和对照组在实验激发前后都进行检测。然后根据其实验结果做出实验结论。

这种实验步骤为：

a．选择实验对象，将其分为两组；

b．对实验组和对照组分别进行前检测；

c．对实验对象进行实验激发；

d．对实验组和对照组进行后检测；

e．分别把实验组和对照组的检测前后的实验结果作以对比得出实验结论。

例如，某消防产品企业，对某款背负式消防灭火器产品进行了全面升级，为测试新款产品的人机符合度以及灭火效率进行实验，该企业邀请了两组身体条件以及实践能力相当的消防队员进行实验，首先，两组消防员都背负旧款灭火器产品，对同样情况的模拟火场进行扑灭。之后实验组消防员背负新款灭火产品，而对照组消防员仍背负旧款设备，再次对刚才的两组模拟火场进行扑灭。试验完成后，得到的数据如表2-1所示。

表 2-1

组　别	实　验　组	对　照　组
前检验	X_1	Y_1
实验激发	激发	无激发
后检验	X_2	Y_2

实验效果=［（X_2–X_1）/ X_1–(Y_2–Y_1)/Y_1］×100%

这种对于横向纵向都进行对比的实验结果一般来说要更加严谨有效。

5. 整理和分析采集数据

对于收集的原始数据，有必要进行汇总和加工，使之系统化、条理化。同时根据调查目的，确定采用的分析方法。首先通过初级审查，剔除不合逻辑、可疑或者显然不正确的部分。其次可以利用抽样法来证实所采集数据样本的有效性。

抽样设计（见图2-14）：在拟定数据采集时，应根据调查目的来确定所欲调查的母体或对象，然后决定样本的性质、样本数以及抽样方式。其步骤为：定义调查对象及抽样单位—确定或构置抽样框—选择抽样方法—确定样本量的大小—制订并实施具体步骤。

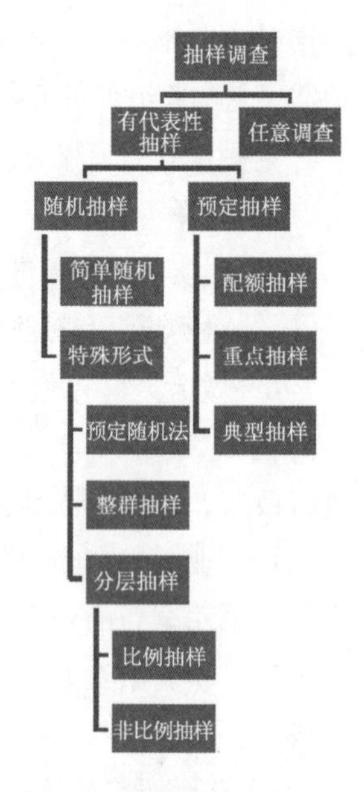

图2-14 抽样调查分类

抽样框是指可以选择作为样本的总体单位列出名册或排序编号，以确定总体的抽样范围和结构。对样本量大小的制订有一个基本公式：几率样本量$n=[Z^2 \times P(1-P)] \div E^2$。其中$Z$是可信度，一般情况下市场调研中$Z=1.96$；$E$代表误差度，反映所取样本的平均值与母体的实际平均值之间的误差比例；P是倾向度，反应所取样本中倾向某种情况的可能性。

例如，一生产无线路由器的厂家，想要设计一款面向商家使用的无线路由器。消费者在商家消费可以获得半小时的免费WiFi上网时长，在登录页植入附近的商盟广告，在产品前期调研阶段，准备对商家进行抽样调研。

首先，抽样单位被确定在某市市内四区中小型餐饮场所。可以选择本市工商企业名录作为案例的抽样框。抽样方法为按比例的分层抽样，即按照市内各区中小型饭店的数量在全市总数中所占的比例，中山区10%、西岗区30%、沙河口区20%、甘井子区40%。在确定样本量的步骤中，预计14%的商家将购买此种商品服务，因此倾向度$P=0.14$，要求真实值与估计值之间的误差不超过3%，因此样本量$n=[1.96^2 \times 0.14(1-0.14)] \div 0.03^2 \approx 289$。最终，考察人员要走访中山区29家饭店，西岗区87家饭店，沙河口区58家饭店，甘井子区116家饭店。

一般而言，样本数越大，调查的结果越为可靠，样本数过小，则将影响结果的可靠程度。但样本数过大，造成调查费用增加，形成浪费，因此样本数的大小应该以适中为宜进行随机抽取，在固定的费用下，选取抽样误差最小的方案；或者在固定精度要求下，做到调查费用最小。

6. 确定提交报告的形式

最后一个阶段我们通常会以调查报告的形式来体现我们数据采集的成果。报告的形式应该简明扼要有说服力，以生动的方式说明重点及结论。比如近来流行的《X分钟了解XX指南》这种数据flash动画的形式（见图2-15），就能在很短时间内让人自愿接受冗长乏味的数据。

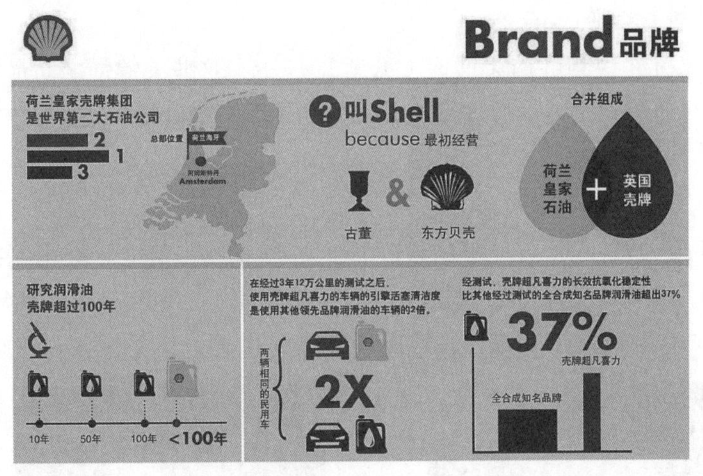

图2-15 flash动画截图

2.4 “巧思”设计

就设计概念产品而言，我们无法用固定的逻辑思维模式去催生灵感，然而以下21种分类，是我们从恒河沙数般的优秀创意作品当中有所针对地整理出的一些设计技巧的归类，对于想要迅速进入创意思维状态的产品设计专业初学者会有所帮助。

1. 细分定位人群

当设计对象为泛泛的产品使用者时，设计思路也会相对比较模糊，而如果将设计对象细分为指定的范围，比如残障人士或是其他弱势群体，则设计思路会更加清晰，更容易找到设计切入点。并且在特定的情况下，比如饮用水短缺的地区，或者在黑暗无光的环境中，不依靠听觉视觉等系统操作的熟练用户与身体残缺者无异，这时使用者也是处于弱势状态。特定的情境（比如黑暗、缺水）也可以让人身处弱势。如图2-16所示，法国设计师Gwenole Gasnier设计了这个对残疾人、老人和儿童充满关爱的创意洗手盆。考虑到特殊人群使用洗手盆的时候由于需要适应常人的使用习惯但是常常难以舒适的方式去使用它们，所以设计师通过在陶瓷洗手盆的底部添加一个角度合理的切面来增加产品的灵活性、多功能性并且更加便于使用。

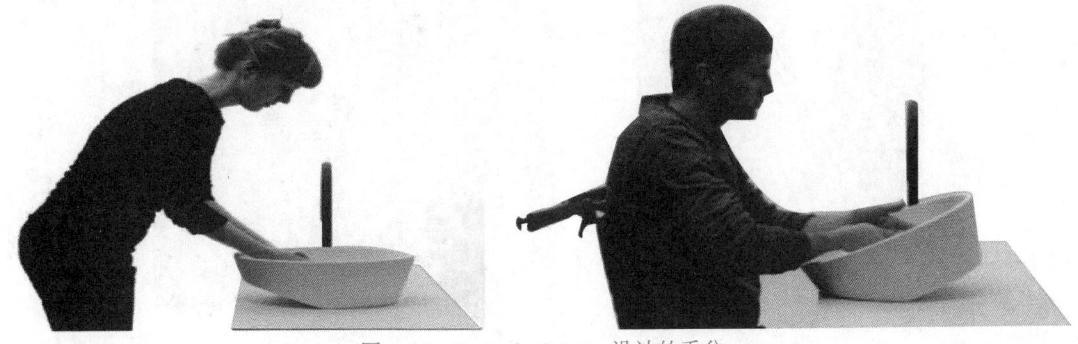

图2-16 Gwenole Gasnier设计的手盆

2．定位设计的主题词

可以随意定义几个模糊性的关键词（见图2-17），这些关键词之间最好有一定的关联性，比如新生、再生、相生。然后进行相关的思维导图头脑风暴，这种方法有助于设计的定位与发散。

3．将产品草图抽象为几何形态

效仿迪特·拉姆斯DieterRams、乔纳森伊维、深泽直人等极简主义大师们的设计风格，将要设计的产品抽象为几何形态，甚至二维几何图形进行组合排列。利用黄金分割等形式美法则进行设计，提取造型在数理关系当中所蕴含的美感（见图2-18）。

图2-17 “土”的衍生

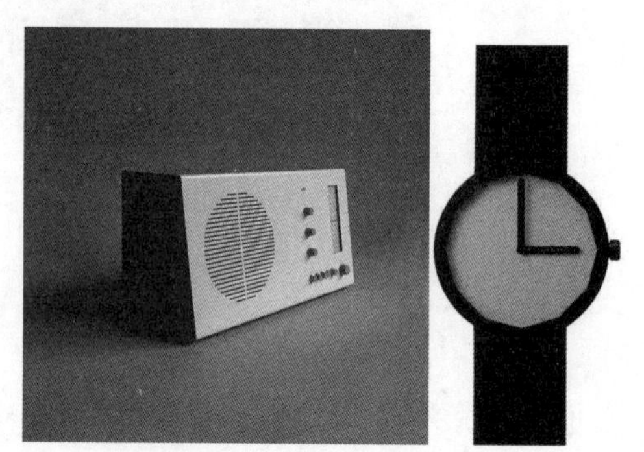

图2-18 极简主义设计

4．立体构成成型法

此方法可以看作将产品草图抽象为几何形态的延伸，利用机械制图中组合体的概念，从最简单的几何形态，例如想象你拥有一个面团、一张纸或者一块豆腐，利用他们的组合的合并、修剪、相交关系中获得形态原型，再试着给目标物施加力的作用，进行进一步的挤压拉伸、弯折扭曲、渐变折叠、反转镜像等变形，形成全新的产品形态（见图2-19）。

5．改变某种习以为常的生活方式

改变或者借用某种使用方式、使用情境或人的观念、习惯性条件反射（见图2-20）。

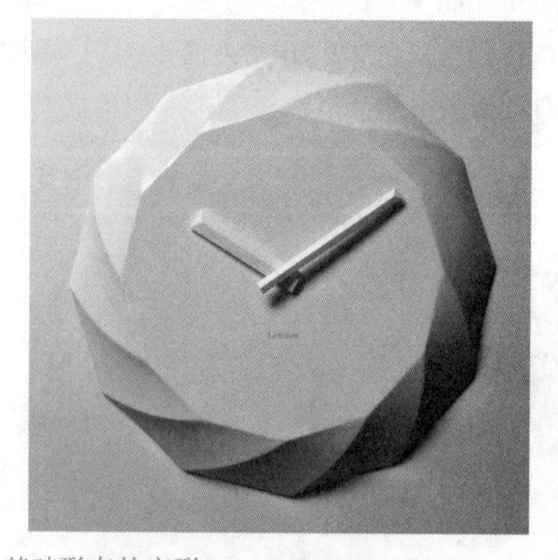

图2-19 基础形态的变形

图2-19 基础形态的变形（续）

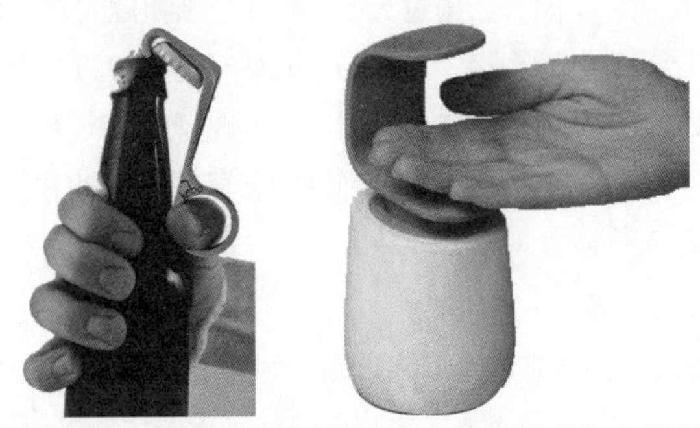

图2-20 将原来双手操作转变成可以单手操作的产品设计

6．发现生活中的问题

长期关注、并沉浸于生活中产品使用的问题，带着产品设计师敏锐及挑剔的眼睛去观察生活中的细节，发现产品的问题、缺点，并围绕这些问题提出解决方案。例如马克杯的卫生问题：杯口朝上则会进入尘土；杯口朝下则会弄脏杯口。中国美院工业设计系教师高凤麟设计了一款倾斜的马克杯，杯子的轴线并非垂直，而是和水平面有一个倾斜的夹角，这样杯口朝下放时既不会进土，也不会弄脏杯口，一举两得。该作品获得2012年德国红点设计奖至尊奖（见图2-21）。香皂盒里面残留的废液，不仅看起来不干净，同时浸泡香皂也会导致不必要的浪费（见图2-22）。

图2-21 红点奖马克杯设计

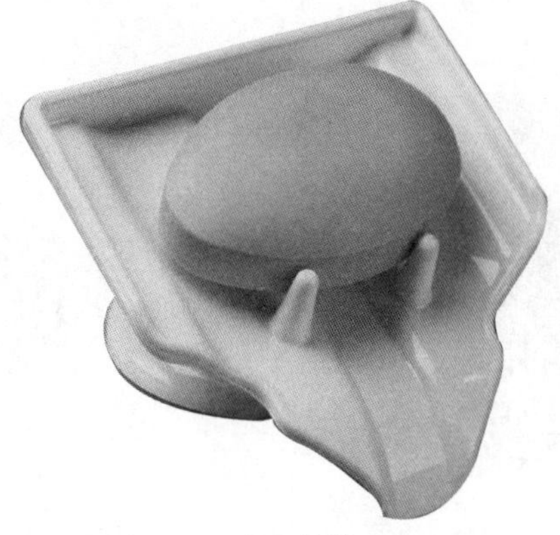

图2-22 皂盒设计

7．发掘民间智慧

针对于生活中的种种不便，实际上来自于民间的智者们所给予的答案，往往在给设计师带来惊喜之余，还能够带来灵感和创意（见图2-23）。比如用剩下的卫生纸芯，可以当做理线的容器；用矿泉水瓶口密封保存没吃完的食物等。

8．传统的再生

设计师可从传统的形式、材料、工艺、习俗、宗教当中去汲取设计元素，并利用现代的科技进行重新诠释。村田智明设计的hono电子蜡烛，只要利用电子火柴轻轻一划，烛光便会点亮，轻轻一吹，烛光便会泯灭，那摇曳的烛光让你感受无穷的生命力（见图2-24）。来自日本设计师Aya Kishi的创意，墓碑的中间嵌有棱镜，于是，当雨过天晴、阳光重新照耀大地，墓碑将在地面投影出漂亮的彩虹（见图2-25）。“上上签”这个名字很容易让人联想到中国的祈福文化，并透着一层厚重的象征意义。设计师感慨地说：“从原始的占卜到摇签卜卦的仪式，中国人几乎一刻也没有与图腾、祈福行为相离。”设计师为牙签盒取了这样一个别致的名字，正是期望它承载传统中国人对人生凶吉、仕途顺逆与命运轨迹的先行体验（见图2-26）。

9．处于不平衡状态的造型

利用格式塔理论，创造一种富含内在张力的造型，这种具有鼓动性的内含力可能是捕捉运动瞬间的凝固，亦或是处于某种临界点的不平衡状态，欲破未破让人形成一种内心求变的渴望（见图2-27）。

图2-23 在油漆桶上捆绑皮筋

图2-24 hono电子蜡烛

图2-25 “为死亡而设计”设计作品

图2-26 洛可可牙签盒设计

图2-27 捕捉瞬间动态造型的产品

10．关注人们的下意识行为

就人们在日常生活中举手投足之间的不经意之举进行观察、记录和研究，形成相应的产品与人们的生活记忆产生融合和共鸣。图2-28所示为一个手机，这个手机设计的灵感来自于削完土豆皮，将土豆冲洗干净之后拿在手里的感觉。有过这种生活体验的人会对这款产品产生共鸣

图2-28 深泽直人手机设计

11．为产品注入人文因素

废物利用、可持续性设计、关爱流浪动物等人文因素，增强大家对环境破坏的危机感等都可以成为设计的亮点（见图2-29）。

12．集约化设计

模块化设计、折叠、可拆卸便携等都是集约化设计具有代表性的案例。法国女设计师 Matali Crasset为意大利Campeggi 公司设计一个沙发系列，名为 Concentre

De Vie 。这款沙发是由模块化的组件构成，分为五个部分，一个主体、两个L形的靠垫和两个方形的靠垫。这些垫子既可以作为主体沙发的一部分使用，也能够独立出来作为脚凳或小沙发使用（见图2-30）。

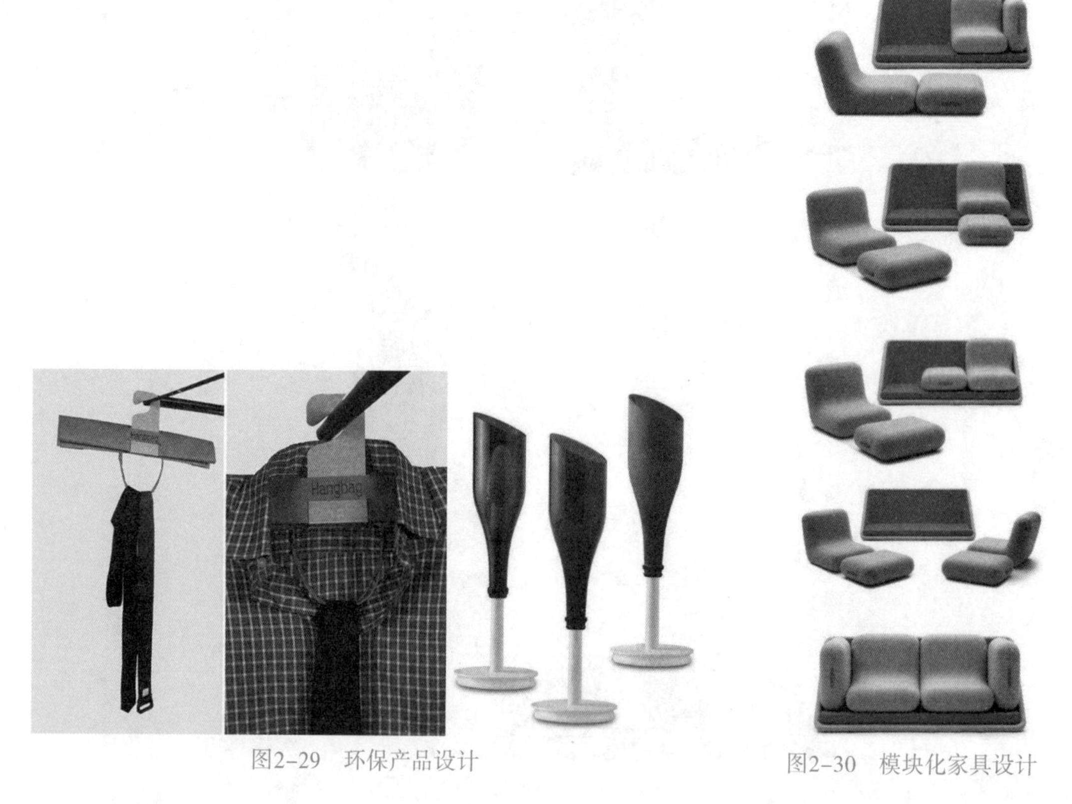

图2-29　环保产品设计

图2-30　模块化家具设计

13．增加产品的互动性

增强产品的变化，从材料实验的角度出发进行艺术性的实验探索。纽约产品设计师 Subinay Malhotra 设计了一组名为“NO 22”的智能灯具，巧妙地将天然材料和现代科技融为一体，并且粗粝的外表还带有一丝神秘。这些灯具一共包括四款，均采用轻质石膏做成，有的为圆形，有的像鸡蛋，有的为圆环，有的为一个纺锤体。电源为可充电电池，每款灯具上都有一些通透的圆洞，洞里镶嵌着 LED 灯，并且可以通过光传感器来控制灯的亮度。灯具表面的圆洞和粗糙的表面让人想起宇宙中的星球（见图2-31）。

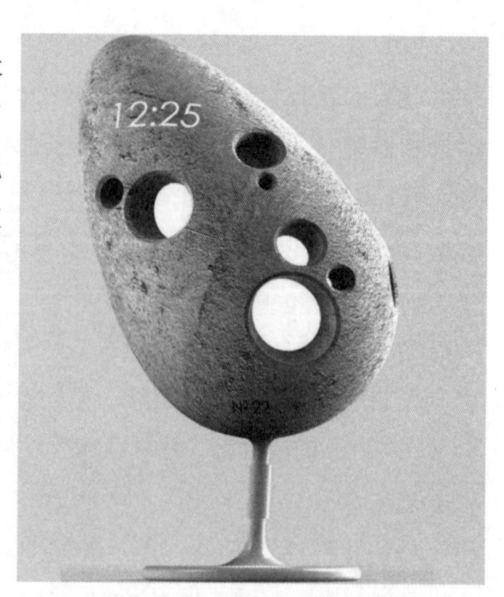

图2-31　“NO 22”的智能灯具

14．几种组合交叉的类型设计

这种类型设计包括邻近型、相似型、对立型、借鉴型、混搭型。这种类型设计的产品其形成方法是重复、叠加与系列化（见图2-32）。

15．巧妙的结构

此类产品以结构的巧妙取胜（见图2-33）。

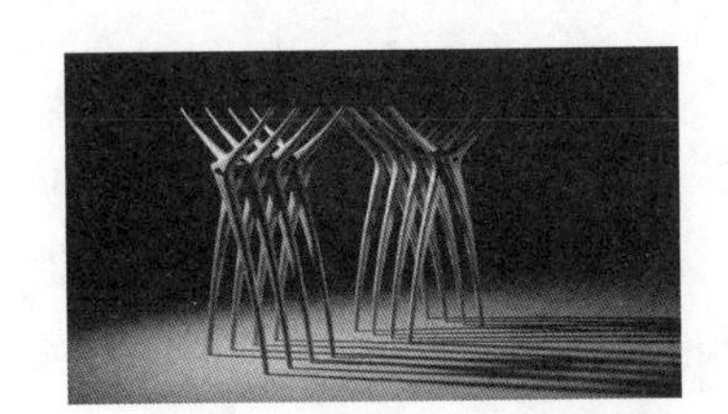

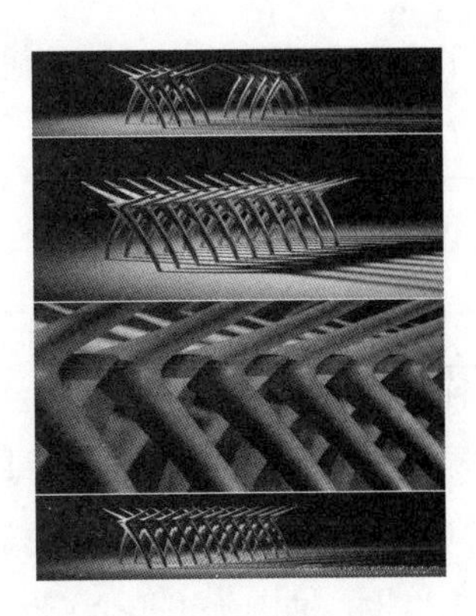

图2-32　重复叠加产品形态

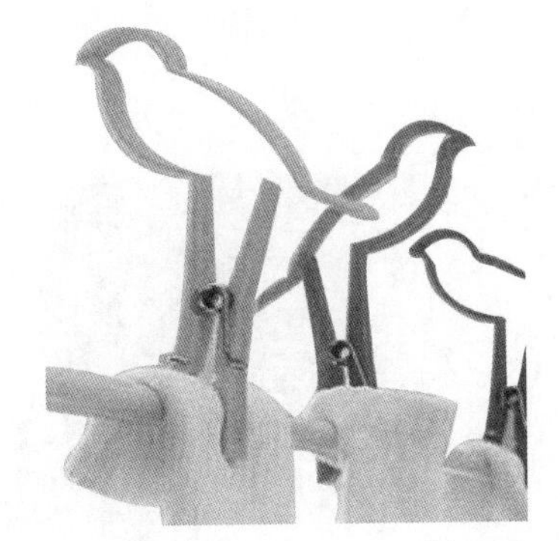
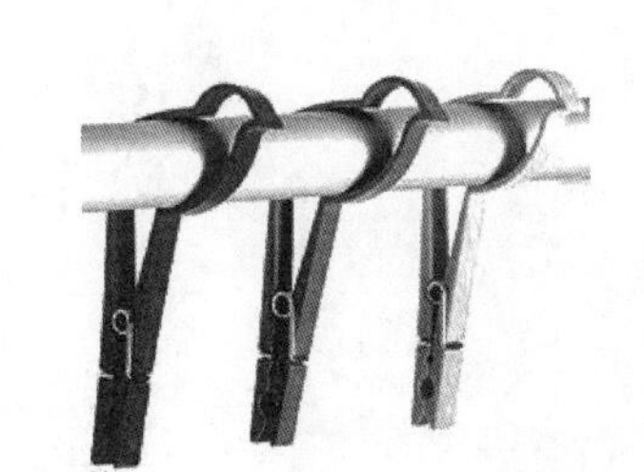

图2-33　小鸟衣夹

16．似是而非的语意戏谑型模拟

这一类型设计包括仿生模拟、材质伪装（见图2-34）、表情模拟、情境模拟；隐喻A中隐藏B，将隐喻A置换为B；隐喻部分替换整体。例如来自YOY 设计工作室的产品设计，把花瓶伪装成了一本书（见图2-35）。

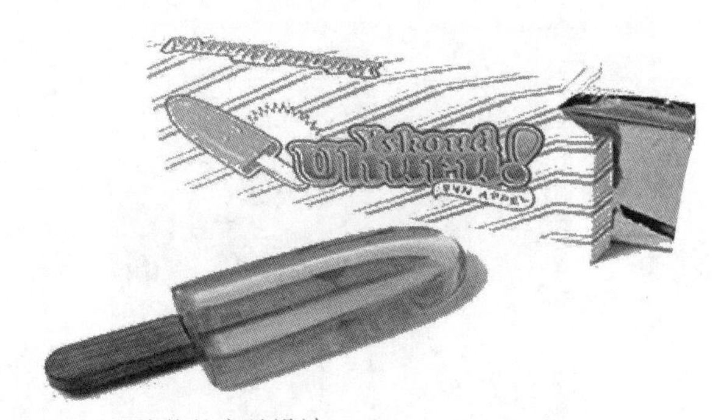

图2-34　材质伪装的产品设计

图2-35 伪装成书的花瓶设计

17. 寄生

这种类型设计包括礼品、衍生品、纪念品等诸多比如iphone、ipad的各种外设小产品。但这种创意方式的前提是产品的母体必须是一款公众认可度相当高的流行产品。iPhone的周边产品层出不穷，完美地秉承苹果本身的创新精神。意大利厂商en&is就为iPhone设计了兽角形扩音器Megaphone。Megaphone由精美的陶瓷打造，纯手工制作，兼容所有的iPhone版本，目前有三种颜色出售，价格在400～600欧元不等（见图2-36）。

18. 属性变异

改变已有产品的形态、比例、量感、材料、肌理、色彩、结构、工艺、细节而设计的产品（见图2-37）。

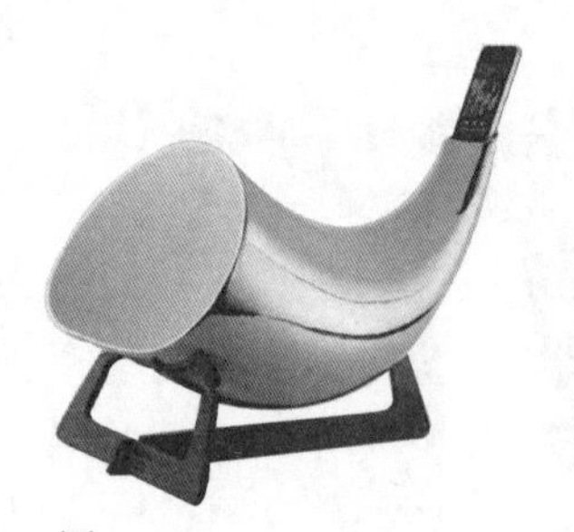

图2-36 Megaphone音箱

图2-37 属性变异的产品设计

19. 二维与三维

这种类型设计包括游戏、平面拉伸与旋转、折纸剪纸、轮廓与线框、三维实体平面影像化、抽象符号立体化（见图2-38）。

图2-38 “二次元”风格产品设计

20. 情感化设计

情感化设计是能够营造安静、回忆、惊喜、体贴、等情境的产品，用蕴藏于产品当中的故事性去感动别人（见图2-39）。

图2-39　情感化的茶包造型

21. 故事版的应用（见图2-40）

通过情景模拟或者再现，找到现有产品的缺点，发掘产品可以提升的改良点。

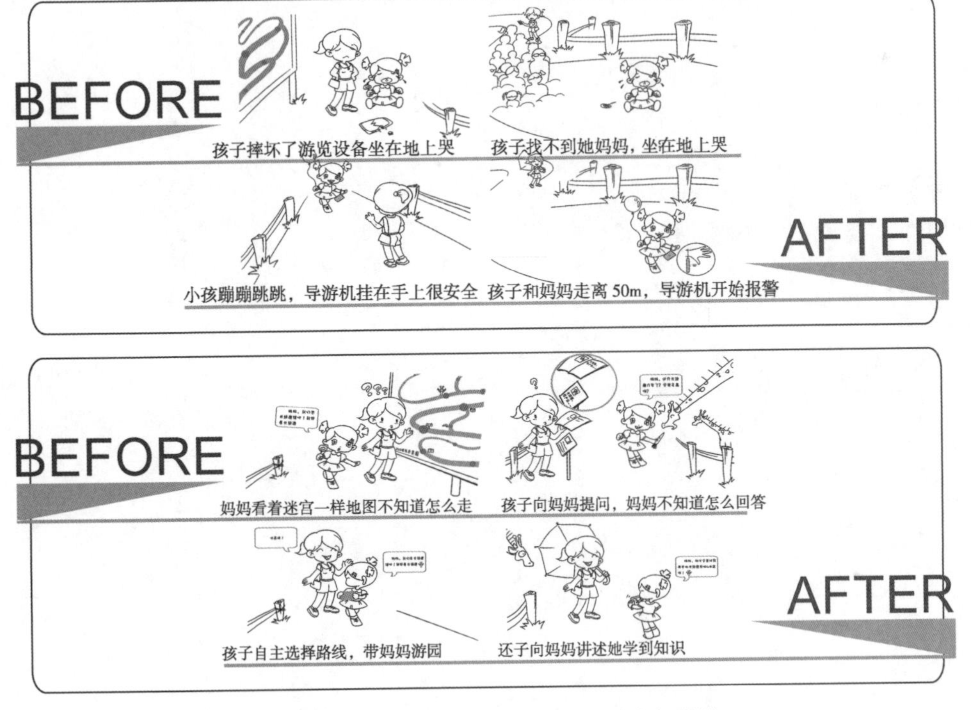

图2-40　动物园导游机产品改良的故事板设计

小　结

通过本章的学习，同学们会对常见的衍生创意技巧有一定程度的了解。第一节的内容相对较为晦涩，但却是概念传达和接受的本质，如果没有对其的学习和思考，那么所谓的概念只能停留在表象层面。头脑风暴是经久不衰的最适合碰撞出思想火花的方法之一，无论是模拟或是实战，都会使同学们体会到团队合作精神的乐趣和挑战。而在大数据时代，对市场和用户数据的调研和使用则是创意最终能否成功的基石。最终，希望这些内容连同21种“巧思”设计的技巧，能够助力同学们养成勤于思考的习惯并快速进入创意状态。

习题与思考

1. 自由结为6~8人的小组，针对一款虚拟的概念产品设计方案进行头脑风暴，并设计调查问卷一份。

2. 针对“巧思”设计的21种设计技巧，每种技巧找两个与之匹配的产品案例，并对其进行分析。

第二部分　产品概念设计衍生思路

第 3 章　产品概念设计与可持续发展理念

本章学习重点：

1. 了解产品概念设计中，可持续发展理念的价值和运用。
2. 通过第2、3小节中有关可持续发展理念的指导，在设计过程中加以实践和领悟。

产品概念设计的方法固然重要，但设计理念对设计有着重要的方向性指导意义，相比之下，设计理念显得更为重要。

2010年上海世博会以“城市发展”为主题，此次盛会有别于以往，我们看到设计不再简单让位于商业运作，也不只追求艺术上的视觉特效，而是承载了新的人文使命，关系到“可持续发展”这一主题，关系到人类生活的和谐与幸福，今天以“可持续发展”为目的的设计与创新已被提升到了战略的高度，而且也将成为未来全球设计领域的主流理念。

3.1　产品设计中的可持续发展理念

3.1.1　可持续发展的定义

可持续发展是一种注重长远发展的经济增长模式，最初于1972年提出，指建立在社会、经济、人口、资源、环境相互协调和共同发展的基础上的一种发展，其宗旨是既能相对满足当代人的需求，又不能对后代人的发展构成危害，是科学发展观的基本要求之一。

可持续发展的定义又分为广泛性定义和科学性定义。

1. 广泛性定义

广泛性定义是在1987年由世界环境及发展委员会所发表的布伦特兰报告书所载的定义，其意即：

可持续发展是既满足当代人的需求，又不对后代人满足其需求的能力构成危害的发展。它们是一个密不可分的系统，既要达到发展经济的目的，又要保护好人类赖以生存的大气、淡水、海洋、土地和森林等自然资源和环境，使子孙后代能够永续发展和安居乐业。可持续发展与环境保护既有联系，又不等同。环境保护是可持续发展的重要方面。可持续发展的核心是发展，但要求在严格控制人口、提高人口素质和保护环境、资源永续利用的前提下进行经济和社会的发展。发展是可持续发展的前提；人是可持续发展的中心体；可持续长久的发展才是真正的发展。使子孙后代能够永续发展和安居乐业，也就是江泽民同志指出的："决不能吃祖宗饭，断子孙路"。

2．科学性定义

由于可持续发展涉及自然、环境、社会、经济、科技、政治等诸多方面，加之研究者所站的角度不同，因此对可持续发展所作的定义也就不同。大致归纳如下：

（1）侧重自然方面的定义。"持续性" 一词首先是由生态学家提出来的，即所谓"生态持续性"(Ecological Sustainability)。意在说明自然资源及其开发利用程序间的平衡。1991 年 11 月， 国际生态学联合会 (INTECOL) 和国际生物科学联合会 (IUBS) 联合举行了关于可持续发展问题的专题研讨会。该研讨会的成果 发展并深化了可持续发展概念的自然属性， 将可持续发展定义为："保护和加强环境系统的生产和更新能力"，其含义为可持续发展是不超越环境系统更新能力的发展。

（2）侧重于社会方面的定义。1991 年，由世界自然保护同盟(INCN) 、联合国环境规划署(UN-EP) 和世界野生生物基金会(WWF) 共同发表《保护地球——可持续生存战略》 (Caring for the Earth：A Strategy for Sustainable Living)，将可持续发展定义为"在生存于不超出维持生态系统涵容能力的情况下，改善人类的生活品质"，并提出了人类可持续生存的九条基本原则。

（3）侧重于经济方面的定义。爱德华 -B ·巴比尔(Edivard B.Barbier) 在其著作《经济、自然资源 :不足和发展》中， 把可持续发展定义为"在保持自然资源的质量及其所提供服务的前提下，使经济发展的净利益增加到最大限度"。皮尔斯(D- Pearce) 认为："可持续发展是今天的使用不应减少未来的实际收入"， "当发展能够保持当代人的福利增加时， 也不会使后代的福利减少"。

（4）侧重于科技方面的定义。斯帕思(Jamm Gustare Spath) 认为 :"可持续发展就是转向更清洁、更有效的技术——尽可能接近'零排放' 或'密封式 '，工艺方法——尽可能减少能源和其他自然资源的消耗 "。

总之，可持续发展就是建立在社会、经济、人口、资源、环境相互协调和共同发展的基础上的一种发展， 其宗旨是既能相对满足当代人的需求，又不能对后代人的发展构成危害。

可持续发展注重社会、经济、文化、资源、环境、生活等各方面协调"发展"，要求这些方面的各项指标组成向量的变化呈现单调增态势（强可持续性发展），至少其总的变化趋势不是单调减态势（弱可持续性发展）。

3.1.2 可持续发展理念在产品设计中的价值

在我国，可持续发展战略已成为当今一个应用范围非常广的概念，不仅经济、社会、环境等方面运用，而且教育、生活、艺术等方面也经常运用。单就设计领域来说， "可持续设计"价值观是对工业化时代以来设计理念和行为结果的理性反思，作为重要的思维原则，它必须通过设计加以落实，因为设计既是产业链的初始，也直接作用于人们的生活方式。

传统的产品设计理论与方法，是以人为中心，从满足人的需求和解决问题为出发点进行的，而无视后续的产品生产和使用过程中的资源消耗以及对环境的影响。传统设计在设计过程中，设计人员通常主要是根据产品基本属性（功能、质量、寿命、成本）指标进行设计，其设计指导原则是：只要产品易于制造并满足所要求的功能、性能，而较少或基本没有考虑再生利用以及产品对生态环境的影响，这样设计生产制造出来的产品，在其使用寿命结束后回收效率低，资源、能源浪费严重，特别其中的有毒有害物质，会严重污染生态环境，影响生产发展的可持续性。

把可持续发展思想融入到产品设计过程中，将生态环境与经济发展联结为一个互为因果的有机整体，可以使资源、能源得到有效利用，并使环境污染降到最低程度。因此，可持续发展理念能够对传统产品开发设计的理论与方法进行改革和创新。可持续发展设计是更加深刻和涉及面更宽的设计思想，和谐的社会生产环境，包含了对社会各方面与自然界之间关系的全面思考，将人–机–环境三者结合起来进行可持续发展的思考，具备了更全面的设计重点，设计的工业产品是对环境、人体生理、心理的综合考虑。把可持续发展理念渗入设计意识中，能够用以指导产品设计中的整个系统设计流程。

相比于传统产品设计，可持续设计的主要特点为：

（1）以整体思维方式看待产品设计，产品设计的价值不再以人类为中心，而是具有生态价值观，允许人类、非人类的各种正当利益在一个动态平衡的系统中相互作用；

（2）它是传统设计观念的演进与发展，强调在产品达到特定功能的前提下，材料、能源在制造、使用过程中消耗得越少越好，产品在使用过程中和使用后对环境污染越小越好；

（3）产品设计优良的标准不再是单一的经济性（利润），不只关心产品的功能、性能、外观，而是将环境、经济和社会的可持续性纳入产品的评价体系；

（4）产品生命周期包含了产品的回收再利用过程，在各个阶段都有可持续要求；

（5）新的质量观包含传统质量管理中的可靠性和稳定性等概念，把环境质量作为产品质量不可或缺的一部分。

绿色消费是经济发展的需要，人们必须改变目前的粗放型消费方式，代之以绿色消费方式，以适应社会和经济发展的需要，当前，人们消费的理念是不再以大量消耗资源、能源求得生活上的舒适，而是在求得舒适的基础上大量节约资源和能源。为了适应这一潮流，产品设计人员面临的一个挑战是如何将可持续发展理念与产品设计融合为一体，使产品从材料、设计等各方面都符合可持续发展要求，最终获得可持续性的产品，关心产品在整个生命周期内对环境的影响，向市场提供节能而无污染的产品与服务，致力于环境与发展的良性循环，才能实现企业应追求的经济效益、社会效益和环境效益的可持续发展。这样的设计才是恰当的设计，才能使人与自然更和谐，对资源的利用更合理，使人类得以长期永续地可持续发展下去。

可持续设计不应该只是停留在表面上，更不应该作秀，应该有更广阔的外延和更为实用的内涵。与“可持续设计”相似的设计理念也有不少，比如“绿色设计”“生态设计”等，甚至它们常常被替换使用。有很多人认为可持续发展即是简单的运用回收的材料或者用环保的材料来生产和制造产品，这种想法是片面的。具体来说，“可持续设计”与一般以单纯物质产品输出的设计不同，它是透过整合产品及服务以构建“可持续的解决方案”去满足消费者特定的需求，以“成果”和“效益”去取代物质产品的消耗，而同时又以减少资源消耗和环境污染，改变人们社会生活素质为最终目标的一种策略性的设计活动。可以看出，可持续设计并非单纯地强调保护环境，而是提倡兼顾使用者需求、环境效益与企业发展策略的一种共赢观。

3.2 产品可持续设计的类型

产品的可持续设计是产品设计的又一次演进和发展，它贯穿于产品从概念到生产到消费以及报废的各个环节，是一个系统的问题，考虑的是综合因素，需要按照不同因素的重要性和难易程度进行优化。

产品可持续设计通过“过程前预防”“过程中干预”和“过程后恢复”三大环节来实现产品的可持续发展。在不同的阶段有着不同类型的设计。最初，引起人们关注的是环境污染问题，于是环境治理与保护受到重视；后来，人们发现产品在生产、运输、使用、回收等环节，都会对环境带来不同程度的影响；现在，人们认识到技术的天然缺陷会带来不可避免的环境污染，而人的私欲膨胀加速了环境恶化和资源消耗，要在源头上避免这样的问题，必须从各个环节入手，解决产品不同阶段引发的问题。

3.2.1 最少消耗型设计

降低产品生产制造、使用、回收过程中能源和资源的消耗，既要考虑经济性，又要有益于环境的良性循环。由于产品设计本身是一个极富创造力的工作，通过设计师的创造性思维结合对材料工艺的了解减少材料的预算，使材料的浪费精确化，对材料进行充分有效的利用，避免使用多余的处理设备和劳动力。同时在满足产品预期功能的前提下，不用或者少用加工工艺复杂，生产过程高能耗的材料，做到既节约资源又经济可靠。

日本卫浴品牌INAX(伊奈)以“创造并提供协调人与地球的环境美”作为公司的环境基本理念，积极发展环境保护事业。与此同时，INAX也努力向顾客倡导环境生态学方式，减少资源能源的消耗，废弃物的产生与排放物的排放量。

图3-1所示为INAX公司研发的陶土瓷砖，由泥土和石灰混合压制而成，使用晒干法制成，可以吸收阳光，隔热以及隔音等方面的性能良好，还具有调节水分干湿的特点，可以净化空气。由于以泥土为原材料，在混合了熟石灰或者建筑物的残渣后，经高压蒸汽所产生的热反应固化成型，所以，它们没有一般瓷砖在窑内烧制中排放热量以及二氧化碳的缺点，即便到了最后废弃时也能简单地粉碎重归大地。

图3-1 INAX陶土瓷砖

陶土瓷砖的材料来源于大自然，在经过生产、流通、使用三个阶段而失去了使用价值之后，消费者、回收者只需简单粉碎就能回归大地，从而轻松地实现了它作为物的一套完整的循环，并不会产生多余的污染和消耗，是可持续设计中循环设计的典型例子。

再以著名美籍华人产品设计师石大宇的作品竹椅“椅琴剑”（见图3–2）为例，该作品整体以自然竹材料设计而成，椅脚采用现成实心竹剑材料，实心竹料为回收竹条废料压合而成，既充分利用资源，亦符合椅子结构强度需求；椅背由传统古法制作的“竹枕”造型概念延伸，椅面则以竹条相间并排，椅面与下方支撑结构间的空隙，使竹条受力时表现出如琴弦般的细微弹性，一坐下即可感受竹结实而灵巧的生命力。这件作品曾获2010德国红点Red Dot产品设计奖、2010香港DFA Award亚洲最具影响力优秀设计奖、中国红星奖等诸多设计奖项。石大宇对竹材料的反省设计引发国内外广泛关注，被台湾东森电视誉为“让迈入夕阳的台湾竹产业重新取得光亮”第一人。

图3–2　椅琴剑

除了在材料上用心，加工工艺方面的巧思对于减少消耗也具有很大的作用。下图为2013IF概念奖作品雪糕柄（见图3–3），换一种裁切分割，却大大节省了木料，设计虽小，却体现了可持续的大的设计理念。

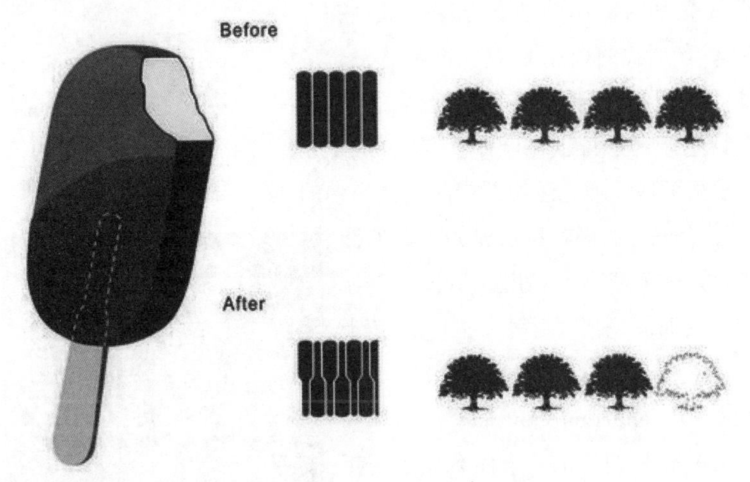

图3–3　雪糕柄设计

现在的产品设计在追求科技的同时，也开始重视产品的使用所消耗的资源及其给环境带来的负担。概念产品可持续设计要求设计合理的产品结构、功能、工艺或利用新技术、新材料使产品在生产、运输、使用、回收这一系列全过程中消耗能量最少、能量损失最少。

3.2.2　回收再利用设计

回收再利用是可持续设计的关键环节，要真正实现这一环节，使重复使用达到最佳的状态，最初在设计概念产生的时候就要综合考虑，使报废后的产品便于回收，便于拆卸以及对有毒材料的考虑等。国外的很多公司，在对材料回收利用的研究方面取得了很多的成果．他们在产品设计中就充分考虑到零件材料回收的经济性、可行性、工艺和方法，遵循可持续性的设计理念，尽可能地利用可回收材料。

德国的奔驰公司提出了对汽车生命周期回收的概念，即从汽车的设计开始，就注重汽车的可回收性，生产和使用过程中产生的废弃物、废能和废液等全部回收，到汽车报废时还能拆解回收。他们的近期目标是包括塑料和废油液在内的整车回收率达到90%以上。面对人类生存环境的恶化，可持续设计着重强调的是面向制造的设计和面向回收的设计，可是这些设计初衷常常不能在某一种产品中得到完全和谐的应用。这些设计目标的实现常常会出现矛盾和对立的现象，这就要在这些目标中进行折中权衡，以确定最佳的设计方案。

产品设计方面的例子，比如“Remarkable”产品系列，设计师Anne Chick的设计材料源自于回收的垃圾，他将这些垃圾设计成为新奇有趣、且富有创意的产品。饮料盒变成了笔记本，塑料杯变成了铅笔（见图3-4），甚至连废旧轮胎都变成了学生的笔袋。通过设计师的创意，不但让这些垃圾改变了被弃置或者被焚烧的命运，让其得以重生，而且为消费者灌输了回收和循环再利用的理念。比如说，在新生产的笔袋上写有“我的前生是一个轮胎”，十分生动而又有趣，让人们看到了现在手中产品的“前生”，拉近了可持续理念与人们之间的关系。从概念到设计生产，本身也在诠释着“Remarkable”的品牌理念。这是一个非常成功的通过垃圾回收再利用将可持续理念运用到产品设计当中的案例。

图3-4 “Remarkable”的铅笔产品

2013 IF获奖作品——镶嵌在废旧轮胎里面的储水桶（见图3-5）便属于废物再利用，不仅省力而且在让儿童玩耍的同时就完成了运水的过程，是十分巧妙的设计。

图3-5 储水桶设计

再例如：设计师 Federico Venturi、Gianluca Savalli 和 Marco Righi 所组成的三人团队花了三年的时间，终于设计出了一款更耐用并且 100% 可回收的雨伞——Ginkgo（见图3-6）。Ginkgo 的伞骨架采用聚丙烯材料，在保证强度的同时有一定的灵活度，并在不同部件间采用特殊的连接方式，而并非传统的螺丝钉链连接，让骨架在“关节”的部分更耐用。一把普通的伞完全拆开有大概 120 个零部件，而 Ginkgo 只用了20 个零部件，这也意味着更少的磨损和更长的寿命。最重要的是，它可以直接扔进垃圾桶被回收。

图3-6　雨伞设计

另一件获奖作品“品”牌花园用具（见图3-7），其构思巧妙，对制作材料进行了100%的使用，没有任何浪费，并巧妙利用了桶的弧度，生成了二三十件不同的产品。更为难得的是，“品”牌花园用具创立了自己的品牌。

图3-7 “品”牌花园用具

基于工业余料和废弃物进行的设计创意，强调通过创意智慧和低碳设计技术改变原有废旧材料的利用形式，即不将其回归为“原料”经历回炉、提炼等化学或物理方法等二次加工过程，而是大胆运用创新设计智慧，在研究各种工业余料在属性、形态、结构等方面的特性基础上，挖掘

“可用性”和“艺术性”，巧妙地重构原材料结构形式和零部件关系，令其以新的产品形式再生并转化为具有新功能价值的用品，创造出远比“回归原料”更高的使用价值和艺术价值。

3.2.3 延长产品生命周期设计

随着科学技术的发展和环保意识的增强，人们认识到仅仅通过环境治理和废物回收再利用是无法逆转环境持续恶化趋势的，必须从产品生产的全过程来考虑其对环境的影响。

典型的产品生命周期一般可分为四个阶段，即介绍期(或引入期)、成长期、成熟期和衰退期，可持续设计可以通过各种手段，延长这几个阶段，延长产品寿命，实现延长产品生命周期的目的。具体而言，产品生命周期设计包括原料采购、材料加工、设计、制造、使用、废弃、回收等多个阶段，充分关注产品在整个生命周期内对环境的影响，主张功能最大化的同时兼顾环境友好。

以2013IF获奖作品“Grow-Slip”（见图3-8）为例，婴儿期孩子的脚迅速长大，刚买不久的鞋子就穿不上了，只好再重新买，非常浪费，这款拖鞋的设计能轻松应对幼儿脚的变大，大大延长了产品的使用周期。

另一件作品是多层可降解纸碗（见图3-9），采用废纸回收制成，多层设计使原本一次性的产品生命周期大大延长，同时关注产品在整个生命周期内对环境的影响，在实现功能最大化的同时兼顾环境友好。

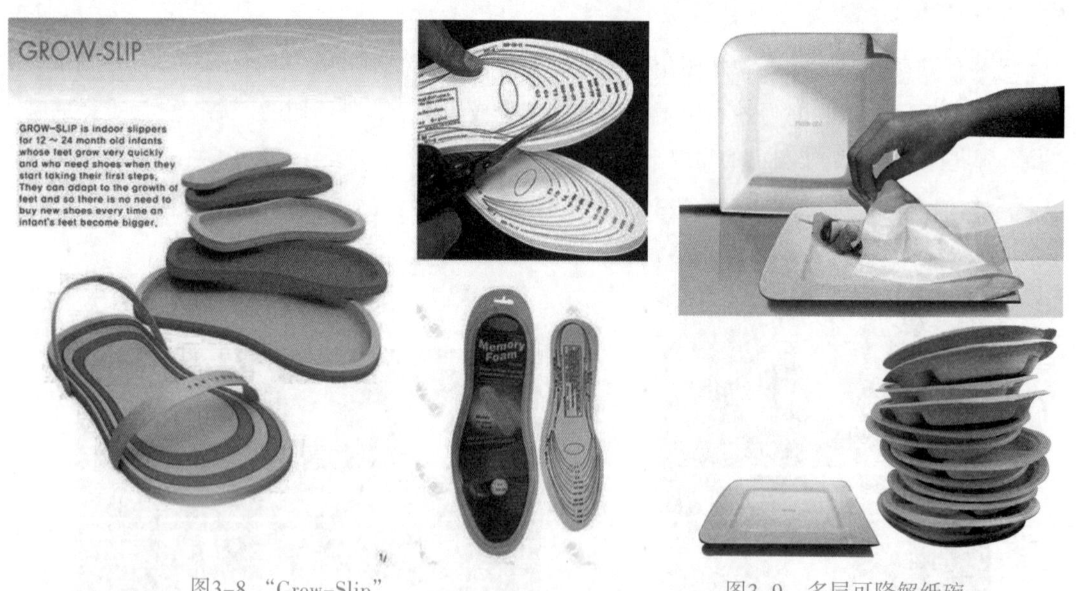

图3-8 “Grow-Slip”　　图3-9 多层可降解纸碗

人与人共同生活在一个社会群体空间内，每个个体的力量都是渺小的，但当彼此共同连接起来组成相互联系的整体时其共生的力量却是巨大的。社会和谐提倡社会公平性原则，倡导共同承担责任，共同享受社会利益。可持续发展依赖的是社会群体的作用，设计师应当利用设计的力量，将人与人联系在一起。例如，几乎每个家庭都有废旧电池，而实际上废旧电池中的电量并没有完全耗尽，一位设计师设计的环保路灯（见图3-10），就能够利用这些废旧电池中的电量。

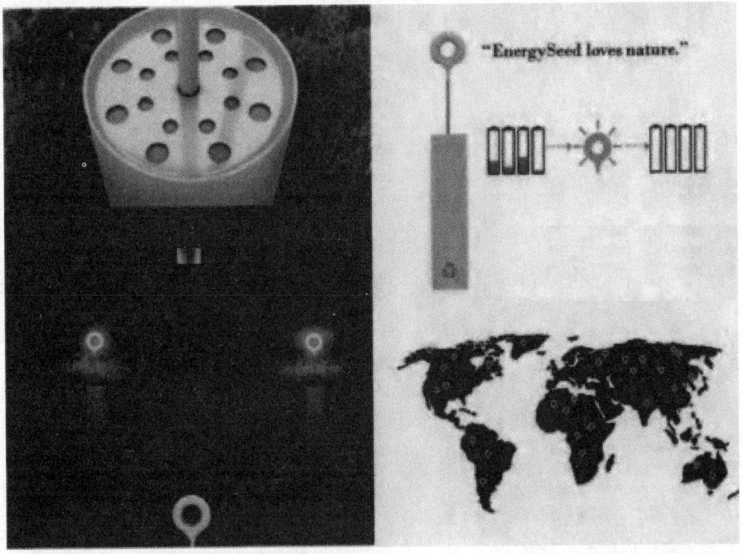

图3-10　环保路灯

当越来越多的人将家中的废旧电池插入这款路灯的插口时，便可以利用电池中剩余的电量在夜间发出亮光，这不仅使废旧电池的生命周期得到了延长，节约了电能，并且促进了社会群体的交流，具有很好的环保、社会效益，对于设计师有不少启发性。

3.2.4　服务设计

基于产品回收的可持续设计不能避免废物的产生，是“从摇篮到坟墓”的设计模式，而基于服务系统的可持续设计则以彻底消灭废物为初衷，是“从摇篮到摇篮”的设计模式。

服务设计是产品设计的延伸和拓展，消费者购买的最终目的并非是占有产品，而是为了获得产品提供的服务。人类利用自然资源制造各种产品来满足自身的需求，这是社会发展的需要，但由于人们将生活消费的中心放在有形物品的追求和占有上，而忽略了真正需要的是产品的功能和服务，导致了各种过度占有和非可持续消费现象的出现。在我们身边有无数闲置的物品和许多寿命未到就被更新换代的物品，这说明社会提供的服务量远大于人们的需求，剩余的服务量意味着过多的资源投入和废弃物输出，这无疑会加重社会、经济、环境负担。所以我们一方面要竭力减少单位服务量的成本，一方面要优化服务量的配给渠道，以尽可能少的资源去满足尽可能多的需求，只有这样，才能恰如其分地利用资源。

设计师不只要改变产品，更要通过设计更好的服务体系来改变消费者的消费方式和生活方式，引导人们以更健康的方式来生活和消费。20世纪80年代初，瑞士的工业分析家就设想出一种服务经济：消费者通过租赁或借用商品获得服务，不再购买商品，制造商不再出售产品，而是长期提供“升级换代”的服务。

世界各地，已经有不少企业、设计师在进行这样的设计。比如英国专门做服务设计和服务创新的公司Livelwork，它的设计团队设计了Streetcar（街车）的服务体系（见图3-11）。其实也就是“拼车”的概念。一辆街车能至少代替六辆私家车，这种方法是鼓励人们不去购买占用车，而是分享车的服务，让车的使用价值得以最大化，这是一个非常典型的服务设计的案例。但是由于种种原因，比如说人们对其操作方法不甚了解，或者没有平台和渠道来实现，使得“拼车”的想法并没有得到很好的实现。为了使“拼车”变得更加简单易行，Livelwork进行了用户研究和一系列的尝试，创造了新的顾客体验，重新定义了服务的概念，简明地概括为4个步骤，并在企业官网首页以视频的方式清晰地展示了服务的过程。高质量并且容易使用的服务使更多人愿意改变原来的私家车方式，加入Streetcar的“拼车俱乐部”，成为“拼车”一族。据推算，由此可节省75%使用私家车的费用，与此同时减少了汽车尾气的排放，保护了环境，实现了经济、社会、环境全方位的可持续效益。

图3-11　Livelwork公司的“拼车”服务

另一个国内的例子是江南大学设计学院和米兰理工大学Indaco部门共同协作开展的一系列研究项目，这些项目是以工作坊的形式进行的，他们专注于特定的主题，每个项目的团队针对中国可持续生活方式的具体服务体系提出新的建议。工作坊最终产出了许多优秀的方案，其中一个方案名为“Grow”，是一项通过葡萄种植联系同学之间情感的新型校园服务，它的目的在于提供一个学习和娱乐的公共空间，这不仅可以增强学生的凝聚力，促进不同班级和年级之间的交流，同时也可以成为大学生活的美好记忆。大学提供土地、基础设施以及基础农业支持来构建一个平台，学生以班级为单位注册签订一个合同，认领一片土地，他们可以充分利用这块公共空间和当地葡萄农业资源，同时学生负责部分的简单种植和耕作，他们毕业之后，新生可以接管这些葡萄架，葡萄园也将成为毕业之后美好的记忆。这些项目都是基于产品服务体系的可持续设计，这样的设计比单个的产品设计具有更大、更广泛的社会影响力，因此得到越来越多的关注。

随着服务经济逐渐成为经济的价值核心，作为代表社会经济发展趋势的先进设计模式，基于产品回收的可持续设计正转向基于产品服务的可持续设计，后者在动力、技术等层面都优于前者，因能较好实现产品的经济效益、环境效益和社会效益，契合可持续发展的目标和准则，而展现出广阔的发展前景。

3.3　创造合理的未来生活——可持续生活方式

在浮躁的商业社会中，同质化已成为中国设计界的眼中弊病，不经沉淀、斟酌就早早地大批量进行生产和进入市场的产品如同山洪暴发一般形成了泛滥之势。市场上的狂欢的商品，刺激着消费者的过度消费，被商业集团定制的所谓的“幸福模式”以及商业市场的“消费黑洞”，无不孕育着社会的追求，且沉溺于工业文明表象的技术膨胀，这些都淡化了人们对污染、对地球资源的无止境消耗、对后世子孙生存资源的严重剥夺的罪孽，腐蚀了人们的道德伦理观。所以以可持续理念为基础的产品设计是由它设计的出发点及意义的。

中国在2010年就赶超日本，成为全球第二大经济体。怎样看待世界第二的排位，自然值得深思，相关议论也已不少。而给人印象很深的，是一位学者讲过的一句话：经过几十年的努力，中国胖起来了，但还不壮。如果说“胖”是数量，“壮”是质量的话，多少是说中了。所以，国家现在把加快经济发展方式转变作为“十二五”发展的主线，力求解决发展的质量问题。

由此也提出了生活方式转变的问题。因为生产与发展，都服从和服务于需求与生活，隐藏于旧的发展方式背后的问题，其实大多与旧的生活方式、生活需求密切相关。换言之，既然是胖而不壮，必然有造成重胖轻壮的原因。

日常生活中，从司空见惯的长流水、长明灯，到过度包装、豪华装修、盲目追求大排量高档轿车造成的资源浪费；由吸烟、酗酒、缺乏运动、膳食不合理等相伴而来的高血脂、高血压、高血糖、肥胖症等富贵病，与交通堵塞、绿地稀少、温室效应、水泥森林、人满为患等城市病连带的声污染、光污染、水污染和空气污染；讲奢侈、比排场、顾虚荣，在名品、名装、名烟、名酒、名车、豪宅甚至吃喝嫖赌、纳妾养小式的盲目消费和低俗攀比中仰慕骄奢淫逸；在充斥血腥暴力的网络游戏和不着天地的仙诛小说中寻求感官刺激，以一己之利或一时之便糟蹋环境、损害公物和以邻为壑、伤及他人权益之举等，以及时常可见到的越来越多的小胖子，经常传闻的嗜烟得病、酗酒致死者，还有一些求神拜鬼、打卦算命的人或事，都对我们在生活一天天富裕起来之后怎么样生活的问题提出了警示。

这样的警示提醒我们，必须认识并践行可持续的生活方式。社会告别贫困、人们由穷始富时对未来生活的兴奋、逞强、好胜甚至盲目心态，不是难以理解的事情。但当陈旧的观念与落伍的举止已经不适合时代发展之时，当科学、健康、文明的生活理念与方式已经频频招手于我们时，仍以抱残守缺的理念我行我素，就不再可取。1998年，美国社会学家保罗·雷在10余年调查的基础上，提出了“健康可持续生活方式”的概念，它要求人们在生活和消费时，要爱健康、爱地球，应有对自己和家人健康以及对生态环境的责任心。在美国和欧洲，时下1/4的人群风行这样的理念。“城市，让生活更美好”是2010年上海世博会的主题，世博会上泰国等国家，更是把“可持续的生活方式”作为国家馆的主题与特色，成为观众云集的场馆之一。显然，我们不必照搬别人的理念与经验，但以他山之石，结合国情与民族特点，打造适合我们自己的可持续的生活方式并自觉践行，既是与时代、与文明、与世界的潮流拥抱，也是贯彻落实科学发展观于生活方式变革中的体现。

只有通过每一个人的努力，可持续的生活方式才能形成气候、成为时尚。实现这一点，可能需要时间，但有几点，是可以先行尝试的。一是转变生活观念，自觉树立可持续的生活方式观念。步入GDP人均4 000美元的中国人，口袋里的钱怎么花，手中的财富如何支配，需要有正确的认识。财富与收入的增加，是提高生活质量的前提，但仅靠金钱支撑未必能换来好的生活方式。要学会科学生活、健康生活、环保生活、文明生活，把科学、健康、环保、文明的要求作为生活的基本理念，把有利于环境生态、文明进步、他人后人和长远发展，作为生活行为的尺度，与之不利的话不说，与之无益的事不做。二是从现在做起，从自己做起，从小事做起，转变生活方式。可以从生活习惯、行为规范、生活心理、生活结构和生活态度各个方面的点滴“文明式、低碳化”开始，节电、节油、节水、节气，量入为出、勤俭节约、合理消费，搭乘公共交通工具、吃绿色有机食品、穿棉麻天然织物、使用二手货品，亲近自然、保护生态、善待他人等，都应当成为选择。这种不以物质拥有并炫耀攀比的“活法”，是健康生活且使自己快乐的第一步。三是增强社会责任感，在创新生活方式的实践中，宣传、动员、激励越来越多的人进入可持续生活方式的行列。可持续生活方式不会从天而降，除了自觉地践行被实践证明是科学、健康、环保、文明的生活方式外，还要以科学人生观、价值观、道德观、审美观为指导，努力探索、开发有助于实现人与人、人与社会、人与自然、人自身身心平衡的多色彩、多样式积极、健康的生活方式，感召和激励更多的人共同营造可持续生活方式的社会氛围。这样的努力，加之社会的支持，就能够让可持续的生活方式成为时尚。

推而言之，在国家着力于加快经济发展方式转变的同时，我们每个人尽力加快生活方式的转变，从而使“胖”到“壮”的进程大大加快。

放眼世界，谈到可持续的生活方式，瑞典或许能够给予我们不少启示。可持续发展是瑞典政府内政外交的核心目标，其主要原则是当代人应为后代节约资源。为实现可持续发展，各级政府必须积极宣传和制定政策，每项决策都要平衡对经济、社会和环境的影响。瑞典人的可持续生活方式主要表现在以下几方面：

（1）人人都有环保意识。近年来，无论个人、还是政治家或企业家，所有瑞典人已日益强烈地意识到了自己的环保责任。对有机食品的兴趣越来越浓厚。欧洲有机食品市场每年增长5%到7%，而瑞典是消费绿色食品最多的国家。欧委会最新研究发现，40%的瑞典人在过去一个月内购买了贴有环保标签的商品，而欧盟的平均值是17%。

（2）生态时尚。生态服装也受到越来越多的关注。近年来，瑞典出现了很多出售生态服装的商店，而H&M等知名服装店也开始使用生态纤维制作时装。网上和实体性二手商品市场也在发展。瑞典大型二手商品店之一“蚂蚁”义卖连锁店（Myrorna）（见图3-12）每年进货9 000多吨纺织品。据Myrorna提供的数据，这相当于节省了9 000吨杀虫剂、9 000吨化学品和250亿加仑(约合930亿升) 水。瑞典家具设计界也显现回收利用趋势，如塞巴斯蒂安·柯泽森 (Sebastian Kjers é n）和林德布鲁姆·林德斯特姆 (Lindblom Lindström) 这样一些年轻设计师在设计过程中充分考虑可持续性和环境保护因素。

图3-12　“蚂蚁”义卖连锁店 (Myrorna)

瑞典在回收和废品管理方面也走在世界前列。2005年，瑞典针对包装公司和纸张生产商制订了更为严格的规定，旨在要求生产厂商对自己的产品负责，从而以更有利于保护环境的可持续发展模式促进企业发展。瑞典禁止销售不符合回收利用系统的塑料瓶装或金属罐装饮料。

（3）回收利用的引领者。退还瓶子收回押金，瑞典人已习以为常。瑞典的目标是将90%的铝罐和塑料瓶纳入回收利用系统，这个目标即将实现。目前，回收率已达85%左右，瑞典由此成为全球回收利用饮料容器方面的引领者。2008年，瑞典通过押金制回收利用14亿只瓶罐。采用押金制的瑞典里图帕克饮料包装回收公司 (Returpack) 估计，回收所节省的能源足够为2.1万套中型房屋供暖一整年。

再说一些我们身边的例子：可持续生活实验室（见图3-13）由参与式社区生态技术研究中心和清华大学艺术与科学研究中心可持续设计研究所合作设立。前者负责建设、项目创意及实施，后者负责建筑及可持续项目设计、创意。2014年7月19日，集装箱模块化住宅建成，26日入住，经2个月的装修，8月16日正式投入运营，暂定使用期2年。

实验室是一个技术大模型，展示了一种能够吸引人的都市田园生活方式。这种生活方式包含很多价值，第一是生态价值，污水和垃圾都可以通过种植循环掉；第二个价值则是体验价值，也就是动动手，参与到种植的生态循环过程中；还有一个是社会功能，中国农耕智慧的第一个重要功能是社会凝集，现在都市很多问题得不到解决的一个重要原因是人的原子化。通过社区种植可以凝集社群，集体行动，把问题放到一个大的社会生态系统去解决，问题就好解决了。

图3-13　顺义区泥河村的“可持续生活实验室”

整个实验室最初建立的理念为了系统展示和支持，展示污水和有机垃圾这些城市的困境，普通人在生活中很快乐得就能转化掉。每样东西都是展示了技术特点，所有的设备都是在社区里可以DIY动手做的，这些技术特点都是符合一般没有专业背景的人去使用，适用于普通人的空间、经济和技能特点，任何人都可以动手去做。

主人牛健道出了实验室创立的真正目的："像今天这样大家来看看，就能看到什么东西适用，并学习使用。"如今房子已经造成，许多人愿意去参观，说明人人都很希望改变我们的生活和城市。

这个项目后续的规划是先把办公、生态创客空间、技术系统箱和本地资源合作到全国主要城市去落地，就近支持NGO和社群的行动。一期项目先做一个单户，两年以后要做十户，形成一个共享社区。要让一群愿意过对自己好、星球好的生活的人住在一起，一起盖房子、设计生活。五年以后，要做到100户，在这个新的社区里面同步调整社会、生态、空间、生活方式和经济运行模式，将社区生活的要素全部重新设计，大家通过交换时间、技能、物品、空间、情感来支撑起最基本的生活，用钱的地方用社会企业方式。使用活力结社、农耕生态、交往空间、共享生活和社会企业这五个力量，建立新的社区。

社会企业家Jason Inch(殷敬棠)的新书*LOHAUS*同样具有不少启发性，带我们体验一种健康可持续的生活方式。

LOHAUS(Loft/Lifestyle of Health and Urban Sustainability)将LOHAS(Lifestyle of Health and Sustainability)与Bauhaus相结合，同时代表着城市健康可持续的空间和生活方式。作者创造出了以一整栋楼为目标，以达到真正可持续生活的方法。坐落于上海市中心的实体建筑——LOHAUS（见图3-14）便是乐豪斯建筑的代表。

图3-14 LOHAUS

它向人们展示着新的科学技术、工作方式以及城市生活的更好途径。在这里，有鱼菜共生系统、LED灯（见图3-15）、太阳能板等多种有趣的实用科技。本书的第一章中便揭示了乐豪斯的核心哲学理念——本土经济。通过支持本土企业家的发展，旨在打造一个分享经济的社区，进而实现思考本土化、行动本土化。之后分别向我们展示了零碳建筑、智能城市、大数据等相关理念，同时对改善空气污染和新型的工作方式进行探讨。我们还可以看到许多新科技，诸如电子车、3D打印技术、LED灯、太阳能等。相信贴合实际的分析和有趣的科技，一定能为平时的生活增光添彩。

乐豪斯建筑内也定期举办许多很有意义的活动，以旧书循环和咖啡社交为例，旨在将自己认为有价值的书推荐给大家，并给大家提供了一个聊天、交流的平台。该活动一般在周六举办，至今已逾四期，反响热烈。大家都带来了想推荐的书，也读到了一些之前不曾了解的书籍。同时以书为契机，增进了大家的交流，为爱书、支持可持续的人们之间的交流搭起了一个平台。

图3-15 鱼菜共生系统和LED灯

可持续生活方式无疑是未来合理的生活方式，在创造这样的生活方式过程中，设计师要做的更多的是一种理念上的思考、探索，并通过自己的设计作品引导人们的观念和行动。关于如何正确地思考、探索、引导，“中国工业设计之父”柳冠中先生曾说过这样一段话，设计是创造一种健康合理的生存方式。强调“创造”——使人类生活更健康、合理、有节制，要与大多数人和谐、要与大自然和谐。设计是协调人类需求、发展与生存环境条件限制的关系，这称之为适可而止、因势利导的可持续发展之理。设计的对象表面是“物”，而本质是“事”。研究“事”与“情”的道理，即“事理”。“事”是“人与物”关系的中介，不同人或同一人在不同环境、不同时间、不同条件下，即使为同一目的，他所需要的工具、方法、行为过程、行为状态都是不同的，使用的工具、产品乃至造型、材料、结构等当然也不同，所以把“事”弄明白了，“物”的概念就显现出来了。设计就是把“事理”研究清楚，其“定位”就是选择原理、材料、结构、工艺、形态、色彩的评价依据。这就是把实现目的外部限制因素的“事”作为选择、整合实现“物”的内部因素的依据，即为实现目标系统去组织整合“物”的设计理论和方法。“实事求是”是“事理学”的精髓，也是设计的本质。重在对“事”的研究，从实现目的的外部因素入手，建立“目标系统”和“新物种”的概念。设计的结果是“物”，但设计的出发点是“事”。我们提倡“创造”，不满足模仿，必须从研究“事”入手，研究实现目的的外部限制因素，从而深入理解“事”的本质，进而创造“新物种”。这就是中国传统观念的精华——“超以象外，得其圜中”。

柳冠中先生为了说明这一观点，也举了不少具体的例子：“我也不同意电冰箱完全就是西方的生活方式，它的本质不是电冰箱，是保鲜、存储食物。中国古代也有存储食物的办法，也有放冰块的冰箱，或者把它腌起来、熏起来。为什么有香料战争，就是西方要存储食物，但当时没有这个技术只能依靠香料。我们现在引进冰箱了，一些技术能够解决，但低温放黄瓜反而会烂，所以这就是我们作为设计师要考虑的问题，绝对不是冰箱要怎么设计，而是要考虑怎么保鲜，不要去想冰箱去弄个什么饕餮纹、中国红，那太小儿科了，但大家都把它放在那个上面去了。我经常说的‘事理学’也是这个意思，我的目的不是要冰箱，我要的是保鲜。这样设计师才能去创造新的生活方式。1999年日本召开的大阪亚太国际会议上，日本松下的设计部部长大谈21世纪日本的洗衣机是什么什么样的?那么我们应该问问中国21世纪的洗衣机是什么样的?我觉得中国21世纪应‘淘汰’洗衣机，因为要解决中国13亿人口衣服的干净问题，中国的淡水资源又是有限的，淡水污染的问题与洗衣服带来的很多淡水污染等都是设计师需要考虑解决的问题，所以我们该思考不仅仅是洗衣机技术上的变化，而这就是我现在所提倡的‘事理学’，解决问题就要做‘事’，不是用名词思考，设计师是要用动词思考。”

可持续设计要求兼顾社会、经济、文化和环境保护，不单单是一个产品的问题，更多的是要倡导一种合理的消费习惯和生活方式。身为设计师，只有秉持正确的设计理念，通过设计增强产品的使用价值以及体验价值，这样才能引导用户走向可持续的生活方式。

小　结

通过本章的学习，同学们将对产品概念设计与可持续发展理念的关系有一定程度的认识，可持续发展设计是更加深刻和涉及面更宽的设计思想，和谐的社会生产环境，包含了对社会各方面与自然界之间关系的全面思考，将人–机–环境三者结合起来进行可持续发展的思考，具备了更全面的设计重点，设计的工业产品是对环境、人体生理、心理的综合考虑。把可持续发展理念渗入设计意识中，能够用以指导产品设计中的整个系统设计流程。希望同学们在掌握了本章的知识内容之后，能够认识到可持续发展理念对于设计理念和实践的重要指导作用，并在今后的设计中不断实践与体悟。

习题与思考

1. 搜集更多可持续设计的作品。

2. 设计一款符合可持续设计理念的产品，并写明自己的设计思路，该设计是如何符合可持续设计的原则，如何引领一种新的生活方式，让人们的生活更美好。

第 4 章　产品概念与科技创新

学习重点：

1. 了解科技创新的在产品概念设计中起到的作用。

2. 本章节提供了目前关注的科技创新热点，它们的技术特点以及应用，以便在产品概念设计中能够更好地开发和利用科学技术的优势。

科技创新是原创性科学研究和技术创新的总称，是指创造和应用新知识、新技术和新工艺，采用新的生产方式和经营管理模式，开发新产品，提高产品质量，提供新服务的过程。科技创新能力成为国家实力最关键的体现，也是增强我国国际竞争力的客观需要。在经济全球化时代，一个国家具有较强的科技创新能力，就能在世界产业分工链条中处于高端位置，就能创造激活国家经济的新产业，就能拥有重要的自主知识产权而引领社会的发展。

对于企业生存科技创新来说更重要的是，科技是能够让消费者相信概念性产品的理由。支持产品概念的是一个大的系统，其中就包括企业有实力开发具备此技术的产品，该技术能够给消费者带来某种利益，这种利益得到了证实认可，并且竞争对手不能提供。科技创新促进设计师在构思企业产品时，结合新的技术特点与生活紧密联系起来，将会让人们的生活具有新的生命力、多种生活便利条件及方式。

4.1 智能控制

4.1.1 智能控制的概述

随着农业时代和工业时代的衰落，人类社会正在向信息时代过渡，跨进第三次浪潮文明，其社会形态是由工业社会发展到信息社会。第三次浪潮的信息社会与前两次浪潮的农业社会和工业社会最大的区别，就是不再以体能和机械能为主，而是以智能为主。智能化是指具有人类智慧特征的能力搭载在某种硬件设备上，部分或者全部代替人类完成某些事情。比如：目前流行的智能家电具有灵敏的感知能力、正确的思维能力、准确的判断能力、有效的执行能力去帮助人们完成所做的工作，而不用人类费心费力去做重复的工作。

智能控制（Intelligent Controls）在无人干预的情况下能自主地驱动智能机器实现控制目标的一种自动控制技术。智能控制是针对控制对象及其环境、控制目标和任务的不确定性和复杂性而提出。智能控制可以自动测量被控对象的被控制量，并求出与期望值的偏差，同时采集输入环境的信息，进而根据所采集的输入信息和已有知识进行推理，得到对被控对象的输出控制，同时使偏差尽可能减小或消除。人工智能控制方法如：类神经网络、模糊逻辑、机器学习、进化计算和遗传算法等。

当前，我们正在经历新的技术革命时期，虽然它包含了新材料、新能源、生物工程、海洋工程、航空航天技术和电子技术等，但是影响最大、渗透性最强、最具有新技术革命代表性的是电子技术，而电子技术被广泛发展与应用的是智能信息家电产品。在世界上，日本首先将模糊逻辑和模糊控制技术应用于开发新一代家电产品。1990年2月，日本松下电器率先推出模糊控制全自动洗衣机产品。以此为开端，日本许多电器公司相继将模糊控制技术应用于吸尘器、空调器、电饭煲、微波炉、电冰箱、摄像机等新型家用电器产品上，并打入和占领了国际市场。

4.1.2 智能控制系统特点

1971年首次提出智能控制这一概念，并归纳了三种类型的智能控制系统：

（1）人作为控制器的控制系统，具有自学习性、自组织性、自适应性功能。

（2）人机结合作为控制器的控制系统。机器完成需要快速完成的常规任务，人则完成人为分配决策等。

（3）无人参与的自主控制系统。这种系统为多层的智能控制系统，需要完成问题建模，求解和规划，如自主机器人。

智能控制系统特点：

（1）无须建立被控对象的数学模型，特别适合非线性对象、时变对象和复杂不确定的控制对象。

（2）可以具有分层递阶的控制组织结构，便于处理大量的信息和存储的知识，并进行推理。

（3）控制效果具有自适应能力，健壮性好。

（4）可以具有学习能力，控制能力可以不断增强。基于智能系统的特点，我们构想的产品设计，目标就是研制一种类似生物功能的产品，具备感知、驱动和控制这三个基本的要素。

图4-1所示为智能控制发展的主要三个阶段，也间接展示了智能控制技术随着时代的需求而不断拓展：

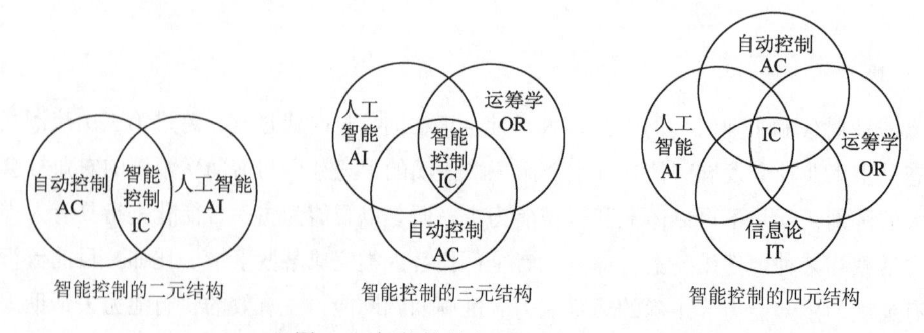

图4-1 智能控制发展的三个阶段

4.1.3　智能控制的产品应用

1. 智能家居

根据有关部门统计，2012年全球智能控制器行业市场规模接近6 800亿美元。从地域分布上看，欧洲和北美市场是智能控制产品的两大主要市场，市场规模占全球智能控制市场的56%，主要是由于这两大区域在小型生活电器、汽车、大型生活电器、电动工具等领域的市场发展比较成熟，产品普及率高，未来几年内欧洲和北美将继续占有主要市场地位。

智能控制产品在中国等发展中国家的应用仍处于初级阶段，现阶段市场规模不大，但是增长速度较高，拥有巨大的发展空间。比如智能电网、智能交通、智能物流、智能医疗、智能家居都已经在行业规划之中，汽车电子和大型生活电器是中国电子智能控制产品传统主要应用领域，市场占有率分别为31%和10%左右。小型生活电器产品种类众多，目前我国小型生活电器智能控制产品应用还不普及，正处于高速发展阶段，市场空间巨大。此外，电动汽车、智能建筑及家居等新兴领域的崛起也将带动智能控制器需求的快速增长。

尤其是智能家居系统和智能小区的服务，将智能控制系统作用发挥到生活的方方面面。国内人口众多，城市住宅也多选择密集型的住宅小区方式，因此很多房地产商会站在整个小区智能化的角度来看待家居的智能化，也就出现了无所不包的智能小区。欧美由于独体别墅的居住模式流行，因此住宅多散布城镇周边，没有一个很集中的规模，当然也就没有类似国内的小区这一级，住宅多与市镇相关系统直接相连。

智能家居可以成为智能小区的一部分，也可以独立安装。智能家居一般是以住宅为基础平台，综合布线技术、建筑装潢、网络通信技术、信息家电、音视频技术、设备自动化等技术，将系统、结构、服务、管理集成为一体的高效、安全、便利、环保的居住环境；将家居生活有关的设施集成，构建高效的住宅设施与家庭日程事务的管理系统，提升家居安全性、便利性、舒适性、艺术性，并实现环保节能的居住环境。

智能家居可以定义为一个目标或者一个系统。利用先进的计算机、网络通信、自动控制等技术，将与家庭生活有关的各种应用子系统有机地结合在一起，通过综合管理，让家庭生活更舒适、安全、有效和节能。与普通家居相比，智能家居不仅具有传统的居住功能，还能提供舒适安全、高效节能、具有高度人性化的生活空间；将一批原来被动静止的家居设备转变为具有“智慧”的工具，提供全方位的信息交换功能，帮助家庭与外部保持信息交流畅通，优化人们的生活方式，帮助人们有效地安排时间，增强家庭生活的安全性，并为家庭节省能源费用等（见图4-2）。

英国著名智能家居公司EKON和中国的索博，开发了Simply Smart这款以简洁应用为主导思想的智能家居控制软件，结合了智能灯光控制、智能电器控制、智能温度控制、智能影音控制、智能窗帘控制、智能安防控制、智能遥控控制、智能定时控制、智能网络控制、智能远程控制、智能场景控制等15大控制系统于一体。功能强大，且使用非常方便，做到了老少皆宜的程度。

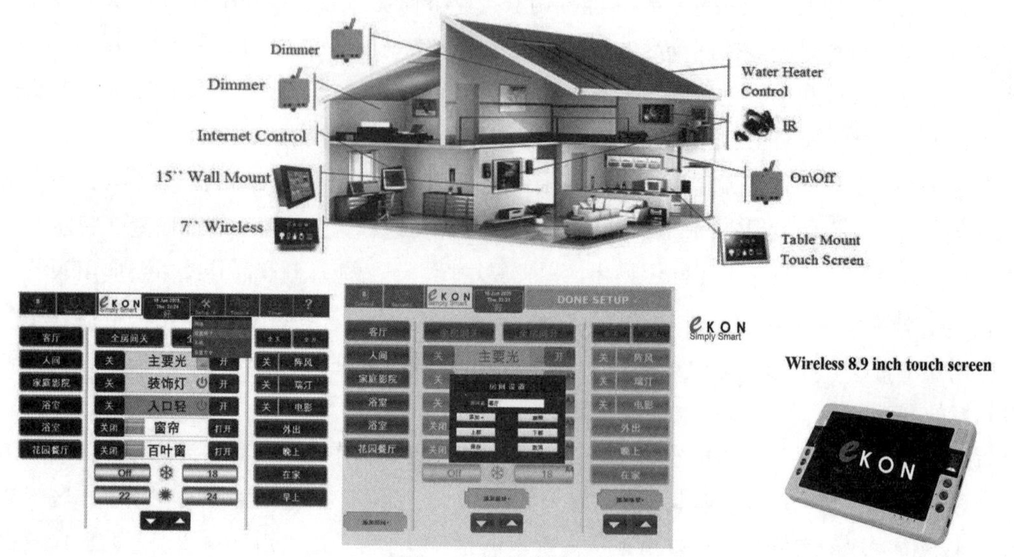

图4-2 智能家居系统

常见的产品包括：智能灯光控制、电动窗帘控制、场景功能控制、远程视频控制、安防报警系统控制、门禁可视对讲控制、背景音乐系统控制、家庭影院系统、环境联动控制、自动浇花系统等。智能家居作为一个新的产品技术，改变了传统的家居生活，为人们创造一个方便、节能、舒适的新家居生活。由于目前智能家居的价格比较高，另一方面，人们对智能家居的了解不多，误以为智能家居是高端的产品，所以目前市场上普及率还很低，现有的智能家居推广群也是面向高端别墅群。企业在智能家居技术不断更新的同时，也要加强市场的推广力度，让要更多的人了解智能家居并接受和使用智能家居产品。

2. 可穿戴智能设备

Nike 的手环 FuelBand、Fitbit、Basis、Pebble、Withings Pulse、Jawbone Up、Body Media Link 等。这些产品的名字，对于关注可穿戴式设备领域发展的人来说，可算是耳熟能详。设计师们设计的这些可穿戴式设备，其中基本的目的就是使这些最贴身的小设备所采集的数据，对人类的生活一定有积极的意义。市面上的产品分为智能穿戴设备、健康穿戴设备、传统时尚穿戴等几个类别，细分之后便可以使消费者针对不同类别的产品有所选择，选择起来也轻松得多（见图4-3、图4-4）。

图4-3 Nike 的手环 FuelBand

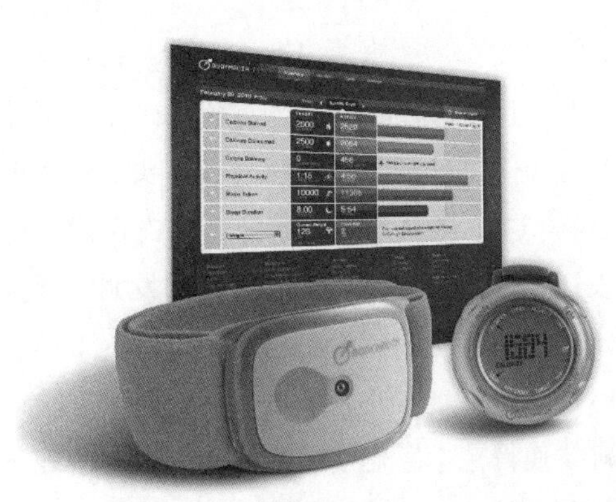

图4-4　美国BodyMedia公司推出的FIT系列健康管理设备

怎样的数字才能吸引消费者？这个问题看上去简单，也许有人马上会说把数据的图表做得漂亮一点不就可以吗？但再细想一下，这其实并没能回答这个问题。因为可穿戴式设备的定位是消费级电子产品，它需要吸引大众，而非那些原本就使用计步器的人群。尤其在国内，在“量化自我”仍然是在小圈子里流行的风尚，而尚未转化为大众使用习惯的时候，设计师如何在产品概念设计中正确的回答这个问题显得更加重要。

4.2　信息呈现

4.2.1　产品设计中的信息呈现特征

当非物质化的形态逐步渗透到人们生活中时，“生活世界”将变得愈加复杂多样，同时产品也呈现出无限多样性。对于信息时代的产品设计而言,其重心已经不再是一种有形的物质产品,而是越来越转移到一套抽象的“关系”。目前对于产品设计的定义是：产品设计是一个创造性的综合信息处理过程，它最终的结果是通过线条、符号、数字和色彩把全新的产品显现在图纸和屏幕上。它将人的某种目的或需要转换为一个具体的物理形式或工具的过程，把一种计划、规划设想、问题解决的方法，通过具体的载体，以美好的形式表达出来。

仔细体会上述内容，产品设计的过程就是信息处理的过程，包含收集、归纳、分类、整合、排序、删除等操作，并最终将处理结果通过具体的载体呈现在需要这些信息的人眼前。而处理的规则，都可以总结为“要达到的某种目的”，目的不同，规则不同，结果也会不同。如上所述理解“产品设计”的概念，产品设计的重点应该是：信息收集、处理规则、实际操作、结果呈现。来源决定了在制订规则的时候先考虑谁后考虑谁，规则决定了每条信息采用何种操作，完成操作的过程中选择最好的呈现方式。关于信息呈现并不是创新结果的表达，而是融入在设计创新的整个过程中。产品设计也就是信息构架过程，组织信息的目的就是要将相关的信息放在一起，分析过后，将结果以可视化的方式有效的呈现出来，并能与用户产生交互沟通。

4.2.2 信息的呈现形式随着不同视觉艺术时代改变

视觉艺术的第一个时代，是在巧手的人类发现工具的不久之后产生的。与此同时（上下几千年间），我们的祖先发现了钻木取火，他们找到了在泥土上划线的方法，以及在石头上摩擦记录，随后混合植物的色素，再将它们粘贴在记号的表层。这是视觉艺术的起源，静态图像的时代。在很长一段时间内，静态图像是我们唯一的视觉表达方式。随着印刷术和纸张的发明，纸张记载了信息知识，书本也传播了知识。

视觉艺术的第二个时代，也就是近期的动态图像时代。它在18～19世纪的发明奇迹中陆陆续续地呈现，比如，早期放映机、西洋镜、翻页书等，科技使得艺术家们能够更快地获取一些静态图像。现今，世界上四分之三的家庭拥有一个能够每秒投射至少25帧连续影像的设备。

视觉艺术的第三个纪元便是即时艺术。在过去的半个世纪中，新型的数字技术带来了崭新的创意手法。这是大多数相互作用的技术的基础（例如计算机、写字板、电话）；输入/输出作为一种即时的转换。即时艺术意味着这种动态图像不必再因为未来有所损耗而被提前创制。影像可以反映现在发生的，而非过去的。这是一种当下的转换范例。我们的机器不仅能放映比人眼所见更快速地成像，还能以这种速度来进行创造。这一领域已在网络上有了更多的突破，例如在网络游戏、产品虚拟设计、数字媒体、现场电子音乐表演等方面。

与传统信息技术相比，现在的计算机和互联网处理和传递的信息都是多媒体的。多媒体是指文本、图形、图像、声音、影像等这些单媒体和计算机程序融合在一起形成的信息媒体。但多媒体不仅仅是结合了影像、声音和数据的综合物，电视与计算机系统中的多媒体有两个重大区别：人们接收和使用电视所携带的信息往往是被动式的，而计算机多媒体技术为用户提供了交互能力，使用户可以参与甚至改造多媒体信息。这样做带来的结果便是信息传播速度加快，知识爆炸，从而使信息时代变化加快，信息量递增，复杂性增加。

当然，第三个时代的开始并不表示之前两个时代的终结。通过绘画、打印、摄像、图像处理、成像等慢慢成长起来的静态图像，仍然起着重大作用。在媒介中存留了很多生存可能。同样，第二个时代也不会为第三个吞没。你可能会质疑第一个时代已在文艺复兴时期到达过了顶峰，或是第二个时期已在20世纪60年代末登顶，但希区柯克、戈达德、伯格曼、库布里克的作品并不表示动态艺术的终结。就像卡拉瓦乔、波提切利完美的美学作品没有终止绘画的表现，超现实主义和后现代主义只是简单的推动了古典美学作品的解构。

在信息充斥眼球的目前的这个后现代社会中，大量的信息被复制、同质化，人们已经对冗余的信息无所适从（视觉污染），市场中的企业或产品是需要将其信息能够最早、最快、最有效而且是最标准地传达给目标消费群体，因此，在设计中确定的基本目标就是有效地传递有价值的信息，将信息的结果有效的呈现。

4.2.3 产品设计中信息呈现的要点

工业社会的物质文明向信息社会的非物质文明的转变，在一定程度上导致了设计从有形的设计向无形的设计，从物的设计向非物的设计，从产品的设计向服务的设计，从实物产品设计向虚拟产品设计的转变。本节将从这两大方面来阐述信息呈现的要点。

"物质"设计中的信息呈现主要是通过实体物的材料、形态、色彩、肌理传递出各种语义，让用户感受到视觉和触觉的信息接受。在口语交流中，人们通过语义来理解对方的含义。在视觉交流中，人们是通过表情和眼神的视觉语义象征来理解对方。我们在操作使用产品时，是从它的各个部件的形状、颜色、质感理解产品的。有效的信息呈现就是从人的视觉交流的象征含义出发。人们依靠视觉线索去理解产品的"语义(含义)"，每一种产品、每一个手柄、旋钮、把手都会"说话"，它通过结构、形状、颜色、材料、位置来象征自己的含义，能够从形态让我们得知是"旋转""扭"还是"向下压""向上提"等信息。依靠信息提示能够"讲述"自己的操作目的和准确操作方法，例如一条缝隙表示"打开"；圆形表示"转动"红色表示"危险"或者"停止"等。

如果您指着一面墙说："这就是门"，没有人会相信，人们早已经把门的形状和位置以及它的含义，同人们的行动目的和行动方法结合起来，这样形成的整体称为行动象征。同样，水壶、自行车、菜刀等都是行动象征。这些象征的含义是人们从小在大量的生活经验中学习积累起来的，这是每个人的知识财富，设计者应当把这些东西象征含义用在机器、工具、产品设计中，使用户一看就明白，不需要花费大量精力重新学习。换言之，产品的目的和操作方法应当不言自明,不需要人去解释。怎么才能在人机界面设计中实现这一目标呢，就是需要设计师发现和总结，提炼象征意义，让产品本身能够无声的说话，指导人们快速掌握操作功能，从而实现低成本学习。

"非物质"设计指的是在信息时代中的交互设计，信息可视化设计。在以计算机、网络为特征的信息技术飞速发展的时代，数字技术产品已成为时代的主流产品，交互在人们的生活中无处不在,人性化界面成为占领市场、赢得客户的关键。现代的家电不仅仅体现在内部特殊功能的智能上，而是越来越多地体现在操作界面上。良好的操作界面可以有效引导用户去使用。界面设计不再是简单的视觉设计和信息呈现，互动和体验变得尤为重要。把界面设计如何提供更良好的用户体验作为探索的重点。界面设计不仅仅是外观布局设计，更重要的是交互行为设计，界面设计的领域已从传统的物质界面扩展到非物质界面。重点能够掌握对界面设计的易用性、美观性、情感性，功能可见性、简洁性以及隐喻性对用户体验产生的影响。确定基于用户体验的界面设计是一个迭代的设计过程，这个过程应始终贯彻以用户为中心的原则，设计前期不仅要有深入的用户研究，深刻洞察用户的需求，后期也应有反复的用户测试。

因为用户的认知成本很高，现在和将来，界面设计都在努力地降低用户的认知成本，将信息架构扁平化，让用户更容易找到信息（见图4-5）。用户的不同使用场景（如无明确目的的浏览、有明确目的的定位/搜索）需要得到更好的支持。界面设计不应当太抢用户的注意力，如同路易斯·沙利文设计的建筑一样，精简到不能再精简，任何一个界面元素，都必须要为功能服务，必须有它存在的目的。简约、干净在今后一段时间仍然会是主流。目前流行的设计模式还有"拟物化"设计、卡片化设计、类扁平化设计、类物化设计等设计形式。从信息架构和交互流程的角度，无论未来的潮流如何变化，归根结底，都是在不断降低认知成本，让界面所承载的信息内容更直接、便捷地呈现在用户面前。这事实上也可以成为复杂的流设计（Flat Design）。

图4-5 扁平化设计风格

人类最早的语言“象形文字”便是拟物化，人类几乎所有的文字一开始都是象形文字，用拟物的方式来描绘现实世界中的东西，学习成本低，易记。当你发现很多的儿童、老人在操作iPhone、iPad 的时候，根本不需要别人去教，自己玩几分钟即可以流畅的使用它们。乔布斯对界面设计的一个理想是，任何年龄的人，任何经历的人，都可以在拿到设备后的几分钟内轻松地掌握它的用法。于是Apple 通过利用人们的日常经验，做出拟物化的界面，从而降低用户的学习成本以及理解难度。想象一下，当电子设备中的可视化对象和操作按照现实世界中的对象与操作仿造，用户就能快速领会如何使用它。模拟实物的视觉设计和交互体验，让用户完全不用去抽象的理解就可以直观的认知和使用（见图4-6）。

图4-6 苹果手机

在产品设计中应当提供五种信息：

（1）人的感官对形状信息的经验：硬、软、粗糙、棱角具有的含义；

（2）方向信息：物体之间的相互位置，上下前后层面的布局的信息；

（3）状态的信息：包括静止、关闭、锁、站、躺的含义；

（4）比较判断的信息：轻重、高低、宽窄的含义；

（5）操作信息：应当提供各种操作过程的方法。

基于以上五点，设计师应当解决下列三个问题：

（1）不言自明，使产品能够立即被认出是什么；

（2）语义适应，采用易懂的操作过程构成人机界面的结构；

（3）自教自学，使用户能够自然掌握操作方法。

设计师应当尽量了解用户使用产品时的视觉理解过程：用户在什么位置寻找开关？把什么东西理解成开关？怎么发现操作方法？如果一个产品的信息含义不清楚时，引起什么错觉？用户怎么进行尝试？怎么观察产品的反应？换句话，产品应当允许用户进行尝试，应当对各种尝试提供反馈信号，使用户能够进一步了解产品内部的运行行为，使产品行为变得透明。

21世纪被称为“信息大爆炸时代”不只是它的信息量大，同时还是它运用了很多媒体。同时信息呈现涉及很多学科的一种特殊的设计形式，它融合了字体设计、插画艺术、图形设计、交互设计、人类工程学、心理学、社会学、语言学、计算机科学等，同时它还要求设计师能够创造出简洁易懂的信息。强调的是以人为本和信息表现的精确性。在未来不论是在平面设计、产品设计以及UI设计中信息有效的呈现设计会起到举足轻重的作用，这一点从苹果推出的产品iPad中可以得知，这是一件信息呈现的最具代表之作。

4.3　新　材　料

4.3.1　新材料的出现

新材料是指新近发展的或正在研发的、性能超群的一些材料，具有比传统材料更为优异的性能。人类创造产品的一般过程是先选取材料，然后对它们进行定型、组合，最终完成产品的制作。因此，材料的选择是非常重要的，材料是支撑整个产品设计完成的桥梁，只有使用正确的材料才能使设计达到意想不到的结果，而新材料的出现给设计师带来了更多的选择。新材料的特点是知识与技术密集度高；与新工艺和新技术关系密切；更新换代快；品种式样变化多。目前国内可分为十二大类主要新材料，包括电子信息材料、新能源材料、纳米材料、先进复合材料、生态环境材料、生物医用材料、智能材料、高性能结构材料、新型功能材料、化工新材料、新型建筑材料、先进陶瓷材料。

早在第二次世界大战后，新材料的大量出现就对产品设计的演化产生了巨大的影响。日本武藏野美术大学教授柏木博认为“这是一个由‘视觉’的20世纪，转移到‘触觉’的21世纪的时代。”新材料不但大大丰富了设计语汇，而且对传统的设计观念产生了极大的冲击，改变了以往设计师的设计思想。例如，丹麦设计师Verner Panton就善于利用新材料进行设计，他在1975年用有机玻璃设计了VP球形吊灯，既满足了灯具在防眩光、补偿光色等方面的要求，造型又晶莹诱人，获得了很大的成功。新研发的材料帮设计师实现了很多以前不能实现的功能，也让设计师得到了更大的满足，从而也满足了消费者的需求（见图4-7）。

在产品设计中，材料是重要的因素之一，它在很大程度上可以影响到产品带给人的整体感受。人的知觉系统会从材料表面特征得到相应的信息，从而产生相应的生理和心理活动。在视觉和触觉上引起人的感官刺激尤为重要。例如：镀铬工艺的铜管材料曾是20世纪初期工业化的代表，之后，是应用在各种流线型家电上的亚光铝合金材料，现在，色彩丰富的塑胶制品替代了硬性的材质，出现在我们家居生活之中。可见，新型材料对于设计的影响不仅仅在技术应用范畴，还包括了视觉和触觉的整体质感。历史证明，材料的不断发展进步，对于产品设计有着极大的推动作用。随着产品设计的发展需要，也影响着材料企业的创新。例如：便携式的产品带动了材料的轻薄化的发展。

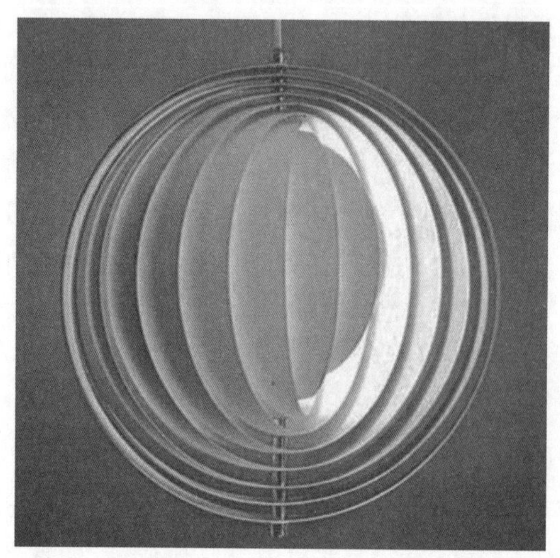

图4-7 1975年Verner Panton用有机玻璃设计了VP球形吊灯。

随着可持续发展和环保理念逐渐深入到人们的生活方式之中，可再生材料的创新应用也被提到研发日程中。例如：万科总部由美国当代建筑师的代表人物斯蒂芬.霍尔设计，我国著名的结构设计大师博学怡负责结构设计。通过精心、超前的建筑设计，整栋建筑像一只生物，里面表皮是“会呼吸”的半透明强化轻质纤维，每个方向的墙面都经过年度太阳能采集量计算，控制百叶的开关和角度，保证采光和温度，相对同类型建筑节能75%。万科总部中心大楼是国内首座申请世界绿色建筑的最高认证——美国LEED铂金证的可持续设计应用典范（见图4-8）。LEED铂金证是世界范围内各类建筑环保评估、绿色建筑评估及建筑可持续性评估标准中最完善、最有影响力的评估标准，是世界各国建立各自建筑绿色及可持续性评估标准的范本。

图4-8 万科中心立面遮阳板细部

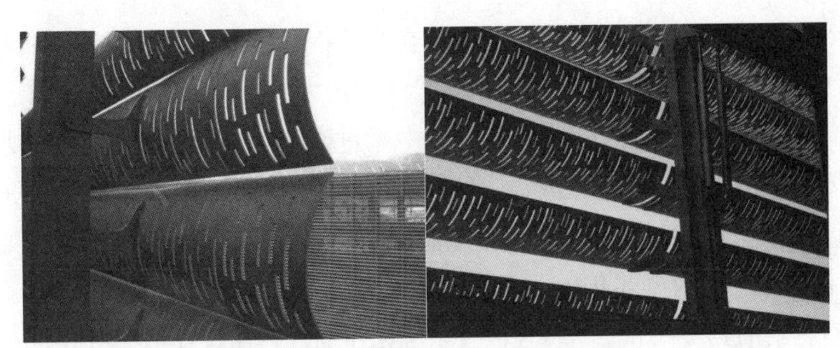

图4-8 万科中心立面遮阳板细部（续）

4.3.2 新材料与产品设计

材料是宇宙间可用于制造有用物品的物质，也是人类生存和发展的物质基础，是人类社会现代文明的重要支柱，材料的变化直接影响社会的变革。新材料的应用提供了产品设计潜在的创新方案。设计的不仅仅是产品的形态，它还包括如何进行创造、开发和利用新材料的知识等，产品的表面处理和材料的应用都是十分重要的，要设计出良好，使消费者满意的产品，就必须将一切因素都考虑周到。产品的形态对产品起到了支撑和保护作用，而新材料对产品起到了决定性作用。新材料的出现对工业设计的发展起到了具大地推动作用，它使产品设计又向着新的方向发展。例如，苹果计算机运用透明的材料，显露出内部的结构，突破了以往任何品牌计算机的造型，创造“透明风格”，引发了感性设计的新思潮，并挽救了濒临破产的苹果公司。又如：材料的塑料化和柔性化，使得电子产品更加趋于小型化。工程师表示，现在厂家可以将柔性显示器、柔性主板等小型化元器件合在一起，就能得到一个可以任意变形的手机，可以戴在手腕上的手机，可佩带的计算机等这些小型化，便携，可穿戴式的电子设备，因为新材料的作用，从技术上来讲是完全可以实现的。

如今，产品设计一切都按着消费者的需求发展，做到让消费者满意，而新材料的应用则是促进消费的一个重要因素。一个完美的产品本身就具有自我表达能力，设计师应该恰当、合理地运用材料，通过材料、结构、造型、色彩等方面来表达设计的思想。从开始构思、设计草图、效果图到设计最终定稿，每一个细节都要使人感到耐人寻味，每一个步骤的完成都是一个质的飞跃，从整体到细节都让人们感到无可挑剔。然而，设计师不应该被材料与加工工艺所束缚，以致使设计的结果没有达到理想的状态。而应把材料、工艺的特点发挥得淋漓尽致、自然、合乎逻辑，从产品中体现出人的力量，给“物”赋予灵魂，成为人的对象，最终达到设计师想要的结果，所以新材料的运用是很关键的因素，新材料的出现也促进了产品设计的发展。

4.3.3 新材料采用的原则

通过选择合适的造型材料来增大产品的感性成分。在选择材料制作产品与人直接接触的部件时，不能仅以材料的强度、耐磨性等物理量来做评定，而且还应从所选材料与人情感关系的远近作为尺度来评价。研究指出，与人类情感最密切的材料是生物材料(如棉、木等)，其次是自然材料(石、土、金属、玻璃等)，然后才是非自然材料如塑料材料。一般来说，与人类越接近的东西，越令人感到亲切，更多一份感性因素。因此在开发新材料的时候，尽可能在纹理上接近生物材料特质。

在产品设计中，新材料作为组成产品性能的一个重要元素，对于完善产品的功能和丰富产品的内涵有着重要的作用。随着社会经济和信息科技的发展，以及产业面临日益竞争的经营环境，唯有使企业与设计师意识到应用新材料与竞争优势的相互关系，才能促使企业重视发挥材料不同层次上的特征和趋势发展的重要角色。新材料的运用发展确实有助于传统产业提升市场的竞争力。由于人们对材料的真实性和感知特性的要求越来越高，产品设计中选用恰当的新材料的要求也越来越苛刻，同时对现有材料的性能的提升和改善也十分关键。

工业设计不仅仅是实现某一物质的创造，而更重要的是创造企业无形的生命。企业生产一个产品还要从环保的角度考虑，它可以结合两种或多种材料的优点，来替代一些有限能源，降低能源消耗，减少环境污染。然而设计师必须对一个稳定的环境作出贡献，并且对于原材料的使用有所要求，这也就是说，考虑到的不仅仅是实际的污染，还有视觉污染和对我们所处的环境的破坏。在设计的初始阶段就应该将环境因素和预防污染的措施纳入产品设计之中，将环境性能作为产品的设计目标和出发点，力求使产品对环境的影响达到最小。在材料使用方面，塑料制品是终究要被淘汰的，除非它被新技术改头换面，否则，这种材料会造成永久的环境污染。

要多运用新型的以天然原料开发和复合性的材料是符合人类长远意义的。设计师不能忘记所肩负的社会职责与使命。设计是企业的一项重要资源，好的设计会使企业具有更好的信誉、使得企业更具有活力、成为公司发展的工具。例如：麦当劳也是最早在一次性餐具中使用专利型生物可降解材料，它以玉米淀粉膨化淀粉为基底，由纸浆、纸、植物纤维等材料复合而成。这个材料能耗低、生产、使用和废弃过程都不会对生态环境造成污染。产品无毒无害，可完全生物降解。

4.3.4 新材料的商业价值

设计是产品增值的手段，对企业的最大作用是提高产品的附加价值。这种附加的价值不是有形物质存在，而更多表现在无形之中。尽量减少产品对所处环境的影响，产品可以持续使用，所以要求产品必须具有轻质构造，减少产品的组成部分或部件以及使产品的功能一体化，由此，衍生出在功能一体化的条件下更薄、更轻、更能生物降解而且更智能的材料。附带这些优化特性当中的一种或多种特性的材料就可以打开新市场并提供具备额外功能的产品。目前汽车的轻量化和轻量化材料的研究开发，先进复合材料在交通运输中应用都是热门的设计开发方向。因此，把对新材料的科学研究与产品设计结合起来，就能开发出更科学、新概念的产品。

新材料的出现带动了商业经济的发展，推动了生产商之间的竞争，从而也推动了产品设计的发展。它可以拉开相同企业之间的距离，使企业之间的竞争变得更加激烈；新材料的应用能够令产品从更多产品中脱颖而出，还能够提升产品的形象，保证了产品的质量才会促进消费从而提高产品的销量，使企业获得更多的利润。据报道：苹果的iPod播放器的外壳就是运用GE公司一种新型的塑料，而且这种塑料在签约之后的两年之内只能提供给苹果公司使用。用新材料塑造出来的竞争门槛，让其他竞争对手在短时间内无法跨越。又如：Glare这种高科技材料已经应用于空中客车A380的蒙板材料，合理设计使用Glare层板可使结构减重30 %。因此，A380客机大量应用Glare层板，可以降低油耗和排放。新材料的出现和合理的使用给企业和市场搭建了一个桥梁，促进了企业的发展（见图4-9）。

图4-9　空客A380的Glare层板蒙板材料

4.3.5　新材料的发展趋势——智能材料

智能材料是继天然材料、合成高分子材料、人工设计材料之后的第四代材料，是现代高技术新材料发展的重要方向之一，将支撑未来高技术的发展，使传统意义下的功能材料和结构材料之间的界线逐渐消失，实现结构功能化、功能多样化。科学家预言，智能材料的研制和大规模应用将导致材料科学发展的重大革命。一般说来，智能材料有七大功能，即传感功能、反馈功能、信息识别与积累功能、响应功能、自诊断功能、自修复功能和自适应功能。在产品设计中，可以充分利用智能新材料的特性，从而为人们更好使用和服务。比如：形状记忆合金的超弹性特性，可以制作眼镜架；变色的餐具产品，可以根据温度变色或者改变外观，从而使事物的温度迅速直观地传达给使用者，这样可以避免在喂食婴儿时发生烫伤事故。

在产品设计中，智能新材料的特性可体现在四个方面：

（1）情趣的智能：比如采用与生活密切相关的触发条件设计，设计师可以靠触摸温度来控制产品，并靠体重产生的压力来启动产品，从而使产品使用方式变得更加广泛有趣。

（2）处理的智能：产品操作的智能化能够使产品更具有人性化特征。智能材料具备的类似自足思考能力，可主动处理工作，而非被动的等待人的操作。比如：TOTO卫浴产品的恒温装置，通过形状记忆合金弹簧与一般偏置弹簧间的相互作用来调节热水和冷水的混合比例，对于水温的变化能够敏感反应。

（3）适应的智能：新材料的适应性体现在与人体相关的一切产品设计之中，包括人际尺寸，操作习惯和心理偏好的适应性等。

（4）交流的智能：确保“物”从整体的产品形态，色彩等造型元素与人之间有效的交互信息。

例如，Ross Lovegrove 设计工作室以研究生物、有机、自然生长的形态以及参数化设计制作为特色，近期为法国可拉伸天花板的生产厂家Barrisol制作了一套灯具和展览空间的设计。材料用的就是以该公司名字命名的材料，材料柔软具有很好的延展性，过去通常被用作天花板材料或者吸音隔板材料，在此次项目中Ross Lovegrove利用材料特性做了很多拓展，在灯具、室内墙面做了很多生物自然学领域的艺术化研究创新。整个场馆内饰均采用片状的Barrisol材料，通过设计形成独特的艺术效果，也将Barrisol材料的拉伸延展性做了很好的呈现（见图4-10）。

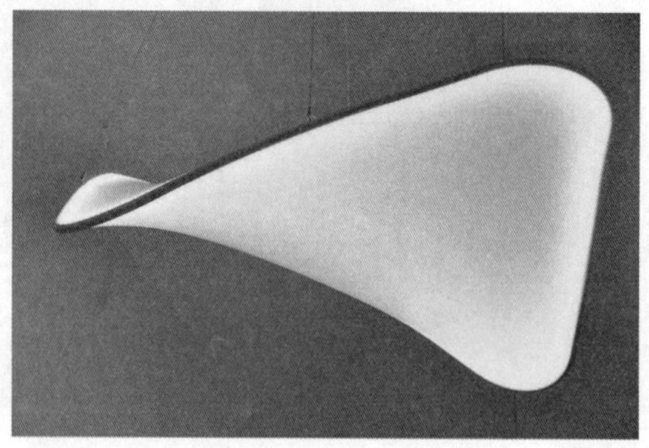

图4-10　Ross Lovegrove 设计工作室的灯具设计作品

现代科技的发展，对材料的性能提出高标准、多样化，甚至是相互矛盾的要求，因此，任何一种单一的材料都难以满足上述需要，于是各种高性能的复合材料便应运而生。对于产品设计而言，产品设计师了解新材料是非常必要的，要不断研究和发明出新材料，而且要善于利用新材料，了解新材料的性能，将新材料的优点充分的应用到设计当中。站在消费者的角度进行设计，除了满足实用性的需要之外，还应使产品成为情感的载体，更好的促进人机交互，让人们获得更多的舒适和愉悦，让生活变得更加丰富多彩。

4.4　信息存储

4.4.1　信息存储概述

存储是数据的“家”。处理、传输、存储是信息技术最基本的三个概念，任何信息基础设施、设备都是这三者的组合。历史学家发现：每当存储技术有一个划时代的发明，在这之后的300年内就会有一个大的社会进步和繁荣高峰。存储是信息跨越时间的传播。几千年前的岩画、古书，以及近代的照相技术、留声机技术、电影技术等的发明，极大丰富了我们的信息获取渠道。这些都是和存储技术的发明分不开的。从20世纪开始信息技术发生了历史性的转移，“万物皆可数”这对人类历史将具有深刻的意义。

信息存储不是一个孤立的环节，它始终贯穿于信息处理工作的全过程。信息存储是将经过加工整理序化后的信息按照一定的格式和顺序存储在特定的载体中的一种信息活动。其目的是为了便于信息管理者和信息用户快速地、准确地识别、定位和检索信息。信息存储的主要研究内容：

信息存储的理论基础、信息存储系统、云计算与云存储技术、信息系统应用技术、信息存储系统标准及测试技术。目前，研发的高端存储系统能够根据数据中心的动态变化对大容量数据进行智能管理。系统具备的弹性和扩展性能够使它轻松地按需扩展。应用到运营商、政府、金融、税务、交通、能源等多个客户的核心业务系统中，为其提供安全可信、弹性高效的存储服务。

人类正在由工业化时代进入信息化时代，经济学家们普遍认为，进入21世纪后，信息将成为第一生产要素，同时将构成信息化社会的重要技术物质基础。工业社会的庞大结构将解体，然后将集中进行调控，分散在各个销售市场进行生产，这就是当前进展最快、影响重大的经济全球化趋势，并在该趋势推动下出现难以估量的跨国企业。这一切，都将依赖一种极其重要的生产要素——信息。如今，各国大建信息高速公路，计算机广泛普及，这就给形成全球性的信息库和信息交换中心奠定了可靠和重要的技术物质基础，这个信息库和信息交换中心就是全球互联网，潜力无穷的信息索取和信息交换中心将进入信息化时代并激发网络经济新活力，将互联网喻为全球信息资源中心并不为过，而且该中心对国际政治、经济、科学、教育、设计乃至人们的生活行为都将产生日益重要的影响，这种影响带来的结果将难以预料。

为何将互联网称为信息库和信息交换中心？这是因为它具有潜力信息化时代无穷的信息索取和信息交换两种机能。如今进入互联网已很简单，用户用少于打一次国内电话的钱就可以向世界任何一个地方发出一封电子邮件、一份合同或一种产品信息，可以在网络上交换理论研究成果，实现技术转让或商品交易。信息交换中心、内部网数据服务、科研资源革命化的改变随着信息存储技术的发展应运而生。网络经济学的专家们认为，互联网作为高效率的信息库和信息交换中心，还将改变国际经贸方式和手段，能有效地扩大合作并提高成功率。英国正在兴建世界上第一个虚拟工业园区，将通过网络向全世界展示，届时外商不必出国就可在计算机上详尽考察、了解园区并直接同对方洽谈，还可通过网络签订有关合同。英国的上述作法，今后将扩大到企业投资、并购、技术合作等方面。互联网的普及不断加快使移动通信可以最大限度地发挥作用。消费者如何使用互联网正发生一场革命，越来越多的用户开始使用手机或手提计算机上网，而不是使用传统式计算机上网。显然，互联网的作用已不仅仅是提供信息，而成为推动世界经济变革的重要动力。

信息技术的革命将掀起新时代的信息革命，它将彻底改变经济增长方式以及世界经济格局，带领社会进入网络经济时代。信息化是人类社会进步发展到一定阶段所产生的一个新阶段，是建立在计算机技术、数字化技术和生物工程技术等先进技术基础上产生的。信息化使人类以更快更便捷的方式获得并传递人类创造的一切文明成果。

4.4.2 未来存储信息科学的发展趋势

从最早的磁带机到今天的LTO，现代存储技术已经走过了半个世纪。1952年，IBM推出了第一台磁带机726。它使人类正式告别了使用打孔机存储数据的方式。1962年激光二极管的发明，奠定了光读写的基础。于是，20世纪60年代至70年代早期，掀起一股以增加功能、缩短服务时间、减少设备占地面积，以简化磁带通路为目的的热潮。1970年IBM发明的软盘成为便携式存储的中流砥柱。20世纪末，虚拟磁带服务器的开发，极大地提高了数据共享能力和磁带的效率。而世界上最小最轻的硬盘驱动器(Microdrive)则为移动存储的发展奠定了坚实的基础。信息存储材料以磁记录为主，各种磁粉，以及多种成分薄膜材料等新材料的发展也为信息存储提供了稳定的物理介质。目前最新的技术是双光子3D技术，材料制作后为透明体块，存储之后改变颜色，为数据视提供了一种崭新的可视化途径。各种技术的目的都是为了形成虚拟的大容量、高性能、低成本、高可靠、高安全的存储器。空间分布和性能相比，空间分布越小、越近性能越高；控制权与安全性相比，越集中控制安全性最高。不同的技术有不同的用途，如P2P存储很适合公共共享资源（电影、电视、音乐），对关键的、私有的、保密的信息不适用；反之，EMC、IBM、HDS、HP等的大型阵列可提供高可靠、高性能、集中控制，用来存储一般人接触不到的关键数据。

当前，随着互联网及电子商务的应用发展，存储在企业网络中的数据就成为企业最珍贵的资产，存储已不再是附属于服务器的辅助备份设备，而是日益走向企业信息系统的核心。信息的有效存储保护，备份和灾难恢复已成为企业构建IT基础设施迫切需要考虑的重要环节。未来的存储不仅具有更高的容量、速度和性能价格比，而且还将具有自恢复和自管理功能，同时具有高度的开放性和互操作性。实现全智能化存储，不需要另一个50年。近来，大数据 (Big Data) 及以之为基础的研究范式——大数据范式 (Big Data Paradigm)，成为越来越流行的概念。 虽说大数据的“大”乃是相对概念，即相对于数据存储和处理技术而言的 “大”并无绝对意义，但这几年很多人对相对于当前技术而言的 “大”似乎产生了特殊感觉，认为它已超越了某种临界值，将引发诸多领域的重大、甚至革命性的变革。 每当有大的新东西出现在地平线上时，这种稍显迫不及待的迎接革命的感觉乃是常见的衍生现象，其可靠性往往大可商榷。不过，大数据有着各种各样的具体应用倒是不争的事实。

例如：2014年，天猫双十一交易额突破571亿元，当双十一的线上硝烟已渐渐散去，就到了线下快递的比拼阶段。这么多的订单量，不仅仅给商家的生产、销售、服务、仓库、资金带来了前所未有的压力，也给商家的IT系统带来了很大的压力。571亿元是什么概念呢？这是国内另外一些电商平台梦寐以求的“整个平台”的销量，可知这个对商家系统的要求是很高的，传统的IT解决方案根本无法承载如此大规模的业务波峰，而商家多数都只专注于商业，对技术并无所长，我们不能要求每个商家都养一支强大的技术团队。今年有75%的全网的订单，80%的天猫订单，都是在云计算的系统上来处理的，构建在阿里云上的专属电商工作平台“聚石塔”承载了这部分工作。一套完整的云计算工具包含ECS、RDS、SLB、OSS、OCS，商家获得这一套体系，等于把系统交到了阿里巴巴的工程师手里，能保证安全可靠、弹性稳定，而且还十分便宜好用。

信息科学在推动社会文明进步和提高人类生活质量方面发挥着令人惊叹的作用。随着人类对信息需求的日益增加，人们也在不断地推进信息技术的发展，但是现有信息系统的功能已接近于极限值。我们可以看到存储技术的发展，磁存储：金属磁粉和钡铁氧体磁粉，主要用于计算机；半导体存储：硅材料，用于内存；光存储：磁光记录材料，用于外存。在过去30年中电子计算机每个芯片上集成的晶体管数目随时间呈指数增长，这个被称为摩尔定律的经验法则预示着10多年以后计算机存储单元将是单个原子，电子在电路中的行为不再服从经典力学规律，取而代之的是量子力学规律。量子效应会对计算机运算速度，处理能力以及存储功能产生革命性的影响。因此，信息科学的进一步发展必须借助于新的原理和新的方法。

由于量子特性在信息领域中有着独特的功能，在提高运算速度、确保信息安全、增大信息容量和提高检测精度等方面可能突破现有的经典信息系统的极限，因而量子力学便首先在信息科学中得到应用，量子信息学也应运而生。该学科是量子力学与信息科学相结合的产物，是以量子力学的态叠加原理为基础，研究信息处理的一门新兴前沿科学。量子信息学包括量子密码术、量子通信、量子计算机等方面，近年来在理论和实验上都取得了重大的突破。

量子力学的研究进展导致了新兴交叉学科——量子信息学的诞生，为信息科学展示了美好的前景。另一方面，量子信息学的深入发展，遇到了许多新课题，反过来又有力地促进量子力学自身的发展。当前量子信息学无论在理论上，还是在实验上都在不断取得重要突破，从而激发了研究人员更大的研究热情。但是，实用的量子信息系统是宏观尺度上的量子体系，人们要想做到有效地制备和操作这种量子体系的量子态目前还是十分困难的。如何实现量子计算，方案并不少，问题是在实验上实现对微观量子态的操纵确实太困难了。目前已经提出的方案主要利用了原子和光腔相互作用、冷阱束缚离子、电子或核自旋共振、量子点操纵、超导量子干涉等。现在还很难说哪一种方案更有前景，只是量子点方案和超导约瑟夫森结方案更适合集成化和小型化。将来也许现有的方案都派不上用场，最后脱颖而出的是一种全新的设计，而这种新设计又是以某种新材料为基础，就像半导体材料对于电子计算机一样。

研究量子计算机的目的不是要用它来取代现有的计算机。量子计算机使计算的概念焕然一新，这是量子计算机与其他计算机如光计算机和生物计算机等的不同之处。量子计算机的作用远不止是解决一些经典计算机无法解决的问题。在21世纪，人类积极致力于量子技术的开发，推动科学和技术更迅速地发展。

存储需求量还是在急剧增加。目前的视频通信还只能用在小窗口中，如果要是大窗口通信，就会有很大的数据量，现在还没有实现。麻省理工学院实验室已经成功实现了立体的影像，可以通过全息投影技术，在空间透过玻璃看到立体的影像。若用超级计算机数据压缩技术计算以后，每秒钟动起来，就可以看到立体的栩栩如生的影像。若将此技术应用在宽带通信上，则通信就会发生革命性的变化，以后就不只是听声音开一个小窗口，而是实现一个活生生的人在你面前和你通话。You Life bit项目是微软正在开展的看似非常有意思项目，通过将存储和人的视觉神经连接起来，利用人自己的眼睛在硬盘中把一生中的任何细节的图像存下来。这是个庞大的工程，会带来革命性的体验。不过，这会不会涉及隐私权、道德伦理、心理健康等问题，还有待商榷。从心理学角度来说，编者认为适当的遗忘对于人的心理和成长是有利的。

此外，Evernote（见图4-11）的出现，也改变了人们管理信息存储的方式，它是一款多终端无缝同步的云笔记服务软件。可以充分利用上自己的碎片化时间，使用Evernote来进行各种信息的存储，每位注册用户在云端都有一个自己的账户，可以同时通过计算机、平板计算机、手机等多个终端接入。当用户在计算机上更新了一个笔记，手机上就能实时看到，当有念头一闪而过马上记在手机上，回头会发现它已经存在了计算机里。而要实现这一切，只需要在不同的终端装上APP，并且等待那几秒的短暂同步即可。我们的记忆将可以随时被调动取用。

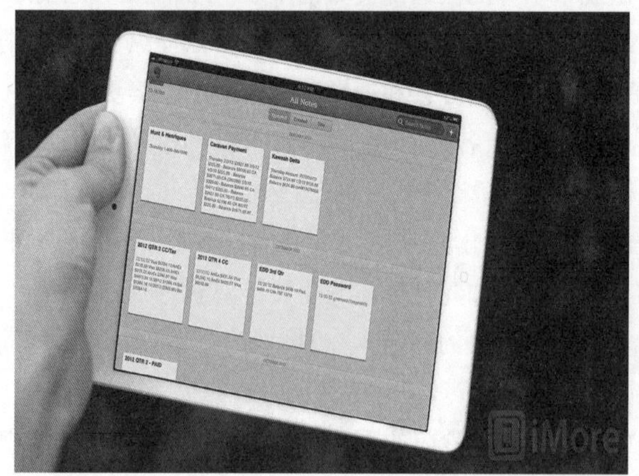

图 4-11

4.5 网络与物联网技术

4.5.1 关于网络与物联网

1. 关于网络

随着1946年世界上第一台电子计算机问世后的十多年时间内，由于价格很昂贵。计算机数量极少，早期所谓的计算机网络主要是为了解决这一矛盾而产生的。其形式是将一台计算机经过通信线路与若干台终端直接连接，我们也可以把这种方式看作最简单的局域网雏形。

最早的网络，是由美国国防部高级研究计划局（ARPA）建立的。现代计算机网络的许多概念和方法，如分组交换技术都来自ARPAnet。 ARPAnet不仅进行了租用线互联的分组交换技术研究，而且做了无线、卫星网的分组交换技术研究，其结果导致了TCP/IP问世。在计算机领域中，网络是用物理链路将各个孤立的工作站或主机相连在一起，组成数据链路，从而达到资源共享和通信的目的。网络就是信息传输、接收、共享的虚拟平台，通过它把各个点、面、体的信息联系到一起，从而实现这些资源的共享。凡将地理位置不同，并具有独立功能的多个计算机系统通过通信设备和线路连接起来，且以功能完善的网络软件（网络协议、信息交换方式及网络操作系统等）实现网络资源共享的系统，可称为计算机网络。它是人们信息交流使用的一个超级工具。

1984年，美国国家科学基金会（NSF）规划建立了13个国家超级计算中心及国家教育科技网。随后替代了ARPANET的骨干地位。1988年Internet开始对外开放。1991年6月，在连通Internet的计算机中，商业用户首次超过了学术界用户，这是Internet发展史上的一个里程碑，从此Internet成长速度一发不可收拾。作为网络工具，网络会借助文字阅读、图片查看、影音播放、下载传输、游戏、聊天等软件工具，从文字、图片、声音、视频等方面给人们带来极其丰富和美好的使用感及享受感。网络的诞生使命，就是要通过各种互联网服务提升全球人类生活品质，资源共享，让人类的生活更便捷和丰富，从而促进全球人类社会的进步。并且，丰富人类的精神世界和物质世界，让人类最便捷地获取信息，找到所求，让人类的生活更快乐。

2. 关于物联网

比尔·盖茨1995年《未来之路》一书中提及物物互联。1998年麻省理工学院提出了当时被称作EPC系统的物联网构想。1999年，在物品编码，RFID技术的基础上Auto-ID公司提出了物联网的概念。2005年11月17日，信息世界峰会上，国际电信联盟发布了《ITU互联网报告2005：物联网》，其中指出“物联网”时代的来临。物联网被称为是继计算机和互联网信息产业后的第三次革命性创新。

Ashton最初给物联网下的定义是：“当今的计算机以及互联网几乎完全依赖于人类来提供信息。互联网上大约有50 PB (1 PB为1 024 TB) 的数据，其中大部分最初由人来获取和创建的，通过打字、录音、照相或扫描条码等方式。传统的互联网蓝图中忽略了为数最多并且最重要的节点——人。而问题是，人的时间、精力和准确度都是有限的，他们并不适于从真实世界中截获信息，这是一个大问题。我们生活于一个物质世界中，不能把虚拟的信息当作粮食吃，也不能当作柴火来烧。想法和信息很重要，但物质世界是更本质的。当今的信息技术如此依赖于人产生的信息，如果计算机能不借助人的帮助，就获知物质世界中各种可以被获取的信息，将极大地减少浪费、损失和消耗。我们将知晓物品何时需要更换、维修或召回，他们是新的还是过了有效期。物联网有改变世界的潜能，就像互联网一样，甚至更多。”

物联网（Internet of Things，IOT）概念：它是一个基于互联网、传统电信网等信息承载体，让所有能够被独立寻址的普通物理对象实现互联互通的网络。物联网一般为无线网，由于每个人周围的设备可以达到一千至五千个，所以物联网可能要包含500～1000万亿个物体，在物联网上，每个人都可以应用电子标签将真实的物体上网联结，在物联网上都可以查找出它们的具体位置。通过物联网可以用中心计算机对机器、设备、人员进行集中管理、控制，也可以对家庭设备、汽车进行遥控，以及搜寻位置、防止物品被盗等。物联网应用无处不在。物联网是让所有的物品都能够远程感知和控制，并与现有的网络连接在一起，形成一个更加智慧的生产生活体系。在目前的传统家电的基础上，将信息技术融入传统的家电当中，使其功能更加强大，使用更加简单、方便和实用，为家庭生活创造更高品质的生活环境，比如模拟电视发展成数字电视，电冰箱、洗衣机、微波炉等也将会变成数字化、网络化、智能化的信息家电。家电网络化，就是将物联网和互联网的技术应用于家电产品之中，实现家庭内产品的互联，同时又可以与外部互联网连接。开放数据接口使各个设备能够相互协作，从而使电影《第六感》所描述的未来距离我们更近。

物联网主要应用在运输和物流领域、健康医疗领域、智能环境（家庭、办公、工厂）领域、个人和社会领域等，具有十分广阔的市场和应用前景。例如，智能家居在国外已发展为物联网的一部分，和人们的生活息息相关，特别在发达国家美国、加拿大、欧洲、澳大利亚，智能家居的普及率相当高，成为人们感受物联网影响最直接的方式。智能家居系统通过为人们提供一种高效、舒适、安全、便利、环保的感受使人们体会到物联网革命带给人们的方便、快捷与智能化。在美国，盖茨的被称作“未来之屋”的豪宅是智能家居系统的典范，它具有集中式信息处理系统，堪称当今智能家居的经典之作，所有的照明、音乐、温度、湿模块的智能家居系统进行自动控制，可以根据客人的需要通过计算机任意调节；当你踏入一个房间，藏在壁纸后方的扬声器就会响起你喜爱的旋律，墙壁上则投射出你熟悉的画作；厕所里安装了一套检查身体的计算机系统，如果发现异常，计算机会立即发出警报；地板中的传感器在感应到有人到来时就自动打开照明系统，在客人离去的同时自动关闭。

物联网通过感应器把新一代IT技术充分运用在各行各业之中，形成普遍连接的互联网络，实现人类社会与物理系统的神奇整合。借助”物联网”，人类能够以更加精细和动态的方式管理生产和生活，全新的网络新体验将实现人与自然的和谐共生。

3. 网络与物联技术关系及区别

在物联网时代，通过在各种各样的日常用品上嵌入一种短距离的移动收发器，人类在信息与通信世界里将获得一个新的沟通维度，从任何时间、任何地点的人与人之间的沟通，连接扩展到人与物和物与物之间的沟通连接。由此看来“物联网技术”的核心和基础仍然是“互联网技术”，物联网技术是在互联网技术基础上的延伸和扩展的一种网络技术；其用户端延伸和扩展到了任何物品和物品之间，进行信息交换和通信。因此，对于物联网技术的定义是：通过射频识别（RFID）、红外感应器、全球定位系统、激光扫描器等信息传感设备，按约定的协议，将任何物品与互联网相连接，进行信息交换和通信，以实现智能化识别、定位、追踪、监控和管理的一种网络技术。物联网技术层次由感知层、传输层和应用层组成。物联网以传感器等传感技术为基础，实现信息采集和“物”的识别，通过传输层实现数据的传输与计算，经过应用层，实现所感知信息的应用服务。简单来理解，物联网就是把各种东西的信息都搜集起来，然后处理，最后再执行，是物体间广泛而精确的通信。

物联网并不是一个完全新建的、与互联网彼此独立的网络系统，它采用的还是互联网的通信协议，而且利用的也还是互联网的基础设施，但其本质是一种“物物相连的互联网”。另外，物联网利用各种技术手段使得各种物体能够接入已经存在的“互联网”中，并实现基于互联网的连接与信息交互，当然，这种信息交互也包括物与人以及物与物之间的交互。因此，从某种意义上说，物联网就是一种“物物互联、感知世界”的“互联网”。目前的互联网应用主要面向人，是在虚拟的信息世界中达成人与人之间的信息交互；而物联网技术则最终将增加面向物的应用，并将进一步增强人与物之间的交互和应用，物联网将扩展成为对现实物理世界中各种物体（当然也包括人）的一种感知和互联，并实现“物到物、物到人、人到人的交互”。

4.5.2　物联技术为产品设计带来机遇

物联网的发展，给产品设计带来了难得的机遇和改变。物联网概念的提出也将颠覆传统产品概念；将突破常规的产品设计方法与设计手段，并改变产品设计对象的内容、属性和特征，更将为产品设计提供广阔的想象与创意空间。

首先，物联网技术为工业设计创新创造了更广阔的想象空间，颠覆传统的产品概念，进而改变产品设计的设计对象与设计内容。强调物与物之间信息交互的物联网技术，可以让人们在设计的过程中，更自由地发挥想象力和创造力，并让许多在以往看来是天方夜谭的概念成为现实。以家电产品为例，电冰箱、洗衣机、空调等家电原本都是一些没有生命、没有思考能力的物品；但在物联网时代，家电却可以成为像海信SMART智能冰箱那样有生命、能感知、有思想能力的“智慧”物品，它们可以通过物联网与物品、人及环境进行信息交流，即时交流成为用户的需求。再比如手机，在物联网时代，手机将不再仅仅是通信的工具，它可能会发展成为人们离不开的工作、学习、娱乐和通信的信息中心。

虽然工业设计的最终目标是为人服务，但这一目标的实现必须依赖于批量生产的各种产品，人们只有在生产和生活中通过使用经过设计的产品，才能真正享受到设计带来的便捷。与传统产品只是通过操纵与控制系统、信息显示系统等与人进行交互相比，物联网环境下的产品更多地强调物与物、人与物以及人与人之间的信息交互。正是在这种背景下，交互设计应运而生。可以通过对产品所进行的交互设计，让产品与其他物品和使用者之间建立一种有机的关系，从而使得设计通过产品更好地服务于人，并给人类带来全然不同的体验。

其次，物联网技术的出现进一步丰富了产品设计的技术手段。目前，计算机技术已经广泛应用于工业设计领域，CAD（计算机辅助设计）、CAE（计算机辅助工程）、CAM（计算机辅助制造）等，都已被广泛应用于设计活动中，计算机已然成为工业设计必不可少的工具之一，并在其发展的过程中彻底改变了工业设计的流程。在物联网时代，网络的普及及各种物体（包括人）所具有的信息交互能力，势必将推动产品设计手段和工具的又一次革命。

最后，物联网技术将彻底改变产品设计的方式，并将不断催生新的设计方法。物联网强大的“连接”功能能实现设计从调查分析、设计构思到制造的整个过程的“无缝”对接，有效并快捷地获得产品在调研、制造、销售、使用及维修维护等过程中所存在的信息与问题。并建立起一种并行结构的设计系统，从而避免设计在交流过程中的障碍。利用物联网的开放性，获得群体的智慧，可大大缩短产品的开发周期，并不断减少设计活动中的风险，保证高质量设计的实现。近年来，大量计算机辅助工业设计软件呈现出基于云计算的计算模式，便很好地证实了物联网对设计方法的影响。

显然，产品设计已呈现出“从物的设计向非物的设计发展，从实物产品的设计向虚拟产品的设计发展”的趋势，所以，应该顺应这种非物质设计的变化趋势，重新解读和定义设计对象和设计内容。各种产品便被赋予了更多的信息，也被要求具有更强大的信息交互能力。所以，未来的产品设计将是越来越多地着眼于促进和改善产品与产品、产品与使用者之间的交流。总而言之，物联网在未来人与人、人与物及物与物之间的信息交互过程中所具有的不可替代的价值，将彻底改变传统产品设计的现状，并为产品设计的发展开辟更广阔的空间。

4.6 感应技术

4.6.1 感应概述

感应从物理学名词讲是一个物体(如电导体、可磁化体、电路)内部由于另一类似激发物体的接近(但不接触)或者由于磁通的变化而产生的电荷、磁性或电动势。也可以是因受外界影响而引起相应的反应。目前红外线感应、触摸式自动感应、光控自动感应技术、人体感应技术是感应技术的比较流行热门的研究方向。例如：我们经常见到的自动感应龙头是经过红外线反射的原理，当手放在水龙头的感应区域内，红外线发射管发出的红外光经过人体的手反射到红外接收管，将处理后的信号发送到脉冲电磁阀来控制出水系统。当手离开水龙头的感应区域时，红外光就没有反射，电磁阀自动关闭，水也就自动关闭。

目前流行的传感技术同计算机技术与通信技术一起被称为信息技术的三大支柱。从仿生学观点来看，如果把计算机看成处理和识别信息的“大脑”，把通信系统看成传递信息的“神经系统”的话，传感技术就是关于从自然信源获取信息，并对之进行处理（变换）和识别的一门多学科交叉的现代科学与工程技术，它涉及传感器（又称换能器）、信息处理和识别的规划设计、开发、制/建造、测试、应用及评价改进等活动。

获取信息靠各类传感器，它们有各种物理量、化学量或生物量的传感器。按照信息论的凸性定理，传感器的功能与品质决定了传感系统获取自然信息的信息量和信息质量，是构造高品质传感技术系统的关键。信息处理包括信号的预处理、后置处理、特征提取与选择等。识别的主要任务是对经过处理的信息进行辨识与分类。它利用被识别（或诊断）对象与特征信息间的关联关系模型对输入的特征信息集进行辨识、比较、分类和判断。因此，传感技术是遵循信息论和系统论的。它包含了众多的高新技术、被众多的产业广泛采用。它也是现代科学技术发展的基础条件，应该受到足够地重视。

4.6.2　感应技术的应用

1. 体感技术以及表现（见图4-12）

最经典的代表性技术就是体感技术，简单来说，体感技术就是可以让人使用肢体动作，而无须任何复杂的控制设备，就可以身历其境地与内容做互动。比如，可以用手、脚、胳膊甚至眼睛等身体任何一个位置去控制设备。事实上，体感设备并不鲜见，比如Will、PlayStation Move 和 Kinect。Will是日本任天堂公司于2006年底所推出的家用游戏主机，和传统的游戏机所不同的是，它支持指向定位及动作感应。

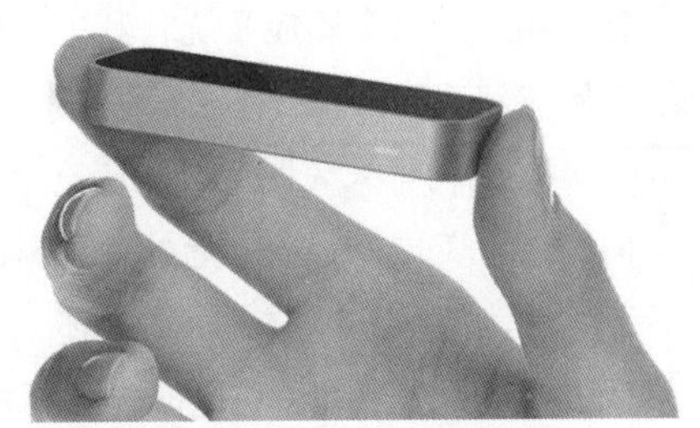

图4-12　体感技术的表现

PlayStation Move 是索尼公司于 2010 年 9 月推出的为了让 PS3 拥有动态感应功能的控制器，它利用动态手柄和 PlayStation USB 摄像头来捕捉用户的动作，从而实现体感操作，2010 年 11 月，微软推出了 XBox360 游戏机的一个附件：Kinect。这个被微软内部和外界一致看作是用来对抗 Will 的体感游戏的设备，一上市就开始热卖，在14个月内全球热销了 1800 万套。XBox360 也一举击败多年的老对手 PS3，攀上了北美家用游戏机的销量宝座。

最新的感应设备Leap Motion：它可以追踪到小到0.01 mm的动作，拥有150° 的视角，可跟踪一个人的10个手指的动作，最大频率是每秒钟290帧，精确度相当于Kinect的200倍。如果仅仅是作为一款游戏设备，那么显然是将Leap Motion大材小用了，事实上，Leap Motion 有更为广阔的应用空间。

Leap Motion只有三寸长，一寸宽，看起来像一个U盘大小它可以应用于以下场合：

（1）让鼠标灭亡：20世纪60年代末美国斯坦福研究所的道格拉斯·恩格尔巴特博士发明鼠标时，他大概没有想到会如此流行。但是，如果有了更为方便的手势或者其他体感交互方式，有了更为精准的定位，为什么还需要鼠标呢?

（2）危机情况排解的应用：如果战争需要紧急抢救伤员，而在并不确定现场情况是否安全，医务人员不能靠近伤者的情况下，用 Leap Motion 操纵机械手来进行外科手术的话，能够使伤员得到及时救助又使得抢救人员避免危险。甚至也可以应用Leap Motion到排雷、排爆等更加危险的环境之中，这样可将人员的损失降到最低。

（3）教学应用：如果用 Leap Motion来绘图演示立体几体中的图形，可增强立体感，则可用 Leap Motion 来进行 3D 立体设计等的教学，更可应用于音乐方面的教学了，它的前景无可限量。

（4）聋哑人士的翻译利器：聋哑人士使用手语进行交流，然而，大多数正常人并不懂手语，所以，交流起来很困难，那么，如果开发一个 Leap Motion 手势翻译软件，就可以迅速读懂手语了，无障碍交流就此实现。

2. 其他领域感应技术的应用

随着汽车的普及，汽车技术也越来越成熟，其中车载手势感应技术便是当前最流行的汽车技术之一。世界各大汽车生产厂商都在竞相研究汽车手势控制系统，通过此系统驾驶人可以通过手势来控制汽车，而无须分心。相信这种极具未来感的汽车技术将在未来几年内上市应用。2013年初，现代汽车公司在其推出的一款概念车中配备了车载音频手势控制系统，其中驾驶人可以通过手势来控制音量。丰田和微软也正在联合研究这种汽车技术。另外，沃尔沃汽车公司为其概念车配备了相关的汽车感应系统，其中该感应系统可以通过红外摄像机实时监测驾驶人视线方向，系统在感应到驾驶人视线落在车载中控显示屏上时，系统会自动将车载中控显示屏点亮。

苹果公司虽未表明其对感应充电技术的兴趣，但一份专利文档却揭示了苹果未来的充电技术方向。来自美国专利商标局的一份新的专利申请显示，苹果将开发基于感应充电技术的概念使用音频线作为感应充电线圈。据描述，该方案是通过将耳机缠绕在圆柱形的充电装置上，即将耳机线变成充电金属导体，将电流传导至手机中，从而达到充电目的的。

更令人注目的是Augumented Reality增强现实技术，把原本在现实世界的一定时间空间范围内很难体验到的实体信息(视觉信息、声音、味道、触觉等),通过科学技术模拟仿真后再叠加到现实世界被人类感官所感知,从而达到超越现实的感官体验,这种技术称为增强现实技术,简称AR技术。增强现实技术具备三个特点：①真实世界和虚拟世界的信息集成。它可以将显示器屏幕扩展到真实环境，使计算机窗口与图标叠映于现实对象，由眼睛凝视或手势指点进行操作。例如：通过虚拟窗口调看室外景象、使墙壁仿佛变得透明。②具有实时交互性。使交互从精确的位置扩展到整个环境，从简单的人面对屏幕交流发展到将自己融合于周围的空间与对象中。运用信息系统不再是自觉而有意的独立行动，而是和人们的当前活动自然而然地成为一体。③在三维尺度空间中增添定位虚拟物体。未来科技，或许将围绕“数据增强”来展开，即是用数据将现实世界增强。

典型的案例来自Google的Google Glass，它在功能上具备了单独运行，穿戴操作，可开发应用等特性，集多种功能于一身，并且结合了眼镜的佩戴方式，棱镜反射显示等方式，内置基于安卓4.0的操作系统，可单独运行可连接手机。三星也唱起了对手戏，将在2014年推智能眼镜，命名Gear Glass，目的整合直观且对用户友好的功能，吸引公众注意，让技术与日常生活无缝整合。国内奇虎360推出了360儿童卫士手环，而百度近日也悄然上线了百度可穿戴设备网站，将推出咕咚运动智能手环和inWatch One智能手表，百度开放云还为其提供了图像人脸识别、语音识别等技术。而百度目前已经组建了一支专门进行可穿戴设备研发的团队，且在可穿戴设备领域已申请了数十项专利，准备大举进军可穿戴式设备的领域。

当然，感应技术可以想象的空间还很大，甚至就算是实现阿汤哥在少数派报告中的全系手势操作也不无可能，甚至是阿凡达中人体操作的那种机器人，它存在非常广阔的应用空间。随着Google Glass, Leap Motion 等新技术、新产品的出现，感应技术的不断发展，正将交互的可行性区间不断向外推进，我们可以看到那些轻巧、灵敏的交互方式不断绽放出来，可穿戴式的电子设备已走向市场。现在增强现实的技术已经有了一些应用，但是它们都需要依赖于传统的计算机或者手持设备——例如手机或者PSP。显然，再没有比能够无须干预，就可以自动显示在我们眼中的设备更好。当像RID或者隐形眼镜显示器这样的便携显示器开始进入市场时，就相当于随身携带了一部随时显示的计算机，而且和互联网这一人类所有文明的集合体相连。我们将透过整个互联网重新审视世界，将虚拟世界和真实世界无缝地连接在一起。这将是最值得期待的生活方式。

4.7 生物识别技术

4.7.1 生物识别技术概述

生物识别学技术的历史可追溯到古代埃及人通过测量人的尺寸来鉴别他们。像这种基于测量人体身体某一部分或者举止的某一方面的识别技术一直延续了几个世纪。指纹识别可以追溯到古代的中国，比如：在买卖交易过程中的签字画押；陶器手工艺人在自己作品烧造之前，在物品的隐蔽处，按上自己拇指纹样以进行标记。而基于指纹的识别技术在美国和西欧也使用了一百多年。用于商业的高级生物测定设备最早开始于20世纪70年代，一种称为Identimat的设备出现了，它通过测量手的形状和手指的长度来用作识别的标志。

生物识别（Biometric Identification Technology），是利用人体生物特征进行身份的认证。它是基于①人的生物特征是不相同的；②可以测量或者可以自动识别和验证的这两点。目前能够测量和识别的身体特征包括指纹、声音、面部、骨架、视网膜、虹膜和DNA等人体的生物特征，以及签名的动作、行走的步态、击打键盘的力度等个人的行为特征。生物识别的技术核心在于如何获取这些生物特征，并将其转换为数字信息，存储于计算机中，利用可靠的匹配算法来完成验证与识别个人身份的过程。

当今世界信息技术飞速发展，越来越多的电子设备不断地进入人们的日常生活中，例如：计算机、ATM提款机、智能家电、门禁控制系统等。人们对于个人安全、方便的身份认证技术的需求变得越来越紧迫。我们越来越依赖像IC卡、身份号、密码等保护措施，然而，即使拥有这样的保护措施也不够，各种各样的损失时有发生，也增加了商品的额外成本付出。我们需要简单快速的使用机器而不用担心安全问题。然而，现有的基于IC卡、身份号和密码的系统却只能在安全与方便之间徘徊，为了实现较高的安全性，我们必须使用更复杂和更不方便的密码，或者携带更多的“钥匙”。如果在我们身边不同的机器使用一个相同的密码，那么在得到了方便性的同时也增加了安全隐患。

生物识别技术是目前最为方便与安全的识别系统，它比传统的身份鉴定方法更具安全、保密和方便性。它不需要记住复杂的身份号和密码，也不需要随身携带密码锁、U盾、磁卡等身外物品。生物测定的对象就是你，没有什么能比这更安全、更方便的了。生物特征识别技术具有不易遗忘、防伪性能好、不易伪造或被盗、随身“携带”和随时随地可用等优点。

4.7.2 生物识别技术的特点

生物识别技术根据人体自身的特征如指纹、声音等来识别个人的身份。因此，生物识别技术具有广泛性、唯一性、稳定性、可采集性。这里简单描述目前大多数流行的生物识别技术特点。

1. 虹膜识别技术

虹膜是一种在眼睛中瞳孔内的织物状的各色环状物，每一个虹膜都包含一个独一无二的基于像冠状体、水晶体、细丝、斑点、结构、凹点、射线、皱纹和条纹等特征的结构。据科学家宣称，没有任何两个虹膜是一样的。虹膜扫描安全系统通过一个全自动照相机来寻找你的眼睛并在发现虹膜时，就开始聚焦，想通过眨眼睛来欺骗系统是不行的。此项技术是目前最可靠的生物识别技术，只需用户位于设备之前而无须物理的接触，具有更高的模板匹配性能。但是，虹膜扫描设备的造价昂贵和不方便携带性，都制约这项技术的开展。

2．视网膜识别技术

视网膜识别技术要求激光照射眼球的背面以获得视网膜特征的唯一性。部分研究者认为视网膜是比虹膜更为唯一的生物特征。视网膜是一种极其固定的生物特征，因为它是“隐藏”的，故而不可能磨损，老化或是为疾病影响；使用者不需要和设备进行直接的接触；视网膜识别是一个最难欺骗的系统，因为视网膜是不可见的，故而不会被伪造。

在使用过程中，它要求使用者注视接收器并盯着一点，这对于戴眼镜的人来说很不方便，而且与接受器的距离很近，也让人不太舒服，容易产生被侵犯性。所以尽管视网膜识别技术本身很好，但用户的接受程度很低，因此，建议在设计此类产品时，改善仪器界面，提高与用户之间的连通性，从而使此项技术得到更广泛的普及。随着技术的提高和改善，视网膜成像显示（Retinal Imaging Display，RID）概念被日本兄弟工业公司提出来，呈现了一个隐形眼镜式的视网膜显示器的概念畅想，可以用激光直接将图像投射到使用者的视网膜上。它改变了显示器必然地独立于视线的本质。而西雅图华盛顿大学的几位研究者干脆打算抛弃便携“显示器一定是类似眼镜”的固有构想，干脆把显示器做在了隐形眼镜上。这些产品，很有可能会改变我们感知世界的方式。

3．面部识别

面部识别技术通过对面部特征和它们之间的关系来进行识别，识别技术基于这些唯一的特征时是非常复杂的，这需要人工智能和机器知识学习系统，用于捕捉面部图像的两项技术为标准视频和热成像技术。

标准视频技术通过一个标准的摄像头摄取面部的图像或者一系列图像，在面部被捕捉之后，形成一些核心点，将这些核心点记录下来，例如，眼睛、鼻子和嘴的位置以及它们之间的相对位置被记录下来然后形成模板；热成像技术通过分析由面部的毛细血管的血液产生的热线来产生面部图像，与视频摄像头不同，热成像技术并不需要在较好的光源条件下操作，因此即使在黑暗情况下也可以使用。一个算法和一个神经网络系统加上一个转化机制就可将一幅面部图像变成数字信号，最终产生匹配或不匹配的信号。

人脸技术是一种方便采集的特征，但由于人脸是三维的，受光线、表情、胖瘦、毛发，运动影响很大，同时由于也是表面特征，容易被伪造复制，用于做身份识别、刑侦时稳定性及安全性较低，如果技术有所突破，则可在公众安全等领域被应用广泛。例如，2012年，武汉公安构建一套高精准人像识别系统，建成后能在1 s内比对1亿次图像，瞬间可辨认嫌疑人。这套系统主要通过安装在城市道路路口、两侧以及公交车上的25万个视频探头进行图像采集。视频监控将捕捉到的人像，与后台数据中犯罪嫌疑人面部特征进行精确比对，可在几秒内锁定犯罪嫌疑人。这套系统已在2013年3月投入实战应用。

2013年7月，芬兰的一家初创公司Uniqul推出全球首个“刷脸”支付系统。结账时，消费者只需在收银台面对POS机屏幕上的摄像头，系统自动拍照，扫描消费者面部，等身份信息显示出后，在触摸显示屏上点击确认完成交易。无需信用卡、钱包或手机，整个交易过程不超5 s。

4. 指纹识别技术

指纹识别作为识别技术已经有很长的历史了，有着坚实的市场后盾。指纹识别技术通过分析指纹的全局特征和指纹的局部特征，特征点如脊、谷和终点、分叉点或分歧点，从指纹中抽取的特征值，可以非常的详尽、可靠地通过指纹来确认一个人的身份。随着计算机技术和集成电路的迅速发展，指纹技术无论是从技术还是可靠性而言日趋成熟，指纹采集设备成本正在逐渐降低，从以前的刑侦专用正在向民用过渡，已经深入应用于社会各个领域。

目前生物识别技术发展迅速，其中指纹识别技术发展更为迅速，指纹识别算法取得了突破性的进展，技术日趋成熟，从原先的刑侦AFIS 应用转为民用。世界上许多IT业大公司涉足这一领域，并致力于指纹识别技术的底层和应用的开发。国内指纹识别公司如雨后春笋，以北大方正、熊猫电子等为代表的国内生物识别企业，正致力于推进生物识别技术在中国的应用，随着计算机和大规模集成电路的迅速发展，指纹采集设备成本降低，指纹识别技术将如现在的IC 卡、射频卡、密码锁等一样，应用于社会各个领域。

5. 签名识别

签名作为身份认证的手段已经使用了几百年，而且我们都很熟悉在银行的格式表单和合同文本中签名，作为我们身份和责任确定的标志。签名数字化，指的是测量签名图像本身以及整个签名的动作在每个字母以及字母之间的不同的速度、顺序和压力。签名识别和声音识别一样，是一种行为测定学。但随着经验的增长，性情的变化与生活方式的改变，签名也会随之而改变。为了处理签名的不可避免的自然改变，我们必须在安全方面做些妥协。

6. 语音识别技术

语音识别是一种行为识别技术，声音识别设备不断地测量、记录声音的波形和变化。而语音识别基于将现场采集到的声音同登记过的声音模板进行精确的匹配。和其他的行为识别技术一样，声音因为变化的范围太大，故而很难进行一些精确的匹配。声音会随着音量、速度和音质的变化而影响到采集与比对的结果。

随着技术的发展，也许可以觉察和拒绝录音的声音，然而，目前来说，还很容易用录在磁带上的声音来欺骗声音识别系统。然而，随着语音识别技术的不断成熟、云计算环境的完善、以及嵌入式设备部件成本的不断降低，声控智能家电的市场已经日益成熟起来，并在人们的生活中起到重要的作用。例如：California的Naratte公司的ZOOSH，通过生成超过人耳范围的高频声音建立安全链接，其硬件需求可以由一款简单的智能手机达到，这将会是未来全新的非接触式操作形式之一。

7. 基因识别技术

随着人类基因组计划的开展，人们对基因的结构和功能的认识不断深化，并将其应用到个人身份识别中。因为在全世界60亿人中，与你同时出生或姓名一致、长相酷似、声音相同的人都可能存在，指纹也有可能消失，但只有基因才是代表你本人遗传特性的、独一无二、永不改变的指征。

制作这种基因身份证，首先是取得有关的基因，并进行化验，选取特征位点（DNA指纹），然后载入中心的计算机存储库内，这样，基因身份证就制作出来了。据报道，采用智能卡的形式，存储着个人基因信息的基因身份证已经在我国四川、湖北和香港出现。如果人们喜欢加上个人病历并进行基因化验也是可以的。发出基因身份证后，医生及有关的医疗机构等，可利用智能卡阅读器，阅读有关人的病历。

基因识别是一种高级的生物识别技术，但由于技术上的原因以及检测成本比较高，还不能做到实时取样和迅速鉴定，某种程度上也限制了它的广泛应用。

4.7.3 生物识别技术的应用

目前已经出现了许多生物识别技术，如指纹识别、手掌几何学识别、虹膜识别、视网膜识别、面部识别、签名识别、声音识别等，还有其中一部分技术含量高的生物识别手段，比如静脉识别、气味识别还处于实验阶段。我们相信随着科学技术的飞速进步，将有越来越多的生物识别技术应用到实际生活中。就在编者撰写的时候，看到一则科技新闻：因为每个人心脏的位置、大小不同，所以每个人的心脏跳动规律也是唯一的。那么相信在不久将来，心脏识别也会应运而生。

1. 声控智能家电

"声控家电"将成为家电产业新趋势，随着智能家电概念的普及、语音识别技术的不断成熟、云计算环境的完善，以及嵌入式设备部件成本的不断降低，"声控家电"即利用语音对家电进行各种形式的遥控，将成为家电产业的新兴趋势。

"声控家电"具有各种各样的实现形式。例如：在家中客厅沙发上，用说话的方式一边换台、一边关窗帘、一边打开卧室空调；加班之后，在回家的路上，通过手机打电话给智能浴室，要求在9点35分的时候以40℃水温放好热水。类似这样的应用场景将极大地提升智能家电的易用性、提高用户体验、提高相关产品的市场竞争力、促进家电产业进一步朝着智能化的方向发展、提高家电附加价值。

"声控家电"的实现已经具有成熟的技术条件和商业条件。在技术上，通过初步试验，在恰当设计和定义语音命令集并进行优化的条件下，可以在多种噪声环境下实现超过99%的识别正确率。在成本上，嵌入式单片机元件成本不断下降，相应软件开发人员和开发环境的不断成熟，也满足了以低成本方式实现家电智能化的商业条件。

目前的家电市场道短枝长，而智能语音控制已经形成整体市场趋势，智能语音控制技术已经在多个领域形成了巨大的细分市场应用，并产生了很大的商业价值。例如，汽车产业巨头通用、宝马、宾利等企业正齐头并进地开发车用声控系统，并且已经实现了商业化应用。随着智能语音控制概念的进一步深化，这一技术将逐步从高产品单价的汽车产业逐步向黑白家电产业、智能家居产业转移。"声控家电"将极大提升家电的智能性，方便用户，进而提高产品附加值促进产业发展。

2. 信用卡的安全

假信用卡一年所造成的损失在40~60亿美元之间，而且这种损失逐年增长。各大银行推出各种信用卡，但对人身份的识别还主要是通过密码和身份证，国内的金融领域一般采用磁片、芯片以及拉卡拉个人商务用品，虽然在一定范围内开展使用，但也无法精确判断信用卡持有者的真实身份。但如果利用指纹的唯一性，将指纹存储于信用卡中，但可使信用卡更加安全可靠。

3. 建筑物通道以及不同等级部门通道授权权限的安全保障

企业的员工、建筑物的使用者、保密性单位的人员要出入各种建筑物的通道，尤其是保密性的单位，更加要进行必要的身份识别，防止未经授权的人员的随意进出。目前普遍使用的是各种卡片、证件、磁卡等。问题是卡片和证件容易丢失、仿制和借用，而且携带麻烦。比如，考勤用产品、门禁产品无须携带任何证卡，采用指纹识别技术，您的手指就是您的钥匙；采用面部识别技术，那么您的脸也成了通关的卡片。

4. 电子商务以及内部网的安全保障

有越来越多的人通过网络来购买商品和服务，而不需要买主和卖主直接见面。随着电子商务越来越广泛的应用，其中潜在的不安全性也越来越明显，需要更好的系统来进行身份认证，在现有的系统崩溃之前，随着原有的系统一个一个失效，生物识别技术逐渐成为一种公认的身份认证技术。

Windows本身的安全一直是让人困扰的问题，密码容易为黑客所盗取，将指纹技术集成于计算机外设如键盘、鼠标等，通过指纹对计算机系统、文件、目录和屏幕保护等进行加密，将能够有效地解决公司内部软件系统的安全管理问题。随着电子商务的蓬勃发展网上支付安全已经越来越重要，2014年淘宝“双11”的成交额达到571亿，在支付过程中，用户也产生了被盗刷的问题，支付宝当时也回应称余额宝确实存在被盗风险，但概率比交通事故的概率还要低。尽管风险极低，但以目前余额宝庞大的用户规模来说，影响也不可谓不小，此漏洞应该迅速引起重视才是。CA认证系统正在考虑使用将生物识别技术融合于其中，生物识别技术在电子商务时代的应用将不可限量。

5. 身份认证以及社会保障系统的安全

伪造身份一直是国家安全机关严厉打击的现象，但屡禁不止。若使用电子身份证，比如将人的生理特征如指纹特征值存储于其中，身份证需和人自身的指纹进行一比一的比对，将无法造假。在“9·11”事件后，美、英、法等国家在为本国公民签发具有生物特征信息的电子护照的同时，开始对外国公民实行生物识别签证。这一技术正在为越来越多的公众所接受。所谓生物识别签证，就是将生物识别技术引入签证领域，利用人体面相、指纹等生物特征具有唯一性、安全、保密等特点，在颁发签证或出入境边防检查过程中采集和存储生物特征信息数据，通过有效比对，更加准确、快捷地鉴别出入境人员身份。中国的生物识别签证值得期待，我国香港特别行政区将计划在未来几年推广这一生物识别签证，以便出入境的管理。

生物识别技术将被证明是最安全的、易用的。目前在我国煤矿工人考勤、监狱犯人管理、银行金库门禁、边境安检通关、军队安保系统、考生身份验证等领域，虹膜识别技术也得以实现应用。我国社会保障体系正在完善中，而巨大的人口基数，流动人口的频繁性，使得养老金发放、医疗保险金支付、工伤保险金赔偿等社会保险金支付工作都面临着个人身份认证的问题，不论是静态管理还是动态控制，采用生物识别技术进行身份鉴别是解决这个难题的唯一出路。

生物识别技术的市场前景很乐观，因为我国的人口众多，经济发展迅速，只要突破各项技术的瓶颈，迎来规模化应用，生物特征识别技术本身的发展和应用效果将会大大提升，为我们的生活带来更多便利。

什么是科技前行的方向？百度上海移动互联网用户体验负责人Moon Monster总结了13个潜在的趋势，其中包括私有物品智能化、智能家电的变革、机顶盒的战火、语音、体感、社交综合症等。他说：如果尝试画一个圈，中间是人，离用户最近、最核心的圈子就是私有化的一些设备，再外圈一些才是PC、家电等，所以如果有公司能够占据私有物品圈中的核心地位，那也将意味着给它带来惊人的市场和机会。

未来10年，高科技结合人性化、个性化将成为消费类电子产品的技术追求和研发哲学。信息技术的日新月异催生数字化、网络化、智能化的新应用不断涌现，消费电子产业的边界将日益模糊，产品门类五花八门。满足个性化需求的大屏幕、可上网液晶电视、大容量快速存储技术、高清晰数码影像产品、高度集成的信息终端等产品将实现结构的不断创新和彼此无缝连接，在产品设计领域趋于实现人与信息的充分完美结合。

小　结

通过本章的学习，同学们将对科学技术在概念设计中的作用有更深刻的认识。一个概念产品的最终实现受科学技术的制约，而概念设计反过来又可以大胆地以超越现实产品的构想对科技提出新的要求、新的期望。这些要求与期望引领并促进着科学技术的良性发展。产品概念设计需要有敏锐的时代触角及嗅觉，能在日常生活中发现一闪即过的关于未来的迹象与机会，需要在各类同样具有前瞻性的新科技领域中找寻各种有关未来的概念设计可能。随着科技不断的创新，社会面临着重要的变革，具体物品的设计仅仅是设计的一个方面，设计是让技术能够服务于人类的方式，更是对科技，商业和资本，生态与资源，人类与社会的一种协调。概念设计既能折射生活方式的悄然改变，又能推进技术进步。简言之，科技的进步需要概念设计来牵引方向，也需要概念设计来刺激它的不断向前，朝着更高、更远、更新的境界走去。不管是对于设计师本人、生产企业、还是对于整个社会、未来，皆有着不可忽视的延展意义

习题与思考

1. 关注科技最新动态，并分析未来技术创新的趋势。
2. 分析思考科学技术与概念设计之间的辩证关系。

第5章　概念设计与交互理念

本章学习重点：

1. 了解产品概念设计中，对用户与产品之间交互关系的探索与研究的不同阶段，以及当下UI设计、智能家居、可穿戴设计等概念。

2. 认真体悟第4、5节中，有关对用户生理体验和心理体验的分析。

3. 掌握新形势下，交互设计未来的发展趋势。

从人机工程学到人性化设计，再到交互设计理念，是一个不断进化升级的过程，但在这一过程中产品概念设计注重用户使用体验的总方针从未改变过。因此，无论是工业化时代的生产机械还是当下智能化的家居产品、可穿戴产品，用户界面研究及设计都是最为核心的部分。为了完善这一部分，人们除了从历史当中总结经验以外，还要一方面从自然界学习如何达到最合理化的“度”，另一方面去深层追问自我并忠诚于内心的体验，将心理学层面的用户体验系统化。如果同学们能够做到这些，无论未来的人机交互如何发展，我们都能够做到对用户需求正确的预判。

5.1　交互理念的发展

当一个公司的领导者在对新聘用的员工进行人力资源管理时，会把他的新雇员们大致按照两种方法进行分配，第一类人一般会被分派到业务部去，负责对公司的产品进行推广，策划一些宣传活动或者是对售后问题进行协调。另一种人往往会被安排在生产研发性的岗位上。从交互的视角去看待这一现象，我们认为第一种人擅长交际，会察言观色，体察对方的心思，这类人比较擅长的是人与人之间的人文的交互，而另一类则更愿意处理数理关系和技术性的事物，这类人对人与物之间的交互更感兴趣。

实际上从人类进化成为直立行走的人并开始使用工具的那一刻起，人与物之间的交互便已经拉开了大幕，而现代科学的出现更是把这种交互提升到前所未有高度的层面上。一个伟大的氏族首领可能比其他部落成员更擅长使用石斧、石矛去狩猎；一位武艺高强的侠客或许与他手中的刀剑有着更好的交流；一名优秀的赛车手往往对于他驾驶的赛车的细微反馈有着更敏锐的洞察；天才的音乐家和他们手中的乐器通常比普通人有着更加亲密的联系；而杰出的程序员则更懂得如何使用计算机的语言去和计算机进行对话。

在过去，人们会为了达到这种交互的至高境界而付出巨大的时间和精力，甚至改变自身去适应手中的器具以达到“人剑合一”的境界，例如长期进行体力劳动的人手上往往会生长出厚厚的老茧。1993年芝加哥世界博览会上有一句名言是用来描述当时的设计哲学的：“科学发现之，产业应用之，人类适应之。”这种现象在工业革命时代的物质产品上似乎是无法避免的。但随着科技的发展，人们发现对于自然和环境能够改善和驾驭的程度越来越高，因此在对于物的设计中越来越强调人性化，在现代产品里越来越多地加入了很多的认知的元素，让产品去适应他们的使用者，强调使用者的感受才是一切设计行为和思考的目的，其他的一切不过是“身外之物”，以此理念为基础，当代的产品设计前后出现了多个新的思潮。

首先是人机工程学。人机工程学(Man-Machine Engineering)作为一门独立学科1949年由英国人莫瑞尔首次正式提出。其源于欧洲，形成于美国，发展于日本，是一门专门研究人体与外界事物之间联系的学科。在1950年2月召开的学术会议上通过了使用“Ergonomics”这一术语，从这个单词的拼写组成当中可以看出，其含义是“人出力正常化”或“人的工作规律”。由于其广泛的研究和应用范围，如人体测量学、生理学、卫生学、医学、心理学、系统科学、社会学、管理学及技术科学和工程技术等，很多学科领域的专家和学者都试图从自身所从事专业的角度来命名本学科，但目前多数国家还是采用这个源于希腊文且具有中立性的词作为该学科名称。如同其他学科一样，人机工程学在诞生之前，也经历了长期的酝酿和发展，在这一过程中逐步打破了各学科之间的界限，并将各相关理论有机地融合起来，不断地完善自身的基本概念、基础理论、研究方法、技术标准和操作规范。麦克考米克将它定义为：人机工程学的特定含义是指相对于人的感觉、精神、机体和其他诸方面的属性，人类与其工作的方式、内容和环境之间的协调。在我国，由于看待问题的着眼点不同，还存在“人体工程学”“人因工程学”“人类工程学”“工效学”“宜人学”等多种称谓。1979年出版的《辞海》对人机工程学给出了定义。即人机工程学是一门新兴的边缘学科，它是运用人体测量学、生理学、心理学和生物力学以及工程学等学科的研究方法和手段，综合地进行人体结构、功能、心理以及力学等问题研究的学科。用以设计使操作者能发挥最大效能的机械、仪器和控制装置，并研究控制台上各个仪表的最佳位置。

在人机工程学的研究内容中。人体的生理和心理要素，机器的显示和控制要素，环境中包括声、光、温度、空气质量等要素，三方面相互影响、密不可分。对这三者相互关系的研究方向可以归纳为岗位设计、显示设计、控制设计、环境设计、作业方法及人机系统的组织管理等。其研究方向主要在于使操作方法和工艺流程简便、省力、快速而准确；使工作条件和工作环境安全卫生和舒适；机器设备能够符合人的人体测量参数、生物力学以及各种生理和心理需求及可能。最终能够达到人机系统协调，保障安全健康和提高工作效率的目的。人机工程学的研究方法有实测法、实验法、分析法、调查研究法、计算机仿真法、图示模拟和模型试验法、感觉评价法等。在研究过程中应遵循客观性和系统件原则，坚持严肃、认真、诚实的态度，要根据客观事物的本来面目反映其固有的本质和规律性，将研究对象放在系统中，而不是孤立地进行认识和研究。

在人机工程学之后出现了人性化设计的理念。人性化设计是指在设计过程当中以人作为设计的出发点，根据人的行为习惯、生理结构、心理情况、思维方式，不仅优化产品的基本功能和性能，使操作更加方便、舒适和安全。同时要使人在与产品的交互过程中达到情感需求和精神追求的尊重和满足，帮助使用者建立起自我认同的信念，达到自我价值的实现，是设计中的人文关怀和对人性的尊重。

人性化设计理念的提出，基于其背后人类社会相应的发展阶段的。科技和经济高速发展到今天，人们的需求更加多元化和个性化，人们要求产品满足其使用功能需求的同时，同样注重产品对个人情趣和爱好的迎合。多样化的市场需求让单一的设计风格难以维系，产品设计由以“人的共性为本”向“人的个性为本”转化。个性化设计已成为各个行业关注的目标之一。理发师要根据每个人的气质、工作需要、脸形等的不同为顾客设计发型，而不再是将统一的寸头、中分或者某个明星的发型来用于所有人。这在产品上也逐渐得到体现：例如汽车改装行业，或者是系列产品当中的限量定制版。这种取向昭示着现代主义时期对共性需求的追捧已然成为明日黄花，个体或小众的需求已成为设计师不得不考虑的因素之一。淡化共性、强调个性也正是以人为本设计理念的一种主要体现。随着社会的不断前进，在当下竞争激烈的信息时代，人本主义的呼声越来越强烈。现代社会当中人们不仅需要富足的物质享受，而且快节奏的工作生活所带来的精神压力也需要得到缓解，人们渴望与之相伴的产品具备更多的人情味，能带来温馨体贴的精神抚慰。使用者的这种渴求，使“以人为本”的设计上升到对人的精神关怀。一个趣味化的文具可能会让使用者在紧张的工作间隙会心的一笑，一个富含自然元素的茶包也能缓解和放松身心的疲惫（见图5-1）。对消费者心理和情感的关怀也是对以人为本设计理念的肯定与完善。设计的人性化促使设计师去更多地关注残疾人、老人、妇女以及儿童，饱含人道主义精神的设计往往是打动消费者的利器，也是设计师个人素养的体现。

图5-1　金鱼茶包

人性化的设计理念将“人性化”因素注入到产品的形式和功能当中，赋予设计物以人文的品格，使其具有情感化和个性化的感染力，其表达方式当中很重要的一点在于以有形的物态去承载无形的精神态。一般而言，深谙此道的设计师在通过造型、色彩、装饰、材料等形式要素的变化，或是借助文字语言的力量，给设计物品一个恰到好处的命名，引发人积极的情感体验和心理共鸣的同时，同样注重在日臻完善的功能中渗透平等、正直、关爱等优秀的人伦精神，在潜移默化中将人道主义精神输送到体验者的内心。

在人性化设计理念之后，到了上世纪八十年代比尔莫格里奇更是把体验与交互放在至高的位置上，为了强调同物体层面的区别，将这种新的设计概念命名为“软面(Soft Face)”，并在后来更名为“交互设计（Interaction Design）”。

交互设计致力于研究用户体验，了解使用者在使用产品过程中在各个层面和感官上的行为方式，读取出他们的本质期望和内心深层次的需求，在获取了用户本身的心理和行为特点后，采取更加有效的交互方式，对其进行增强和扩充。基于以上理论，我们可以得出在这种交互当中，器物所充当的是设计师和使用者之间的媒介，设计师首先去体量使用者的需求，加以归纳和演绎达成一种共识，并把自己所期望传达的信息内容施加于器物之上，用户在使用过程中通过五种感官去感知器物的性能，体会设计师的用意和初衷。举例来说，在视觉层面当中黑色普遍来说具有高贵，稳重，科技的意象，所以很多高档次的产品，例如豪华跑车，高档电器或是奢侈品都把黑色作为首选，而触觉所传达的信息更加细腻和真实，塑料材质的光滑带给人游戏和童趣的感受，而橡胶材质发涩的质感和弹性则能够给使用者安全踏实的心理暗示。在一位中央美术学院学生的作品中，作者用木头、金属、冰等不同的材质做成手型，观众在和这些作品握手的过程当中能够体会到社会上不同特征的人所带来的感受（见图5-2）。在处于某种特定的情况中时，比如早晨醒来的时候，视觉和肌肉都处于比较懒散的状态，这个时候可能对于味觉和听觉的刺激是更加强烈有效的交互途径。设计师正是抓住了这一特点，设计了一款烤肉味闹钟来降低起床的痛苦指数（见图5-3）。

图5-2　用不同材质做成的手

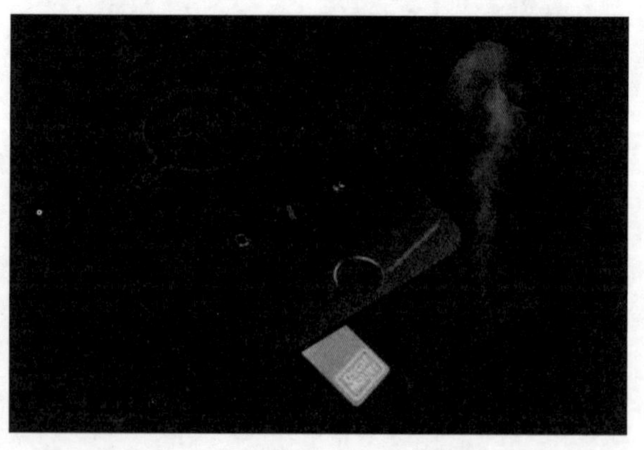

图5-3　能散发出烤肉香味的闹钟装置

所以说，依照比尔莫格里奇的理念，交互设计实际上就是关于创建新的用户体验，让产品使用起来更加容易，使用过程更加愉悦，以此来增强人们工作的效率，并最终提升人与人之间的互动，是包含着设计、使用与评价三方面内容的完整的一个系统。在这一流程当中，设计师对用户需求的判断，思考的深度以及对表现细节的拿捏直接决定了产品是否成功，日常生活中，经常会听到有人因为对新买的家电产品的误操作而怨声载道，也经常看到很多人在取款机前因为银行卡被吞掉而束手无策。再如在一个案例中，当对定位人群进行分析的时候，设计师想当然地认为就生活习惯而言老年用户更喜欢清静，而年轻人群更爱热闹，殊不知在当下极快的生活节奏中，年轻人在巨大的生活和工作压力之下，往往倾向于更加静谧的个人空间，而对于大部分空巢老人来说，寂寞才是最大的杀手。所以说任何不够严谨的调研和想当然都可能就一个失败的案例。

伴随着科技的进步和人工智能的不断发展，器物这一媒介在交互环节中起到的作用也在发生相应变化。相对于古代的一件兵器、乐器或是其他简单器具，现代社会的交通工具或是大型机床简直就是一个庞大的系统，器物本身对使用者的感知或是反馈行为变得越来越复杂。比如以当下社会对人们最重要的两个产品手机和汽车为例，我们能够发现当驾驶一辆配有先进的智能系统的汽车的时候，我们可能会在超车降档时猛加油门以获得瞬间的最大扭矩，也会在预知危险的情况下大力刹车以至于启动ABS系统，我们还可能会让导航系统为我们选择一条最合理的路线，甚至可能会故意关掉ESP系统以享受一些特殊操控的感受。同时汽车也会给予驾驶人相应的反馈，比如当路面变得粗糙不平时，胎噪会变得更大；发动机的响声会随着车速的提升而升高；车灯在感到方向盘动作的同时也随向转动；雨刮器随着雨量的大小自动调整摆动频率；空调和座椅会感知到乘客的使用自动启动温控系统；或是车辆察觉到与前车距离和即时车速的不安全比例而报警等。而新一代的智能手机除了能感应重心位置而自动调整屏幕的横竖关系之外，还能够感知丰富的“手势”所设定的不同指令，可以根据预设对用户每一天的日程进行提醒，甚至能让它的主人产生对其严重的依赖心理，就如同电影《云端的情人》中所展现的那样，机器人作为虚拟现实技术和人工智能科技的结晶正在以越来越拟人的效果呈现出来。

5.2　人机交互界面

人机界面（Human Machine Interaction，简称HMI）又称用户界面，是人与机器系统之间通信的媒介和对话接口；是系统和用户之间进行动作和符号信息双向交换的平台，它将信息的内部形式转换成双方能够接受的形式。凡涉及人机之间信息交换的领域都存在着人机界面。两种因素直接接触对话的区域或是信息交互的终端都可以被称作界面，它是一个宽泛的概念，普通人很容易将界面联想到屏幕，或者是一个布满按钮的操作面板，然而这种依赖于视觉的界面对于盲人是无效的，能否有效沟通是人机界面设计是否成功的标志。在产品设计当中人机交互界面的设计人员通过高速发展的科技结合实验心理学，然后综合了工业和教育方面的心理专家、信息构架师、图形设计人员、技术方面的写作人员，甚至包括研究人体工学或人类因素方面的人类学家和社会学家的专业背景知识，只为了达到更好的人机交互效果。因此以至于UI设计本身已然成为一个独立的学科。

用户界面改变了很多人的生活，在各个领域当中人与人之间面对面的交互逐渐让位于屏幕对屏幕之间的交互，人们对界面的兴趣的提高，源于好的界面设计带给使用者良好的受益，这些用户包括：①生命关键系统，比如警察、消防和交通调度人员，操控医疗设备、电力化工等大型工业设施的系统的人员；②工业和商用系统，包括银行、保险等金融服务型行业里面从事信息录入、数据管理的人员，以及POS机终端界面；③家庭娱乐应用，包括手机平板计算机等电子产品终端，软件方面的电子邮件客户端以及单机电子游戏等个人计算应用系统；④探索性、创造性和协同界面，探索性应用包括万维网浏览器和搜索引擎、科学和业务团队协同支持，创造性应用包括专业的软件操作界面设计如三维虚拟设计、音乐制作和视频编辑系统等，而协同界面通过使用文本、语音和视频邮件使两个或者更多人能够一起协作，比如电子会议系统参与者、联机游戏用户等，亦或者结构设计人员和外观设计师等远程协同者之间超越时空的限制而同时工作；⑤社会技术系统，包括诸如健康保障、身份验证、灾难响应和犯罪举报系统等。针对以上的种种应用，有效的界面设计能够使驾驶人更加安全地驾驶他们的交通工具；工人能够更加高效地操作流水线；医生能够做出更加准确的诊断；公务员更够提高其服务质量；学生能够更加有效地学习；设计师能更大限度地发挥创造力。

无论是怎样的机器与系统，都势必要与用户也就是人之间进行交互，因此围绕以人为中心永远是交互界面设计的核心导向。在工业化时代交互界面设计主要是针对使用者身体的物理机能和工作场所的差异，让他们在操作机器的过程中达到运用肢体的最佳合理性和舒适度，这一阶段通常以人机工程学来定义这一学科。人体尺寸的基本数据来自人体测量学的研究对人的数百个特征（男性和女性、年轻的和年老的、不同人种间的）进行的数千次测量提供用于构造5%～95%设计范围的数据。头、嘴、鼻、颈、肩、胸、臂、手、指、腿和脚的尺寸已对各种人群精心分类。这些静态测量的巨大差异提醒我们，不能有平均的用户形象，必须进行取舍折中或构建系统的多种版本。即便如此物理测量静态人体尺寸仍然是不够的，测量动态动作，诸如坐姿可达距离、手指按压的速度、手臂抬起的力量等都是必须的数据。这些身体能力是影响交互系统设计的要素，美国《计算机工作站的人因工程学》列出了以下关注：工作面和显示器支持高度；工作面下为腿留出的空间；工作面的宽度和纵深；椅子和工作面的高度及角度的可调整性；座位的高低和角度，靠背高度和腰部支撑；扶手、脚踏板和搁手板的可用性；椅子轮脚的使用等。在这一理论体系当中，一把椅子俨然变成了一个人机交互界面（见图5-4），而上百个物理人机参数正是设计师进行设计的支撑材料。

图5-4　contessa办公椅

在人机工程学的阶段，很多产品已经将木材、织物、塑料以及金属等传统材料的性能发挥到了极致，设计创造了很多里程碑式的经典产品案例。我们既能看到像飞机驾驶舱这样让人眼花缭乱却方便操控的人机界面（见图5-5），也能看见追求极致简约的极简主义的人机界面设计。目前伴随着更多更加先进，性能更加优良的新材料的诞生，机器与人体的契合度还将不断提升（见图5-6）。与此同时人机交互界面设计领域开始更加注重对用户心理的探索，研究发现人类认识客观事物，主要就是通过感觉、知觉、注意、记忆、思维想象等来进行，因此，凡是对人机交互界面的研究，都势必要首先了解认识心理学。实际上，我们这里所指的现代认知心理学实质是信息加工心理学，指纯粹采用信息加工观点来研究认知心理学过程的心理学，也就是运用信息论以及计算机的类比、模拟、验证等方法来研究知识是如何获得、如何存储、如何交换、如何使用的。

图5-5 飞机仪表仓

图5-6 协助行走的机械腿

我们可以把认知的过程这样来理解，首先在看和听的过程中，图像和声音作为刺激的特征被接收、感知并被编码抽象化，以此和记忆中的信息进行对比得出对刺激的解释，这一过程就是认知。人体信息处理器包括感官，短期记忆、长期记忆及与其相联系的动作处理器和认知处理器。每种知觉均有一个对应的短期存储器和处理器 其中认知处理器执行的工作就是我们通常所说的思维，思维的结果或被存储起来，或送至动作处理器控制行动。计算机处理信息的方式是对人脑的模拟，现代认知心理学可以看作是以逆向的方式，用计算机信息加工的观点来研究人的心理学活动。因此现代认知心理学学说的两个关键的重要概念一个是“信息”，另一个重要的中心概念是“信息加工系统”。主要的研究方法有实验法、观察法(包括自我观察法)以及计算机模拟法等。在分析和设计人机交互的过程中，我们要清楚地认识计算机和人脑各有所长各有所主，因此要各取所长并规避弱点。人脑的优点有：可在嘈杂的背景中感知比较低级的刺激；利用归纳推理从观察中概括普遍、感觉不平常和意外的事件，并识别变量当中的不变模式；在没有先验联系的情况下，发觉相关细节，并在无法预知的紧急情况下利用经验处理突发性情况，开发新的解决方案，做出主观评价。计算机擅长的是：感知人脑以外的刺激；准确存储大量的编码信息并随时回忆和调用；监视预先指定的设定，对接受的信号刺激做出快速、一致的反应；利用演绎推理从一般规则中推测出解决策略。

了解以上观点之后，就可以进一步去研究如何设计界面来对应人的认知习惯。界面设计的第一步是明确任务设计的结果，将其设定为输入的内容，并形成一组逻辑模块，这些模块将在相应的存储机制的配合下组织成界面结构。任务结构和设计风格共同决定了机制的类型是分层、网络的还是直接的。例如，菜单提供的是层次结构；图标既可以是直接存取，也可以是层次的；而命令语言可提供网络也可提供直接存取机制。第二步是将每一模块分成若干步，每步又被组装成细化的对话设计，既界面细化设计。界面设计包括界面对话设计、数据输入界面设计、屏幕显示设计、控制界面设计。首先在界面设计中要使用对话风格的选择，并加上用户存取和控制机制。对话是以任务顺序为基础，但要遵循一定的原则，同时这些原则也适用于大多数交互系统。这些原则如下：

（1）对用户的每一个操作动作都应提供明确的系统反馈，随时将正在做什么的信息告知用户，尤其是在响应时间十分长的情况下。对于常用和较少的动作，其响应能够是适中的；对于不常用和主要的动作，其响应则应该是更多的。感兴趣对象的可视化表征，为明确的显示变化提供方便的环境。

（2）让用户随时知晓正处于系统的什么位置，避免用户在错误环境下发出命令。

（3）允许用户动作回退到上一步，有利于减轻焦虑，同时并且允许用户中止一种操作，且能脱离该选择，避免被锁死的情况发生。

（4）对于能预知的答案，尽可能设置默认值，节省用户工作。

（5）简化对话程序，使用略语或代码来减少用户击键数。

（6）提供求助和复原的设置。

例如我们在安装软件系统的时候，这些原则就得到了很好的体现。首先要非常明确地告知用户安装现在进行到了哪一个阶段，在进行到花费时间比较长的安装步骤阶段，要以丰富的背景变化提示用户现在安装仍然在进行当中，而非死机的情况。并且导航条随时提示目前安装处于哪个阶段。在对话设计中应尽可能考虑上述准则，媒体设计对话框有许多标准格式供选用。另外，对界面设计中的冲突因素应进行折中处理。

数据输入界面在人机交互中往往占用户的大部分使用时间，也是交互中最易出错的部分之一。为了简化用户的工作，尽可能降低输入出错率，同时还要保证对用户错误的容忍，这就要求在设计实现时要注意减轻短期用户记忆负担，由于人类利用短期记忆进行信息处理的能力有限，这就要求在界面设计中避免这一情况的发生，例如网页窗口应支持多页面显示，对于一些已知或能预知答案的问题最好将备选项直接呈现给用户提供选择而取代频繁的手动输入等。对于预防用户出错，弗洛伊德说：“没有药物能阻止死亡，也没有规则能防止出错”。因此在设计中应尽可能地在不影响交互效率的前提下使用错误提示，或者二次确认等方式来避免错误。例如可采取确认输入(只有用户按下键，才确认)的方式输入内容，对删除的内容则必须再一次确认，或者是删除内容不马上清除，而是在执行下一个动作时自动确认（例如在某购物网站，当用户在清理购物车的时候，删除的商品并没有马上消失，而是处于一种灰色锁定无法编辑的状态，并可以随时取消删除。直到用户整理完购物车内的所有商品，并关闭页面之后，删除命令才彻底生效。这样一来为用户的删除操作提供了一步缓冲，既不影响操作效率，又可以降低用户在操作过程中因担心操作失误而产生的焦虑）。对致命错误，要警告并退出。对不太可信的数据输入，要给出建议信息，处理不必停止，例如文本输入中在出现明显有可能的错误时，会有带颜色的下划线出现提示。除此之外还应该注意使界面与系统环境具有一致性；用户应能控制数据输入顺序、数据输入速度并使操作明确，要提供反馈使用户能查看他们已输入的内容，并提示有效的输入回答或数值范围。数据输入界面可通过对话设计方式实现，若条件具备尽可能采用自动输入。特别是图像、声音输入在远程输入及多媒体应用中会迅速发展。

屏幕显示设计部分主要包括布局，文字用语及颜色等，屏幕的版面布局要依据其功能特点而设定，而平面构成的美学法则是非常好的参考，如对称、均衡等。首先在设计中，过分拥挤的堆挤数据显示也会产生视觉疲劳和心理上的厌烦，甚至导致接收错误。所以在满足用户所需的信息量的同时还要注意简明、清晰的经济原则：整合相似的功能，去掉零碎的元素；用通栏布局代替多栏目布局；布局有层次有重点而非简单罗列，以此来形成善于引导用户的视觉浏览线。顺序原则也非常重要，即对象显示的顺序应依需要排列。通常应最先出现对话，然后通过对话将系统分段实现。在这一过程中还要注意尽量使用循序渐进的引导，如渐进的画面信息等，而非生硬的要求或是简单粗暴地直接呈现；即让用户有一些紧急的意识，别拖得太久，又要注意提升用户的耐心，比如初始化的时候，让进程条的显示比例大一些，这样可以以给予用户一些激励。同样不可忽视的还有规则化原则，即显示命令、对话及提示行在一个应用系统的设计中应尽量统一规范，需要用户输入的格式尽量宽松，但要严格限定格式，让屏幕上所有对象，如窗口、按钮、菜单等处理一致化；使用简洁的表单，将相关的条目分组，不要杂乱无章的排列；各功能区要重点突出，可以使用面积稍大的点击区域使重要的功能明显。最后在功能设计中还要使对象的动作可预期，例如使用连续性的提示符，别让用户误以为页面到了终点；采用及时校验而不是最后才提示错误。页面字体的对比可以产生非常好的强化效果，而在动作按键上增加些字体的变化更是很有效的引导。在颜色的调配设计中，要注意发挥其有效的强化技术外和美学价值。一般同一画面不宜超过4种，可用不同层次及形状来配合颜色，增加变化。画面中活动对象颜色应鲜明，而非活动对象应暗淡。总之，屏幕显示设计最终应达到令人愉悦的显示效果，要指导用户注意到最重要的信息，但又不包含过多的相互矛盾的刺激。

评价是人机界面设计的重要组成，当局者迷，旁观者清，设计人员长时间沉浸在自己的设计当中，使得对界面的客观评估力下降。当前各个行业对于交互产品界面的可用性评估的兴趣都在快速的增长，不进行充分的相关评估测试就急于推出产品其风险是不可想象的。因此为了及早发现设计缺陷，避免人力、物力浪费，应该在系统设计初期，或在原型期就进行评估。对界面的可用性评测包括实用性、有效性和易学习性等。实用性和有效性，指的是用户在通过界面完成操作任务之后，由花费时间、系统各部分的使用率以及错误率所综合构成的用户满意度。易学习性指的是，经过用户一段时间的使用之后，对以上指标的改良情况。即便如此，正如在复杂的人类进取活动中，完美是不可能存在的一样，评测也存在必然的不确定性，即使是用多种方法进行测试，也无法避免错误和漏洞的存在。因此对于一个界面产品的生命周期的评估和修正必须是持久的。

如何以最佳方式进行可用性测试是一直被热衷讨论的话题，界面评估采用的方法已由传统的直觉经验的方法，逐渐转为科学的系统的方法进行。对于评测过程中面临的难题难点，需要对专业的评估方法及知识有一定的了解，包括用户草图、人种学研究、备选方案等，而这些方法随着时代的发展正在不断地拓展当中。一般来说评测过程需要由评审专家在专业的评测实验室中完成。例如在使用监测法观察用户行为的时候，评测实验室通常会由一个半涂银的镜子分隔为两个区域，一个给参与者进行对界面的操作和体验，另一个区域给测试者和观察者。

可用性实验室一般配有多个具有测试和用户界面设计的专长人员和评审专家，制订出详细的测试计划，包括任务列表和主观满意度以及问题汇报。评审专家应对设计团队的自我感、参与性和专业技能敏感并谨慎地提出建议，可以选用启发式评估、指南评审、一致性检查、认知走查、人类思维的隐喻、正式的可用性检查等评审方法在开发过程中的几个关键节点进行评估。比如随机和重复测试最后对实验结果分析总结，或者对用户行为直接进行录像监测或者系统检测，以及采用调查表(问卷)或面谈方式直接获得数据。为了达到好的评测结果，评审专家应尽可能与其用户将面临类似的环境，并在没有专门的软件工具进行测评的情况下，考虑把整套的界面截图在地板上或者墙面上排开，以此来加速他们的分析过程。从目标表达是否清晰、准确，表达是否恰当，信息量是否完整，其媒体创意设计是否新颖，界面结构与屏幕结构设计布局是否合理，其操作是否简单合理等测试分析，最终呈现的评审报告应追求综合性。

人机交互界面研究发展到现在已经历了两个界限分明的时代，以上所介绍的大多属于第一代交互界面研究，是以文本为基础的交互，如菜单、命令、对话等，难用且不灵活。可以说第一代交互界面的研究为人机交互领域打下了一个非常重要的基础，其过程中形成的原理，树立的法则将是以后的研究中所需长期遵守和借鉴的。下一代则是更加直接的操作界面，交互多媒体的集成方法引出了更自然的感官通信交互。例如大量的使用自然声音语言，更加高级的图形化，以及对人的动作、手势和三维影像的识别等。范例中IF获奖作品“Gesture Translator”（见图5-7）依托手机摄像头为载体，应用程序和摄像头直接连接，对手语进行识别，实现手语与口语的互译。作品为有语言障碍的人群增加了交流和沟通的媒介。

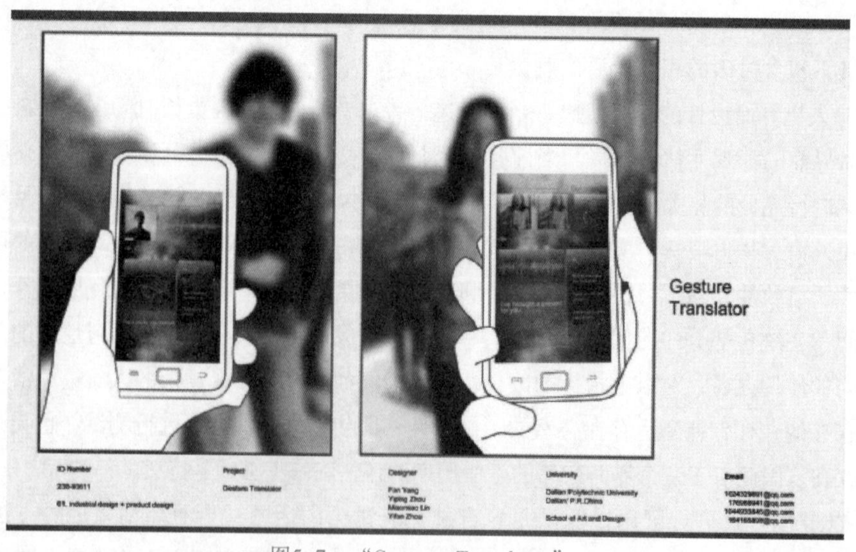

图5-7 “Gesture Translator”

当前人机交互界面的研究已然超越心理学，并进入到社会学的研究，界面技术与多媒体技术，通信技术，人工智能技术越来越密不可分。或许桌面计算机屏幕在一段时期仍然是大多数人生活、办公和娱乐所使用的媒介界面，但在未来移动的、无形的、全息的界面会变得无处不在，普适于周围环境的当中。新的设备将会感觉到用户的要求并通过发光、发声、形状的改变或者提供触觉上的感知来提供反馈（见图5-8），一些前瞻者甚至预见高级移动设备将会是可穿戴甚至嵌入皮肤下。改变用户行为的劝导技术、方便使用的多模态或手势界面（见图5-9），以及对用户情绪状态做出反应的情感界面将成为主流。

图5-8　电子跳房子游戏产品

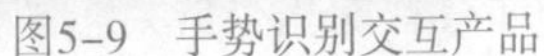

图5-9　手势识别交互产品

5.3　交互理念与产品概念融合的新趋向

产品设计和交互理念时至今日已经是相互融合密不可分的整体，并在衣食住行的各个方面展现出来。各种信息信号已经被统一转换成为数码语言，而在移动互联网时代，能够接收、转换和发送这些数据的媒介终端务必也要具备灵活移动的能力，无论是在工作单位和家里的静态环境，还是户外或移动中的动态使用环境，都要随时随地满足使用者需求。

20世纪80年代末，在通信与信息技术飞速发展的背景下，在欧美出现了被称为智慧屋或者时髦屋的智能化住宅，实际上其智能化是指住宅中各种通信、安保和电气设备通过总线技术进行监控与管理的系统，这可以算是智能家居的前身。1998年5月新加坡举办了“亚洲家庭电器与电子消费品国际展览会”,并通过在场内模拟“未来之家”推出了新加坡模式的家庭智能化系统。最著名的智能家居要算比尔. 盖茨在他的《未来之路》一书中描绘了他在华盛顿湖建造的智能家居私人豪宅，各种家用电器可以按照喜好，随意调节室内温度、灯光、音响，而通过智能住宅系统，在路上他就可以遥控家中的一切。而电影《史密斯夫妇》中所展示的琳琅满目的高科技家居产品也着实吊足了观众的胃口。

进入21世纪后，我国居民住宅也基本形成社区化，因此最先走进我们生活的智能家居可能要算是楼宇对讲和监控系统，实现了住户与访客和物业管理人员之间的实时通讯。慢慢地随着我国经济和科技水平提升，住宅家居的智能化也随之升级换代。除了社区统一的监控、可视对讲等系统，在个人家庭里也出现了自动窗帘、声控照明等产品。在21世纪的第一个十年中，网络通讯、信息家电和设备自动化等产品已经迅速进入我们的家庭。然而就在住户花费人力物力把网线、电视线和电话布满整个住宅，将通过弱电箱来控制的线网刚刚搭建好，还没来得及使用就又被无线路由器和诸如小米盒子等产品所取代了。物联网的概念仿佛在朝夕之间就出现在我们生活当中，物联网通过射频识别（RFID）、红外感应器、GPS系统、激光扫描器等信息传感设备，按约定的协议把任何物品与互联网连接起来进行信息交换和通讯，物联网的发展也为智能家居引入了新的概念及发展空间，智能家居是物联网应用中一个很重要的部分，基于物联网的智能家居，可以通过信息传感设备将日常居家生活所需的各种子系统结合在一起，再通过与互联网的连接，实现智能化识别、监控、定位、管理信息交换和通讯以对我们的生活进行全方位管理，比如将带有传感器和控制器的各种设备终端与（中央）控制管理系统连接起来形成家庭网络，再与外联网络、信息中心进行连接，最终实现家居智能化。在目前和未来的一段时间里，基于全IP技术、ZigBee技术以及“云”技术的家居产品控制的集成化，和可根据用户需求实现定制化和个性化将是智能家居的主流。基于云服务的智能家居系统其优势在于远程操控的实时性和准确性，以及在云端平台上开的发家庭娱乐、公共信息服务等应用，能够为用户提供更为广阔的服务体验。

根据2012年4月5日中国室内装饰协会智能化委员会《智能家居系统产品分类指导手册》的分类依据，智能家居系统产品共分为20个分类：

控制主机（集中控制器）：Smarthome Control Center。

智能照明系统：Intelligent Lighting System（ILS）。

电器控制系统：Electrical Apparatus Control System（EACS）。

家庭背景音乐：Whole Home Audio（WHA）。

家庭影院系统：Speakers, A/V & Home Theater。

对讲系统：Video Door Phone（VDP）。

视频监控：Cameras and Surveillance。

防盗报警：Home Alarm System。

电锁门禁：Door Locks & Access Control。

智能遮阳（电动窗帘）：Intelligent Sunshading System/Electric Curtain。

暖通空调系统：Thermostats & HVAC Controls。

太阳能与节能设备：Solar & Energy Savers。

自动抄表：Automatic Meter Reading System（AMR）。

智能家居软件：Smarthome Software。

家居布线系统：Cable & Structured Wiring。

家庭网络：Home Networking。

厨卫电视系统：Kitchen TV & Bathroom Built-In TV System。

运动与健康监测：Exercise and Health Monitoring。

花草自动浇灌：Automatic Watering Circuit。

宠物照看与动物管制：Pet Care & Pest Control。

智能家居早已不再简单的被认为是奢华和高能耗的象征。它的出现改变了人们的生活方式和工作方式，同时带动了许多行业的发展，随着智能家居技术的不断进步,以住宅为平台，服务、管理为一体的高效、舒适、安全、便利、环保的居住和生活环境已经不再是一个梦想。我们出差在外的时候，即便远在千里也能通过智能手机操作家里的各种电器；实时监控家里对老人和儿童看护的情况；影像产品与餐桌、墙面、镜子融合为一体，在开启投影设备后便成了显示屏幕，机器人各司其职参与到日常家务中，清洁地板、擦玻璃、除草、做饭，人们在通向时间自由的道路上向前大大地迈进了一步。

产品概念设计与交互理念的融合在动态使用环境中主要表现为可穿戴智能设备。我们先通过一个产品案例来了解可穿戴设备的一些特点。

集合了 GPS 定位、心率检测、高度计、气压计等多种功能的 AMBIT 是 SUUNTO（颂拓）旗下最为全面的一个产品系列（见图5-10），SUUNTO 从创建之初就将自己定位于“个人腕上计算机”，目前已经推出全新第三代 AMBIT 腕表。AMBIT3 有 PEAK 和 SPORT两种版本，前者定位倾向户外运动，配有高度计和气压计，而SPORT 版本则主要针对跑步、游泳、自行车等常规运动。与前代相比，AMBIT3 两个最大的变化来自心率带和传输协议：全新心率带（见图5-11）将支持水下心率记录，并且核心部分的体积更小，触感也会更加舒适，适应在运动中长时间捆在胸前，而支持水下心率记录以及蓝牙传输功能也大大提升了腕表的可用性。全新配置的Smart Sensor心率监测仪是目前市面上最小的蓝牙心率监测仪，通过 Movesense技术，新的心率仪可与新的Suunto心率带相连接。在心率仪与心率带的连接处也做了一个全新的功能设计，而且可在游泳时记录并保存你的心率数据，然后在出水后迅速地同步到Ambit3或Suunto Movescount App应用上，从而立即动态呈现你在整个游泳过程中心率的起伏变化。而传输方面则开始支持通过蓝牙 4.0 连接智能设备，这意味着 SUUNTO 用户可以在手机和腕表之间实现包括短信接收、来电提醒、信息推送、日常运动记录与监控的功能切换。另外有App （Movescount）可以记录位置和运动轨迹并拍照，这些数据可以被用来生成一个3D地理短片以供展示和收藏。

图5-10 Ambit3智能手表

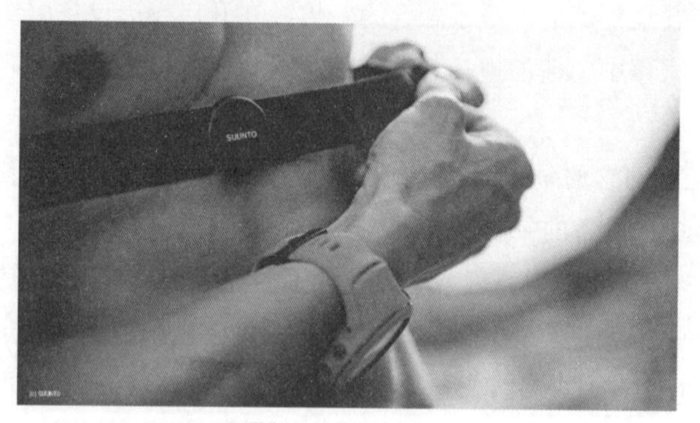

图5-11 心率带

通过这一案例我们可以看出可穿戴设备是直接穿在身上或是整合到用户的衣服或配件上的一种便携式设备。但集成在这种设备中的智能化技术种类是多样的。多年以前耐克运动鞋就已经通过集成其中的电路板实现了穿戴产品的数据信息输出，而不断推新的各种传输协议使得这些设备的交互方式多样化，大大提升了其智能化水平。多种交互方式可以分为两种：一种是用户主动性的交互操作，利用肢体或意识等操纵设备；另一种是设备主动性的交互操作，即设备通过感知器连续、实时地侦测用户情境，主动地反馈用户信息。可穿戴设备采用的智能交互技术涉及手势交互（Gesture Interaction)、脑机交互（Brain-Computer Interaction）、眼球追踪交互（Eye-Tracking

Interaction）、情境感知交互（Context-aware Interaction）、语音识别（Speech Recognition)、多点触控交互（Multi-Touch Recognition）和骨传导技术等。另一方面，可穿戴设备采用的智能传感技术涉及惯性传感、生物传感和环境传感等,能够实现运动跟踪、数据收集、信息传输等基本功能，使“人-设备-环境”间完成信息互动。其中负责实时跟踪身体运动的有三轴陀螺仪、加速感应器和距离感应器等；声音传感器(麦克风)负责有效输入并监测声音；温度感应器可以实时监测环境温度；光线传感器（摄像头）能够有效识别二维码、人脸信息等，GPS主要实时监测用户地理信息。随着传感器集成性、功能性和智能化的提升，各种传感功能的融合将成为智能传感技术的研发方向。柔性电子技术将大大提升可穿戴设备的人机适合度。其最终目标将是以提升用户体验为核心，使用户与可穿戴设备形成不可分的集合体，从而提升用户对环境感知能力和设备对用户的操作反馈能力。

当前可穿戴智能设备的案例已经是不胜枚举，2013 年被誉为“可穿戴设备元年”，从年初的美国拉斯维加斯消费电子展开始各种装备便层出不穷，例如看一眼就会拍照的眼镜、抬手就可以打电话的手表、自带 GPS 定位的跑鞋、测算健康状态的手环、会显示菜谱的砧板、警告卡路里超标的刀叉。服装类的产品案例有荷兰的服装设计师Paulinevan Dongen 与她的团队联合了太阳能专家 Gert Jan Jongerden 设计的一款可以吸收太阳光线的时装，可以根据太阳光的亮度来调节隐藏在肩部和腰部的 48 片硬质硅晶太阳能电池，可以为随身的电子产品补充电能。还有由Jennifer Darmour 参与设计的Ping 社交装兜帽上有一个传感器，整理衣领的动作就可以启动这套衣服来连接Facebook。配套的 Facebook应用程序可以允许用户自定义信息内容并发送给社交网站上的好友，可以将衣服作为交互界面，通过人体姿态的自然变化，Ping 可以自然地、自动地更改社交内容。在不需要其他硬件的情况下就可以使用社交网络。户外装备用品公司 Cabela 开发了一款随着季节变换颜色的智能迷彩服ColorPhase。该迷彩服饰在春季和夏季是以绿色为主的，当温度低于 18摄氏度，绿色就会变为棕色。除此以外，身体的热量、水分、阳光和凉爽的风也都可以导致该迷彩服的变色。随着各个科技巨头相继投入巨资开发可穿戴设备产品,该领域产品一定会是层出不穷，技术不断创新。在这一背景下,未来可穿戴设备还将期待在功能、成本、服务以及产业链整合、细分市场开发等方面实现突破、普及并改变人们的生活方式。乌克兰研发人员发明了可将手势转换为声音的高科技手套，这将大大提高聋哑人的生活质量。这一新发明被命名为“畅所欲言手套”，其内安装了一套复杂的传感器网络，可识别手部动作，并将其“翻译”成符号，之后一个智能手机应用程序会再把这些符号转换成声音，从而完成了用手势来说话的过程。这款发明依靠太阳能电池提供动力，使用者还可以自己设计手势让应用程序加以识别（见图5-12）。

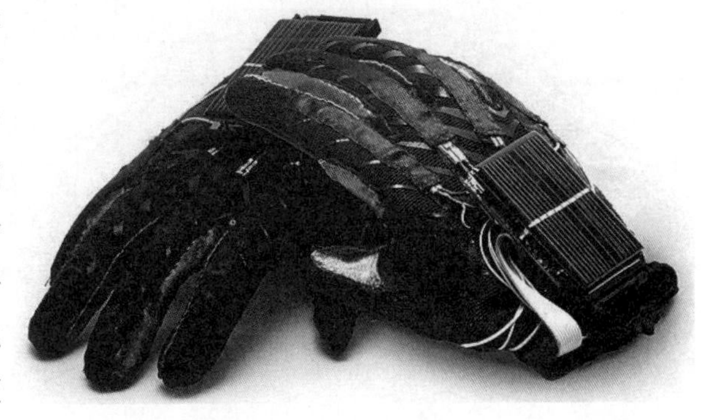

图5-12 科技手套

5.4 创造全新的使用体验

在这个产品概念设计越来越多强调使用者感受的时代，设计者们期待将越来越多的认知的元素加入到产品之中，这样一方面越来越灵活的设计可以让用户们感受到确实从中体验到了更多地服务，并获得了控制欲的满足，但是另一方面这些新的元素由于其过于复杂，以及其隐藏在内部的各种状态，令使用者很难理解，甚至产生恐惧和逆反。

联想一下生活中，在你的周围有多少人还能够做到，把新买产品的厚厚一本说明书从头到尾仔细阅读一遍，就不难发现上述现象的尴尬之处。如果购买的物品是一个机械化手动的压面条机，说明书可能只有简单的几页，几张图形就足以让我们将其使用方法完全掌握。但是如果是一本汽车的使用说明书则另当别论了，虽然现在汽车的使用说明书只不过是把驾驶汽车常用到的按钮及其功能简单的描述，并不会把维护保养的内容，甚至简单故障的维修处理内容印刷进去（毕竟社会分工的细分让我们不必要对产品使用的每一个环节都亲力亲为）。但即便如此，需要驾驶人掌握的那部分的几十页上百页的内容，也很难让用户们鼓起勇气抽出时间去详细阅读它。

社会分工的不断细化从某种角度上来说是社会和科技从单元化向全系化发展的产物。以手机为例，过去单元化的手机只带给使用者听觉上的感受，而智能手机不仅从听觉上，同时也在视觉上以及触觉上和用户进行全息化的互动，不久的未来还有可以投影和产生气味的概念手机产品也即将面世。在人类社会中也是同样，从单元到混合，再到全息是一个类似点线到面，到三维的关系。复杂的关系势必导致多维的脉络。在单元性的社会中，一个人可以从事一份行业一块区域，而在全息的社会体系中，个体只是人类文明网络或者产业链条中的某个节点（见图5-13）。

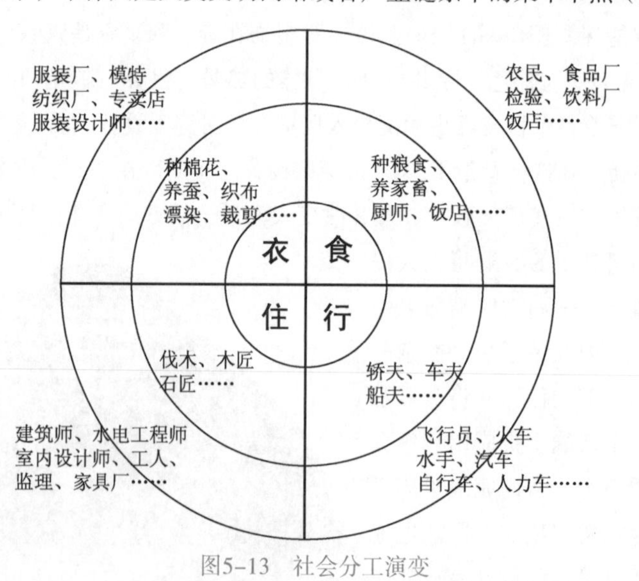

图5-13 社会分工演变

人类同科技的关系正在发生重大的变化，到目前为止科技还由人类所控制着，我们可以任意地开启它、使用它、控制它、引导它和关闭它。但是当科技变得越来越强大和复杂的时候，我们就难以理解其中是如何运转的，越来越难以对其加以预测。从某种层面上，我们使用的厨卫电器、傻瓜相机、机器人扫地机这些科技产品越先进和智能，意味着我们只需要对这些产品系统中大的选项做出选择，而不必再去处处操作细节的设置，但这也就意味着我们需要更多地交出控制权。当计算机和微处理芯片几乎出现在所有的交通工具、大家电和3C产品上，我们便时常发现自身处于迷失、困惑和生气的状态中。当设备运行正常时我们感觉到科技的美好，但当机器的表现出乎我们的预料，失灵失控令我们烦恼的时候，我们似乎变成了机器的仆人，设计师们需要去照顾机器，有时候甚至不得不通过研究一个更新的技术去弥补原有新技术的缺陷和不足。我们会因为在洗衣机刚刚运行时，想起忘记放入其中的一件衣物，而不得不等待系统自检重启的时间；我们会因为仅仅想将汽车移动距离几十米的一个车位，而不得不忍受在这几分钟里安全带报警器尖锐的提示音；有时我们也会因为不堪软件防御系统时不时提示的打扰而不得不关闭掉防火墙。而这些令人懊恼的感受实际上是因为我们的控制地位逐渐被取代了。当我们的生活中加入了越来越多的智能设备，我们的生活在有些方面变得更好了，但在另外的某些方面似乎却变得更糟了。

在人机互动中，现代化的产品会试图以某些形式向使用者进行提醒或者警告，比如用指示灯或者提示音等将我们的注意力提升起来，电饭煲会发出清脆的叮咚声告诉我们它里面的饭熟了，电冰箱会发出友善的滴滴声提示我们门没关严，这些对使用者来说都是很有效也很必要的帮助。但是当我们生活非常忙碌，而想和我们说话的机器又太多的时候，这些机器们的发出的信号掺杂在一起会使人混乱或者心烦。同时，不成熟的交互设计还存在另一个极端。当我们驾驶越来越高档的汽车时，所有能带给我们身体生理或心理上不适的驾驶感受几乎都被“改良”掉，或者通过其他感官媒介的方式进行提示，比如我们可能会因为极好的避震系统，以至于行驶到坑洼的碎石路面而浑然不知，我们也会行驶到了超高的速度而因为良好的静音系统把风燥、胎噪、发动机噪声完全屏蔽掉了而毫不察觉。但这种“改良”的意义和后果是否是完全积极的呢？传统的产品会通过一些反馈向我们传递信息，比如当冲击钻打孔时遇到坚硬的金属或者岩层，会通过反作用力和震颤的幅度频率等方式给施工人员带来不同的手感。当新手驾驶人倒车顶到硬物上面的时候，随着车身钣金会随着形变的剧烈程度而发出声响。这些信息都会非常高效地引起我们的警惕，正如同，我们的身体在受到伤害的时候，会因为被锋利尖锐的物体触碰而疼痛，会因为接触温度过高的物体而灼痛，会因为寒冷而发抖，会因为站得过高而感到恐惧，然而对这些痛苦的感知，正是人类的一种自我保护，如果没有这些感觉神经以产生痛苦的方式对我们进行提醒，可能我们会被菜刀切断手指而浑然不知，被滚烫的洗澡水烫伤皮肤而毫无察觉，亦或者置身于危险之中而浑然不知。我们的身体是大自然所设计的近乎完美的产品，而设计师该如何思考这些问题，将产品对使用者所提供的反馈信息以及反馈的方式控制在一个适宜的“度”之中呢。

既然我们认为自然界是一个非常优秀的交互设计师，我们不妨虚心向其学习。我们的身体的感知系统通过视觉、听觉、嗅觉、味觉、触觉向本体传导着丰富的感觉，从而让我们感觉身体的位置和方向，常常一个非常细微的信号就可以让我们能够快速地识别和判别事件与对象。

比如一名足球运动员在激烈运动和对抗中通过眼睛的余光就能够判断全场的形势。或者说我们只要在清醒的状态下，五官就会不停地接收自然界的各种丰富的信号并忠实地传递给我们的大脑，例如风吹树叶的声音，小河流水的声音，上午逐渐变强的阳光等。然而我们并不觉得需要花费精力去感知这些信息。这些信号能够提供给我们一种不被打扰的、自然的、无刺激的对周围事件的持续知晓。[2]而只有当这些信息超过某种限度的时候，比如当微风变成狂风，当柔和的阳光变得灼眼，当烧水的声音变成尖锐的鸣叫，我们会果断地意识到情况发生了改变。甚至，这种无刺激的持续知晓还将进一步地对我们的潜意识形成影响，形成一种知觉习惯，构成一种情感背景，比如说儿时母亲操作缝纫机的嗡嗡声，父亲熟睡的鼾声，或者家中有老人的家庭熬煮中草药的味道，医院诊所里面消毒水的味道等，种种这些根植于童年或者人生特定时段的无刺激的持续知晓都会形成记忆或者潜意识，并且有可能对未来的产品使用者操作产品形成强烈的影响。

“度”的概念也可以很好地应用于产品设计当中，生活当中非常具有代表性的一个例子就是目前手动挡汽车的一挡保护功能，当汽车在运行过程中，驾驶人会发现要将挡位降至一挡相对比较困难，感觉像受到限制一样，但如果再加大推挡的力量，会发现实际上进入一挡是可以实现的。这种设计实际上是对车辆箱的一种保护，防止齿轮在转速过快地情况下没有缓冲直接进入一挡而损坏变速箱。于此类似地飞机操纵杆的停止位设计也属于同一概念。还有恒温淋浴花洒的旋钮，除非使用者更加用力才有可能拧过预设的温度挡位，以此来避免水温剧烈变化而对淋浴者造成伤害。这一概念无疑对未来的触觉感知型设备产生着决定性的影响。

目前，人与机器的行为冲突在本质上是存在的，无论机器的能力如何，它们都无法充分了解所处的环境，及人的目标和动机，以及特定机器在被控制的环境下可以工作自如，因为那里不存在因为人介入的麻烦，也不存在意料之外的事件，那里的一切都可以非常精准地预料到。

人机之间究竟应该以怎样的方式和原则进行交互，在未来汽车迟早会成为一个由人工智能驱动机械所构成的系统，那么这个系统所具备的智商以及运转过程是否能向骑手驾驭马匹一样达到一种极高的契合度呢。骑手通过肢体语言、坐姿、缰绳以及腿部对马匹产生的压力信号把骑手的舒适度需要及对速度和方向的调整等意图传递给马，马也会用向后背起耳朵，打响鼻等方式试图与人交流。在骑行时，马利用其更好的身体协调性和运动素质优势来躲避危险地形、根据地形特点调整步伐、躲避障碍物等，而骑手则负责制订大方向，及全局的规划。马的智能基本上负责条件反射的本能层面，骑手则在更高级的反思水平上施加影响。骑手想要更多控制权的时候会将缰绳绷得比较紧，而放松的时候会一定程度地松开缰绳（目前大脑的三层描述理论已经被很多领域接接受并应用于多种用途，这一理论基于早先 Paul McLean的“三位一体”理论，三个层次由大脑较低级的脑干结构提升至较高级的大脑皮层和额皮质结构，追踪进化的历史和大脑处理的能力及技巧）。人与马或者其他动物之所以能达到这种交互不光是因为身体上的相互作用能够很好地传达相互的意图，甚至同时在精神层面也能够达到心灵相通的关系（见图5-14）。

图5-14　骑手和赛车手

想要达到这种和谐的共生境界人与机器之间可能还有很长的路需要走，共生是一个合作互惠的关系，需要一定程度的努力训练和磨合才能达到。人类有着非常丰富的感知系统能够持续评估外界和自身的状态，而且在对世界认知的表象下面还隐藏着内在的心理运动在经历了很长历史发展后形成的潜意识和集体无意识。相对而言机器系统仅仅能够测量其传感器能够探测到的事物，而且和人类测量事物也有所不同，因此对外界事物的感知会有着较大差异，但是机器有着人类所不能探测到的无线波段和光的频率，在力量上机器的优势更是不言而喻的。如果人类将自身的情感因素和感知世界的规则通过程序语言编写进入机器的大脑，让机器在得到越来越多掌控权的同时学会拿捏好“度”的概念，一定会让人机共生的关系变得更加愉快。

尽管有待解决的问题还很多，但人类对科技的发展总是充满了信心，任何新技术在刚出现的时候都是不稳定、效率低而适用性差的，蒸汽机、汽车、飞机这些科技产品都付出了相当的代价才达到一定的成就，最终科学技术人员和设计师会克服各种问题，使新的概念产品变得高效可靠。

回到本节开头的案例中，当手机的功能还相对单一，只相当于一部移动的电话座机，只能够拨出号码打电话的时候，一部手机产品所附带的说明书大概有十几页。后来当手机具有一些附加功能，比如定闹钟和编辑简单的短信息的时候，手机的说明书增加到了几十页。但当手机完全智能化之后，我们打开手机的包装，里面的说明书却只有寥寥几页，甚至只是一张配图的卡片。为此可以预见，对于未来可能出现的产品，使用其中庞大的功能所需掌握的信息，将不会再由设计师作为媒介，也不再事先对双方通过说明书等进行相互介绍，虽然我们说在机器还不具备自行思考能力的前提下，机器和使用者之间的交互关系实际上是设计师同使用者之间的互动。即便如此在未来设计师必然会将更多的空间，更多的可能性留给使用者和机器两者去自行交互，去彼此慢慢体悟、逐渐了解甚至建立默契。

5.5　创造全新的情感体验

迄今为止，情感依然是人类心理学中未得到充分研究的一部分。现代科学研究指出，人类的情感比其他任何动物都要高级和丰富，在日常生活中发挥着重要的作用。这些情感已经伴随人类经历了上百万年来丰富而复杂的活动，而且仍然在逐渐进化以和我们不断升级的认知相互影响、互相补充。在这一过程中，众多的情感一起形成了一个价值判断的系统，判断好与坏、安全与危险，以使人们更好地生存。

情感系统会改变认知系统的运行，而情绪会改变人脑解决问题的方式。情绪有很多种，有积极的也有消极的，大部分人认为正面情绪对于处理人际关系，开发创造性思维很关键，比如快乐可以拓宽思路，而心情放松让人变得更有想象力。但实际上负面情绪和正面的同样重要，人在紧张焦虑的时候，思路会变窄，这就是为什么在紧张的时候会容易无话可说，然而这种于问题的偏执在处理一些困境的时候却是有用的策略，正如同头脑风暴的初级阶段，需要一个轻松愉快的情感氛围来引发正面情感，促进大家思维的延展和创造。但是当进行到由创意到产品的实际转化阶段，则需要一种适度的负面紧张情绪，督促研发者聚焦精力提高执行效率。除此之外谁又能完全否定化悲痛为力量的执着不是成功的重要因素呢?

相关领域的专家通过研究发现，人类的不同的情绪情感由大脑不同水平所引起：首先是本能水平，本能水平反应很快，可以迅速地对好或者坏、安全或者危险做出判断并向肌肉（运动系统）发出适当的信号，警告脑的其他部分。这是情感加工的起点，由生物因素决定，可通过控制上一级信号来加强或抑制。行为水平是出于中间的一个层级，也是大多数人类行为之所在，它的活动可由反思水平来增强或抑制，反过来，还可以增强或者抑制本能水平。最高级别的水平是反省的反思水平，它与感觉输入和行为控制没有直接的通路，只是监视、反省并设法使行为水平具有某种偏向。

举例来说，在生活中三种活动能够更直观地代表了以上提到的三种水平，并且与马斯洛的需求层次理论有着较为直接的对应关系。首先以恐高为例，人们在地面上一块宽一米长三米的木板上能够灵活地做出跳跃、翻转等动作，但是当把这块木板升高到十米高的高度，可能连站都站不稳。这种本能水平的情感反映与其他的动物极为相似，是原始的对坠落和高度的本能反应，属于预先设置层级。相当于马斯洛的需求层次理论当中的生理需求（Physiological Needs），也是级别最低、最具优势的需求，如：对食物、水、空气、性欲、健康的需求（如果这些需要中的任何一项得不到满足，人类个人的生理机能就无法正常运转。换而言之，人类的生命就会因此受到威胁。在这个意义上说，生理需要是推动人们行动最首要的动力。马斯洛认为，只有这些最基本的需要满足到维持生存所必需的程度后，其他的需要才能成为新的激励因素。而未满足生理需求的特征有：什么都不想，只想让自己活下去，思考能力、道德观明显变得脆弱等。例如当一个人极需要食物时，会不择手段地抢夺食物。人民在战乱时，是不会排队领面包的）。

第二个例子是进行一些简单的工具操作，比如切菜，铺床，洗车等，这些活动涉及运用工具的快乐，是较为熟练地完成一个任务所产生的感受，包含支配日常行为脑活动的部分，来自行为水平。对应着马斯洛的需求层次理论当中的安全需求以及社交需求，安全需求（Safety Needs）同样属于低级别的需求，其中包括对人身安全、健康保障、资源所有性、财产所有性、道德保障、工作职位保障、家庭安全、以及免遭痛苦、威胁或疾病等。社交需求（Love and Belonging Needs），属于较高层次的需求，如：对友谊、爱情以及隶属关系的需求。对于现代社会的人类个体而言，随着社会分工的日益细分，我们的职业每天所从事的工作实际上已经与维生系统很少有直接的联系，而这些日常的工作行为，对工具的使用更多是在满足我们对安全和社交的需求（马斯洛认为，整个有机体是一个追求安全的机制，人的感受器官、效应器官、智能和其他能量主要是寻求安全的工具，甚至可以把科学和人生观都看成是满足安全需要的一部分。同时人都希望得到相互的关系和照顾，感情上的需要比生理上的需要来更为细致）。

在第三个例子中，包括我们解答一道数理题目，阅读一部文学名著或是进行哲学思辨的情况下，我们需要对所从事的事物通过复杂的大脑思考进行研究和解释，属于反思水平。所对应的是马斯洛的需求层次理论当中较高级别的尊重需求和自我实现需求。尊重需求（Esteem Needs），属于较高层次的需求，如成就、名声、地位和晋升机会等。尊重需求既包括对成就或自我价值的个人感觉，也包括他人对自己的认可与尊重。自我实现需求（Self-actualization），是最高层次的需求，包括针对于真善美至高人生境界获得的需求，因此前面四项需求都得到满足时，最高层次的需求才能相继产生，这是一种衍生性需求，如自我实现，发挥潜能等。马斯洛在晚期时，还提出一个超自我实现的理论。这是当一个人的心理状态充分的满足了自我实现的需求时，所出现短暂的“高峰经验”，通常都是在执行一件事情时，或是完成一件事情时，才能深刻体验到的这种感觉，这种现象通常是出现在艺术家或是音乐家身上。例如一位音乐家，在演奏音乐时，所感受到的一种忘我的体验。一位艺术家在画图时，感受不到时间的消逝，画图的每一分钟对他来说都跟一秒一样快，但每一秒却活的比一个星期还充实。

一般来说，与本能水平的情感反应对应的是产品的外形或者能引起用户直观感受的部分；行为水平的情感反应对应的是产品使用的功能效率；反思水平的情感反应对应的是用户的自我形象、自我认同等较高层次情感。在认同以上理论的情况下，对概念产品进行设计时，需要不断检视自己的设计是否与以上这三种水平的用户体验达到了正确的交互，这里还需要强调的是，对于概念设计来讲情感反应的三种水平层级并没有高低贵贱之分，本能水平看似是脑内最简单、最原始的部分，但是它恰恰是源于人类情感深处最隐秘的潜意识或者集体无意识层面，从某种角度来讲是最有力量的。一个成功的设计背后往往并不是一味地追求激发更高水平的情感反应，而实际上是与人们情感恰到好处的契合。

我们通过一些实际案例来理解以上理论，首先以快餐厅为例，快餐历来以方便快捷、物美价廉为主要特点，任何快餐的定位都是以提供大众化的、中低档的服务为主，以社会大众为主要服务对象。对于这种薄利多销的经营模式，客流量是决定效益的关键因素，因此快餐店的经营者所期望的是顾客在最快的时间里吃完食品以达到最大的客流量，而消费者并不会为商家的这种期望值买单。对于这种情况，如果经营者想从行为水平的层面去解决是非常困难的，因为在行为层面上，任何形式的催促都会显得过于直白，会引起消费者的逆反心理。如果降低消费环境的舒适度，将意味着产品的档次也会随之下降，而如果采取限定用餐时间的策略，更无疑会相当于把顾客拒之门外。面对这种矛盾，快餐经营的商家多数会采用从本能水平上去发掘解决方法，用大面积的艳丽的暖色和快节奏的背景音乐，这些因素会增强用餐者的心理不稳定性和躁动感，有利于加快他们的用餐速度，并且在本能水平的这种催促是非常隐晦难以察觉的，这使有限的座位在不引发负面情绪的同时能够接待更多的顾客。

关注这一层面的概念产品越来越多，其中比较具有代表性的有深泽直人所提出的“无意识设计”等，这些都是旨在发掘人们在本能水平的反应下意识中的体现，比如图2-27所示的这款手机，通过外观直接同观众记忆库中削土豆的视觉和触觉体验产生契合，趣味点不言而喻（当90后人群中很少有人做过这些家务的情况下，这种契合度就不存在了）。

另一个层级中的案例是比较为人熟知的牙膏包装的故事，大概故事内容是一个业绩不佳的牙膏厂悬赏重金征召提升销量的良方，起初尝试了各种营销策略结果都收效甚微，直到一个员工提出了将牙膏口的口径增加1mm的提案。如此一来，挤出牙膏的直径变化不大不易察觉，但对于已经习惯每天挤出牙膏固定长度的用户来说，无形中增加了牙膏的消耗量，因此厂家的销量大增。这一案例说明行为水平在特定的情境下相对而言是最为有效的解决方式。与此类似的事例还有产品流水线的案例，大致内容如下：一个大的日化企业上了一批自动香皂包装机以后，经常出现香皂盒子是空的没有香皂的情况，而在装配线一头用人工检查因为效率问题不太可能而且不保险，因此聘用了一个由自动化、机械、机电一体化等专业的博士组成的团队来解决这个问题，花费了大量的时间和金钱，采用最高端的编程系统、X射线检测、机器人手臂等设备重建了流水线。而同一时段，一乡镇企业生产香皂也遇到类似问题，老板吩咐线上小工务必想出对策解决之，小工拿了一个大功率电风扇放在装配线的头上，对着最后的成品吹之，空盒子被吹走问题解决。

相对于以上几个案例，菲力普斯塔克设计的外星人榨汁机无疑是代表了反思水平的功效。众所周知的，由Alessi出品的柠檬榨汁器，自1990年生产销售到2001年，Alessi卖掉了55万个“外星人”，至今仍然是设计专卖店中的经典。所谓“绝作”，使用过的人都会明白，因为“外星人”被公认为什么都好，就是榨不了柠檬汁！长着带螺纹的头，三只细长的脚，银色的外衣，“外星人”绰号也缘由于此。用过一次，使用者就极有挫折感体验：柠檬汁顺着手腕往袖口里流，顺着长腿往桌上流，但却很难往接在下面的杯子里走。其实这话说来，也已经不算什么新闻了。斯达克本人早在哈佛设计学院的一次演讲中亲口讲到：“有时候你必须选择设计的目的——我的榨汁机不应该用来压榨柠檬，它应该用来启动谈话。”不得不承认，此榨汁器在一顿宾主双方初次建交的重要晚餐上，其独特的气质对还融洽气氛，开启话题有着很好的效果。在“外星人”的百万拥有者中，不把他当榨汁器的绝非少数。美国西北大学计算机和心理学教授唐纳德·诺曼(Donald A.Norman)在接受英国《卫报》(“*The Guardian*”)采访时就曾经说他有个“外星人”，“但我不是用来榨柠檬汁的”。诺曼2004年的新著《情感设计——我们为何喜欢(或讨厌)日常用品》（“*Emotional Design: Why we love (or hate) everyday things*”）以“外星人”作为封面，足以证明这是一部令人爱憎分明的经典作品。根据诺曼的研究，当我们接触一样东西的时候，除了关心它有多好用，也关心它有多好看。更重要的是当我们使用它的时候，反映出了我们什么样的自身形象？我们的背景、年龄和文化等都在我们使用的东西中得到体现。这种被诺曼称为“反射设计”(Reflective Design)的现象，在生活中司空见惯，品牌便是最明显的例子，而“‘反射设计’就是创造让你可以跟朋友炫耀的东西”。

综上所述，虽然我们企图从本质上在人类的情感情绪中找出可以遵循并加以把握的因素，但是世界上的人们由于存在很大的个体、文化和身体差异，个性本身就是一个复杂的话题，虽然有些产品确实在向世界上的每个人销售并创造了神话，比如iPhone手机，但我们仍然可以说没有一种产品可以希望满足每一个人，对于每一个产品，设计的三种水平都会起作用，想要获得成功，必须找准它们的配比并与市场定位匹配。

5.6　交互理念应用的新形势

在今天，在全球日益复杂的问题面前，人类社会显得越来越无助，太多的发展完全走错了方向，尽管有人早已经意识到这些问题，然而科技和社会发展的车轮却从不会停止飞快的前进或减慢发展速度。世界人口总数迅猛增长，到2050年将达到100亿。而人口增长最快的地区往往是最贫穷的国家，在这些经常发生饥荒或者流行病的国家，人口膨胀问题会更加严峻；地球上的种种资源不断走向枯竭的尽头；战争的阴影似乎也从来没有彻底散去等。虽然现实告诉我们必须改变这种状况，但更多时候有的人仍理所当然地认为这种状况将一直持续下去，当前的世界、环境以及生活方式永远都不会改变。]

我们必须要改变思维模式和行为方式，每个专门学科都有责任解决当前面临的问题，设计行业首当其冲地要开始思考如何为解决问题做出一份贡献，设法提出解决问题的方案。只有变革我们的思维、生产方式以及人类同社会之间的互动关系，才能看清现实，否则将会造成经济、生态和人类的灾难。上个世纪所遗留下来的浪费型的产品文化发展到今天，带给我们的巨大的资源浪费和经济危机，若继续实行这种不断膨胀的促进产品开发的方法，必定会给全人类造成严重的负面后果。作为产品设计师，我们不得不承认设计这一学科从工业现代化的早期开始，长期以来都得益于过度消费，一直以来这种关联都很令人兴奋，但现在这种关系已不能持续下去。在一个世纪以前设计发挥了极大的作用促进了工业现代化进程，现在刚刚开始的可持续发展的时代，设计仍然可以更有力度地发挥其转变消费主义模式以及作为文化规范的消费方式的作用。事实上在经历了长久以来的萧条期之后，今天的设计师有许多机会去影响产品文化，并从根本上推动它的发展。我们进行改变的目标不仅是推动经济的发展，还要改善人类的生活。

然而当前大部分设计行为从根本上来说是审美性和工艺性的，从而在复杂的全球性困局面前显得越来越无力。设计必须要在内容和概念上进行快速彻底的变革以应对摆在我们面前的巨大全球性挑战，这就急需设计师想办法来改变这种状况。要想重新审视设计在当前的文化模式和经济模式中所起的作用，设计师需要探究设计职业以及自我理解的本质。当前，设计可以被认为是已经完全融入复杂的全球化生产结构，但是由于设计的传统角色的局限，所以设计对全球化生产结构所产生的影响微乎其微。从给文化注入价值的角度出发，设计必须把焦点转移到产品开发以及消费主义以外，培养必要的技能以创造出真正可持续的产品并提供产品渠道，他们要具备解决实际问题的能力，总结和思考的能力，以及找到解决涉及问题的综合性方案的能力。这些能力将为设计开拓新的未来，增加产业的长期附加价值，并激励社会风气的改善。同时为了形成一个新时代下真正可持续的产品文化，超越原本的审美功能和艺术功能，设计首先必须要从战略上将自己定义为推动技术、经济、生态的发展以及社会可持续发展的人性催化剂。

在经历了从工业设计到交互设计这样一个漫长的发展阶段之后，许多传统的设计学科已经消亡或者合并成为一种需要提供概念模型，成为能为人们解决问题的学科，并使得人们越来越深刻地认识到商业和设计存在无法割裂的联系。要将最先进的科学发现、产品工艺以及生活观念转化成现实，需要新的商业模式、设计方法和生产过程，建立全新的绿色和人性化的工业和商业模式，让人们相信环境保护和社会平衡同战略设计一样都是具有很大价值的商业行为，从而推动可持续发展战略的进步。当然，制订创意战略以及实施战略设计是任何人都无法单独完成的任务。若想具备战略设计的能力，设计师需要从更广泛的角度来审视设计这个职业，而且还要有兴趣有能力参与到各种商业活动中，拥有更开阔的思维，尊重不同的文化，愿意为可持续发展而奋斗，最终实现产业人性化这一更高目标。

以德国为例，对工业革命进行了以下的认定划分：第一次是机械化革命，以18世纪末蒸汽机逐步取代人力为其开始的标志。机械制造在此前已经开始有了分工，但直到采用了集中动力驱动的新动力方式，动力从上空的动力轴通过传动带传送给机器，机械制造才开始形成今天的形态。第二次是流水线生产。1913年福特汽车公司采用流水线规格化生产，在以牺牲个性化为代价的条件下，使得制造汽车的成本从850美元猛然降到370美元。当机器开始逐步由电力驱动时，流水线变得更加容易控制。第三次革命是自动化革命，始于1974年。当时一个德国的小企业用集成电路制成了可编辑逻辑控制器，但由于正值冷战时期，这个将在日后给工业生产带来翻天覆地变化的小产品并没有得到其应有的关注。相对于继电器组成的控制器，新型控制器的控制逻辑可以更方便更灵活地更换修改，同时也迈出了微处理器控制工业应用的第一步。此后，随着硬件水平和集成度的不断提高，编程语言的描述能力越来越强，各种诸如PID、自适应、自学习等复杂的控制策略都可以被表述出来。现在在各个领域，电气自动化工程师同结构工程师一样都是生产加工行业必不可少的人员配置。以典型的汽车工业为例，自然资源和能源匮乏的日本，其汽车工业能够在20世纪的20年里抢占世界三分之一市场，除了零库存的生产管理理念外，装配自动化所起到的作用是功不可没的，机器人辅助装配大幅度地提高了质量与生产率。因此，我们看到了美国底特律和欧洲老牌的汽车工业的破产和被收购。但是德国的汽车工业能够挺过了那一段时期并在今天形成逆转的一个主要原因就是，德国的机器人中都装有PLC，程序可以灵活地不断更换改进。

在2013汉诺威工业博览会上“第四次工业革命”成为一个热议的话题。最早在2011年汉诺威博览会上，由三位大学教授提出“工业4.0”这一概念。2013年，德国信息通讯新媒体协会、机械设备制造协会和电气电子行业协会有史以来第一次搭建了一个联合工作平台“工业4.0”研讨平台，2013年4月开始工作，任务之一就是协调已有的和要开始的研究项目。这是一场有组织的革命，德国政府对此高度重视。将它作为面向未来的一项高科技战略工程,意在将传统工业生产与现代信息技术相结合,最终实现工厂智能化,提高资源利用率、生产灵活性及增强客户与商业伙伴紧密度,并提升工业生产的商业价值。“工业4.0”被认为是第四次工业革命的先行者。其前提是在工业自动化基础上，实现从机器传感器到因特网通讯的无缝对接。生产自动化技术应通过自我诊断、自我修正和功能最大化程序达到更加智能,以更好地辅助工人完成生产。制造业在德国的国民经济中占26%，作为提升传统制造业的战略发展方向，项目研究组将112页的实施建议在2012年10月2日提交给德国联邦政府此项目牵头的教育科研部（BMBF）、经济部（BMWI）和内政部（BMI）。第一步已拨款2亿欧元作为研发经费。

第四次工业革命针对今后制造业将面临的形式——紧缺的资源、能源转变、员工年龄结构改变全球化这一背景，并基于网络和空间分布系统、顺畅的通讯、宽带速度达到7000Mbit/s等技术基础作为支撑。其目标是让网络技术进入制造业为中心的工厂智能化Intelligent Fabric(Smart Factory)。因为其灵活易变、高资源效率、考虑人类工程学、以及使企业与顾客、业务伙伴最紧密地结合等特点。我们可以大胆推断其变革大致在以下几个方面：

1. 生产工艺与信息技术融合

在这个方面CPS—Cyber-Physical System，网络实体融合控制系统将起到核心作用，这个系统是由传感器控制计算机、执行器和网络组合的控制系统。目前虽然在例如航空、汽车、化工生产、基础建设、能源、健康、制造、交通控制、娱乐和消费性电子产品等领域已经出现了类似的系统，但通常都还是比较强调运算控制能力的嵌入式系统。CPS系统则更强调的是人、机、物的融合，通过实体设备和数字网络的链接，达到人对机器控制在时间和空间上的延伸。相对于仅仅强调生产计划的数字化和CAD、CAM、CIM、PPS（生产计划控制系统）、PDM、DMU（数字实验模型）、PLM（产品生命周期管理）等计算机辅助技术的传统意义上的数字化工厂，CPS系统把原来固定的，由上而下的生产集中控制系统分散化，通过降低集中控制度，增加生产设备的自主控制，并把这些设备通过网络连接起来，以发掘出更多优化的可能。这种更加开放、积极和灵活的系统结构估计可以提高30%的生产效率。图例中显示的是一个设想的安装了CPS系统的网络化工厂，待加工部件不需要通过中央控制器，而是直接与加工设备联系确定，到哪台设备进行哪些加工。负责下道工序的加工设备直接调用代加工件，由独立自主的运输小车根据地下铺设的感应线路送给装料机械手。所有后续工序需要的产品信息，包括生产销售文件都由各个工件自己携带。如果出现差错，或顾客的特别要求与现有的CAM数据不符，研发部的工程师会立刻得到报警。补充改进措施会立刻在一个虚拟的实验环境下检查，然后发给工件（图5-15）。另一个图例是力士乐设想的将来的工厂，在全自动车间中，技师在无线网络环境中通过平板计算机，与各设备联络，了解情况以便随时做出调整（见图5-16）。

图5-15 虚拟网络化工厂

图5-16　工厂设备网络化控制

2. 产品个性化

新型的生产方式可以迎合顾客对产品个性化、多样化和更频繁的升级改良周期的要求。同时产品前期研发以及小批量生产成本的大大降低，甚至从某种意义上说，是回到了第一次工业革命之前的家庭手工作坊时代，那个生产者与客户之间不仅在签订合同前，而是在所有的设计、加工、装配、调试阶段都可以灵活频繁的交流和沟通的时代。因此，顾客甚至可以在产品生产过程中改动订单的细节。对某些产品厂家而言，不同的产品类别和规格，导致最终产品种类有几万种之多，但是每批生产量并不是很多，因此非常需要灵活多变的管理。此外数字信息化产品的独特品质，也给予了产品个性化，例如建筑设计师雷戈林恩的作品99 teapots，首先用CAD软件设计出一把茶壶，之后通过数字产品的参数化特点，重新生成了另外的98把壶。这些数字信息最终变成了以钛金属涂装的碳质模型，并且每把售价达到了5万美元，已经远远脱离了工业产品的价值体现，而是艺术品的价格。

3. 生产人性化

通过工厂智能化，更多的员工可以有灵活的工作时间，甚至可以SOHO办公，节省了花费在路途上的时间和精力。利用网络，生产可以分散，从而可以分散能量供应，而不用在受制于大型供应链和廉价工业区的辐射格局。

除德国以外，在世界的其他角落，商业制造业也已经如同互联网一样数字化和网络化了，而且更加开放。实体产品越来越多地被认为是被赋予实体形式的数据信息，例如一个从数控加工中心中加工完毕取出来的金属零件，不过是一块钢锭被计算机语言重新描述成为自动化生产设备指令的语言形式。虚拟的数码文件和现实中的产品可以随意地转换以及瞬间传递和开源，制造业也不再像昨天一样，一被提到就会让人联想起巨大的厂房，人头攒动的长长的流水线和密集的机器人手臂。定制化与小批量订单服务已不再遥不可及。这样的市场环境和技术基础滋生了大量的家庭制造业者，他们凭借着自身对专业的热爱、迅捷和丰富的网络资源、方便的三维打印机等设备，主要从事从设计到生产个性化以及定制化的产品，例如已经停产的老爷车的替换零部件及定制的个人礼品等。这些家庭制造业者也许并非都有着将自己的企业做成大规模的工厂和公司的野心，但我们的确在他们身上看到了业余艺术爱好的复兴。在过去，每当有无数小型参与者出现，大一统的工业格局就会被打破。

今天人们普遍认为，当今社会之所以发生如此迅速的变化是由于技术的快速创新引起的。但是生活节奏和状态的改变又驱使人们将新的观点和理念注入到新的产品交互设计中去，我们必须要迅速采取行动以抓住机会促进技术的发展，这将促使我们创造更有利于社会发展的产品文化和更人性化的产业模式。对于致力于交互产品或者新的生产模式创新的设计师而言，我们必须要借助不断发展技术来预测、开发产品，以免这些新的技术引起文化、经济和生态危机。

战略设计的责任是让企业和设计联盟中的所有参与者都认识到他们所面临的新机遇，以及保守主义会让他们的决策有着怎样的缺陷。当前很多持传统观念的设计产业已经经历了一段时间的相当长萧条期，很多商业领导者也未能保持市场份额和利润，为了以上所提及的理念和梦想能够尽早实现，我们当务之急是要让交互产品在其生命周期之中能够长久地吸引用户，通过为产品加入好的功能亦或是叙事性的情感化，带给他们好的用户体验，以此取代浪费型消费模式；建立富含人文关怀的新型经济模式，创造以人为中心的可持续商业模式和体验；设立创意科学教育，以尽早发现和培养创意人才，将创意科学引入经济学、企业管理、科学与工程、生态学以及生命科学等相关的教育领域，建立一套注重跨学科合作的综合性课程。目前国内外多所高校已经成立了艺术与科技等新的专业方向。

小　　结

通过本章的学习，同学们将对产品概念设计的核心内容——人机交互关系有一定程度的了解。在当前的科技背景下，我们在研究这种关系的时候会发现，实际上机器就像是一面镜子，我们在设计机器的过程中实际上不仅仅是在考虑如何满足人的使用需求，甚至有时是在参照着人的物理和精神属性而对人本身的一种复刻。因此在这种人本主义精神的影响下，人的道德水平决定了我们生产产品的质量、生产环境的质量，最终决定我们的生存质量。希望同学们在掌握了本章的知识内容之后，能够认识到设计师所担负的社会责任，并将这种责任感和道德意识贯穿到今后的设计中去。

习题与思考

1. 设计一款人机交互界面。

2. 就该界面设计写一篇论证报告，报告中需要明确说明，该界面设计师如何符合UI设计的原则，并且是如何满足本能、行为和反思三种水平的人类思维的。

第6章 产品概念与企业战略

学习重点：

1. 了解在设计必须具备长远的战略眼光，“未来很重要”。

2. 认真体悟第1、2、4节中，有关对大设计理念培养以及设计前期战略和设计管理的重要性。

3. 通过3、5节等案例的分析。

产品概念的提出要具有市场说服力和针对性。由此看来，作为概念产品，它有自身独到的内涵体现和技术上的延伸，除了通过差异化凸现自身优势外，更从人性化的角度站在消费者一边以自身的核心竞争优势来挑战对手的攻城掠地，从而争取更大的市场份额。产品的技术含量最高的点不一定就是概念点，而最能体现出与竞争对手差异的点通常会成为概念点。作为决策者的企业从产品概念战略制订、设计理念和设计管理中就要体现出前所未有的高度。

6.1 “大设计”理念

6.1.1 “大设计”的特点

设计已经进入到“大设计”时代。设计已不局限于传统的外观设计，它影响的不仅仅是配色或外形，它已演变为通过设计研发、界面体验、市场营销、产品运营等产品全流程相互融合而成的“大设计”理念，它从多维度体现和建立产品的精神与品牌的价值。以往，设计是一个阶段、一个阶段进行的，它在特定的环节发挥着能量。如今，设计贯穿着整个产品的生命周期，在各方面影响着产品的发展。产品圈与设计圈的融合，让设计已成为一个跨界的大碰撞，它从炫酷外观延展到整体的用户体验层面，使设计融入每一个产品的全生命周期，真正伟大的杰作就此诞生。

伟大而非一般意义上的“好”设计，会让产品（服务）自行与顾客“交谈”。企业将设计沟通置入产品策略，涵盖在管理客户体验供应链的过程中，就会通过产品造型、外观、材料、质感、图案、色彩以及其他细节的叠加，形成相比营销、推销语言更容易让人接受的“设计语言”，进而让产品（服务）自行与顾客“交谈”，后者将通过产品认识其功能、操作原理以及企业基本情况。“人，是世间万物的尺度”——普罗泰戈拉。设计从人类使用工具之始就产生了，随着人类文明的发展，若干年来，工具发生了天翻地覆的变化，但期间工具始终被人操作，操作计算机的现代人与最初使用石斧的原始人在生理特征上几乎没有发生任何变化，设计的本质并没有发生变化，以人作为标准依旧可以度量设计。

产品概念设计，在这个词组中概念（Conceptual）是最重要的核心，指的是具备独特的销售主张或是具备独特消费观念。成功的概念产品推广，不仅能够提升品牌形象，更能够给企业带来巨大的经济效益。概念点必须新颖、独特、能够引起消费者的兴趣，直接向消费者说明了概念点是什么，与其他有什么不同。产品的概念点，要好记忆、易传播，并且能代表产品发展趋势，或代表新的一种生活方式（消费观念）。产品概念不是技术意义上的概念，而是消费意义上的概念。因此产品设计过程中，我们要建立起大设计的观念和理念。设计观念变化的显著特点是随着科学技术特别是计算机和网络技术的发展而不断探询未知,为信息社会寻找新的造型语言和设计理念，就是说设计不仅仅用自己的方法研究世界，更重要的是设计研究科学技术对环境与人的生存方式的影响。

在新形式下，产品设计师所要建立的正是这样一种心态：全新的科学视野和设计热情，不是得益于个别方法的一招一式，而是出自具有科学思维内质的设计师。设计美学不再是威廉·莫里斯时代简单的技术加艺术，而是科学精神和人文传统在更高层次上的交融。

设计必须具备长远的战略眼光，而不仅仅着眼于当下的竞争。之所以把设计提高到企业战略层面，并且事关创新变化和未来命运，是因为，设计是一种协调——协调科技、商业和资本，生态与资源，人类以及社会。目前技术的发明赶超我们现在的生活太多，重要的是要创造价值，要研发新的东西，将之与技术相结合，创造出超原创新的东西。然而设计对于商业社会而言，最重要的是引领了创新变革，设计就是找回生活的本质，只有找到本质，利润才会随之而生。

企业要想成为下一个苹果公司，不仅要整合设计策略，将工业设计、平面设计、建筑设计乃至更为细分的室内设计、景观设计、传统建筑设计整合，还应注意互动设计。互动设计要基于顾客体验并实现超越，顾客“渴望的是潜意识中呼之欲出的情绪体验，而非心知肚明的觉察。只有你与客户的生活梦想发生联系时，客户才会在乎你。要形成以设计为导向的公司文化，企业必须坚持不懈地关注客户体验供应链，时刻关注新鲜感，确定大多数现有客户对情感体验的需要，给予他们品质更高、惊喜更多的新型设计。例如：三星公司得以从一家普通电子公司转型为以设计为导向的公司，正是因为重视了“大设计”的饿理念，并运用和坚持了这一理念。星巴克曾经因放弃顾客体验、设计导向而招致失败。

随着物联网的应用与普及，产品和用户的信息都将变得更加透明和容易获取。就产品从生产到销售和使用的整个周期来看：首先，产品的生产者需要赋予产品更精确和实时的产品履历，以完善产品生产制造过程中的产地、生产时间、生产流程等相关信息；其次，产品的营销者需要结合产品生产者所提供的产品信息，通过泛在的物联网平台，有效、精准地将产品信息传递给所需的市场；然后，消费者则可以通过物联网，随时随地获取来自世界各地的自己感兴趣的商品信息，进而从市场中更方便、快捷地选择自己需要的商品；最后，通过产品消费者和使用者在购买和使用产品过程中的信息交互，用户的个人信息及产品在使用过程中的信息，又可以直接或间接地通过物联网反馈给产品的生产者和营销者。

从这个过程来看，产品的生产、销售和使用等环节形成了一个信息高度互动的循环：产品的需求信息能更准确地传递给产品的供给者，产品的供给者也得以更准确地针对特定的需求，为消费者提供个性化和差异化的产品与服务。因此，就产品设计而言，在面临着巨大信息流冲击的情况下，应以用户作为焦点，把握原型，不断修改，直到满意为止。如何快速准确地获取消费者的需求，并将这种需求转化为满足这些个性化和差异化需求的设计，进而将其准确、及时地传递给产品的营销者和消费者，这是十分重要的，也是对设计界提出的一个重大的挑战。

设计引领创新，把设计放在足够高的层面成为一个领导层的坚定的战略目标，这一点正是中国工业化过程的空白点。在中国，掌控工业化的领导力部分来自纯粹的工程师，他们对设计师的信任和给予的机会非常有限。我们能做到的类似于乔布斯的战略设计，在美国也不多见，因为公司大部分要屈服于眼前的数字报表，而设计创新意味着巨大的风险。因此，想要让设计成为一个公司胜出的关键点，高层领导往往需要更加坚强的意志力。同时公司的人事变迁也常常不能持续成为策略重点和创意资本。

6.1.2 现代社会中设计观念的转变

在非物质社会里，设计已经脱离了其传统意义上的概念，转变成了策划的概念。原来意义上的设计是对“物”的设计，是研究“人与物”的关系。而在后工业时代，人们的生活方式、思维方式以及行为模式等都发生了极大的变化，设计造物对人的满足，被大多数人认为是较低层面的生活追求。设计从传统的“物”的角度脱离出来，并走向计划和策划。非物质设计要求研究人与非物的关系，在设计过程中策划的功能被放大。例如，现代社会中，假日经济的迅速发展使得旅游成为一种时尚，确保游客安全、舒适、惬意的计划，无疑是一种成功的设计。

在非物质设计观的影响下，设计的内容发生了巨大转变。信息时代以前的产品设计多局限于某个实体的“物”的设计，而在非物质设计观的影响下，设计的重心已经从物质脱离出来，走向精神层面。设计从静态的、理性的、单一的、物质的创造向动态的、感性的、复合的、非物质的创造转变。

设计的内容已经从单纯的“设计”增大到“设计—生产—销售—使用—回收”整个过程。比如：日本一家生产吸尘器的公司，设计了一种吸尘器的租赁服务体系，引导消费者以租赁的方式使用吸尘器，达到资源最大利用化。日本GR地铁公司设计了一种快速地铁＋出租自行车的交通服务方式，为乘客提供了人性化的、灵活快捷的交通方式。这里的产品设计已经突破了产品本身，包括了销售服务以及使用方式的内容。

在现代设计史上，我们将19世纪下半叶英国拉斯金和莫里斯首倡的艺术与工业结合作为第一座里程碑，包豪斯的实践和倡导艺术与科学的新统一作为第二座里程碑，强调功能主义设计是第三座里程碑，而作为后现代设计重要表征的非物质设计，就是第四座里程碑了。从理论上而言，大设计是对物质设计的一种超越，当代科学技术的发展，为这种超越提供了条件和路径。大设计概念的提出为设计师打开了新的思路，让设计师站在了产品设计较高的位置上来看待设计的产品，从而实现为更多地加入人的情感而设计，为人类可持续发展而设计，为人性真正的需要而设计。“体验经济”被认为是“服务经济”的一种延伸，是人类社会经济状态的第四个发展状态。

有一个很有趣的小故事可以充分说明各个经济发展状态下不同的经济形势：在农业经济下，每到过年过节的时候，人们会用自己种植的瓜果蔬菜或者圈养的鸡鸭等亲自做顿佳肴，成本最低但是最费人力；在工业经济下，人们从市场上买好需要的原材料，回家自己制作；在服务经济下，人们则会选择在一个酒店里定一桌上好的酒席；但是在体验经济下，人们则会选择请专门的公司帮忙策划一场难忘的聚会等。

在体验经济的大背景下，产品不单单是实现功能的载体。用户体验大师、苹果前副总裁Don Norman曾经就提出过User Centered System Design——以用户为中心的设计。到了2004年，Norman又提出了Emotional Design——情感化设计。那么设计到底该是什么呢？是美的，还是奇异的，或是紧张害怕的？其实这些都是用户在使用产品的时候所表达出来的情感，是一种体验。所以说，只有以用户为中心，注重用户使用产品时所产品的情感体验而设计出来的产品，才能符合当下社会经济模式的要求。

现代意义的“以人为本”关注的是对人的价值和意义的肯定。人除了有自己的人格和尊严外，还是一种有价值、有意义的存在。人作为人格主体的一个根本内涵，就在于人是创造价值、生成意义的。人的价值和意义不是与生俱来的，而是由人有目的的活动创造的。劳动和创造是一切价值的源泉，人应在劳动创造中获得价值、实现价值、确认价值。人积极地创造价值、生成意义绝不止是为了满足个人的需要，还要能够满足他人和社会的需要。一个人为满足他人和社会需要所作出的贡献，是人生的一种崇高目的，这个目的实现，更体现出人存在的价值和意义。坚持以人为本的原则去进行设计，注重用户使用产品时所产品的情感体验，就是要在肯定和重视人的价值和意义存在的同时，想方设法为创造更大价值、生成更大意义创造条件。这才是“大设计”理念的精髓。

6.2 “设计前期”的作用

6.2.1 设计前期概述及重要性

设计前期是指在产品设计项目中,设计具体概念方案产生之前的准备时期。它是新产品开发的重要阶段之一,是决策者寻找开发机会的必要环节,是管理者调动各种资源协调发展的主要阶段,是设计师搜索相关信息并进行创新准备的关键时期。正式、专业、系统的设计前期准备,在形成新产品开发策略、推动设计项目管理、促进设计认知创新方面起着决定性作用。

创新设计的背后其实是一套科学的方法，每个设计也都有自己的生命周期，这必须是一个比较长远的规划。一个产品在战略层面需要4～5年的时间，理解市场与科技的趋势研究。集中在真正项目的时间可能只有12～18个月，接下来就是与生产和市场部门的合作，产品与市场的合作。前者是概念设计，后者是细节和工程的设计。产品提供到销售层面后，设计要对细节和改进支持，最终对运营和回收做支持，并学习获得信息反馈，这是设计在产品生命周期的管理。

生产产品的每个流程，从前期的战略规划，到其后的研发生产，以及最后的销售维护，环环相扣，任何一个环节出了问题，都会导致产品的失误。其中规划及定义是源头，它是产品的先天因素，决定了产品的基因和未来命运，所以设计前期工作就是要把事情做到精准，不要等流程走到了后面才发现有致命缺陷再返工，越迟发现损失越大。而从设计研发到最后的销售维护都属于执行端，只要按照既定的策略用正确的方法把事情按质按量地完成，那么就能保证产品沿流程顺利走下去。这其中，起到前后衔接作用的就是产品明确的定位。正确合适的产品定位可以很好地帮助产品规划实施及为设计研发提供良好的依据和保证，反之，则会使产品在生产过程中陷入尴尬的境地。

由于产品设计阶段要全面确定整个产品策略、外观、结构、功能，从而确定整个生产系统的布局。如果一个产品的设计缺乏生产观点，那么生产时就将耗费大量费用来调整和更换设备、物料和劳动力。好的产品的前期设计，不仅是表现在功能上的优越性，而且便于制造，生产成本低，从而使产品的综合竞争力得以增强。而作为设计师应具有产品经理的意识，在做产品设计的时候一定要从构建产品模型开始，充分考虑各个阶段设计需要达到的效果，及如何去达成这些效果。设计师既要考虑产品的整体设计风格，又要考虑整个产品的研发成本和周期；既要站在用户的立场考虑产品，也要站在老板的角度去思考产品，同时还要具备大设计理念的情怀。因而，产品设计前期的工作的意义重大，具有“牵一发而动全局”的重要意义。

6.2.2 新产品概念开发的前期工作流程

一个概念产品的推出必须经过严密科学的调查分析，必须要明确目标消费者，能够满足目标消费者的需求，并且必须调查出其市场潜力及市场容量。前期沟通是项目立项的前提和资料输入来源，必须和客户就设计方向、设计内容、设计风格等进行深入地探讨和沟通，了解产品市场适应性，也就是消费者的适用性。俗话说：磨刀不误砍柴工。只有前期细致的工作才能保证日后项目的顺利运行。

在新产品概念开发的过程中，首要步骤是搜集辅助信息，以获得有关市场特征、竞争状况等的更多信息；进行专利搜索以找出潜在的竞争对手；通过与行业专家及潜在顾客的谈话来评估对新产品构思的态度。其次，从愿意合作且产品使用经验丰富的主要顾客那获得有关新产品概念的建议，这些顾客不一定具有代表性，在某些情况下，仅有少数样本的定性分析就可以开发出新产品概念。有些情况下则需要进行大样本调查才能开发出新产品概念。如通用汽车公司在开发Aurors时，项目小组在进行最早设计之前采取抽样调查对全国4 200名顾客进行了访问，才确定了产品概念，为之后的产品设计定下了良好的基调。

对于设计前期的概念形成的方法及流程，国内外的设计公司、院校也都有人做过研究过，探索的角度也各有不同。在设计先导型产品概念流程中，设计之前充分做好细致的前期准备工作，可以使项目组各位成员对项目达到高度共识并在设计前期就形成清晰明确的设计方向，其结果是减少了设计过程中的无序性和思路过于散乱的问题，为设计过程的顺利开展提供了良好的保障。下面就整个流程做阐述：

1. 战略层——企业和用户需求

成功的“用户体验研究”基础可决定该产品的方向，能够较为清楚表达产品的设计战略目标。明确企业或设计者与用户对产品的期许和目标，以指定用户体验和产品等各方面的战略。了解用户的使用目的和潜在障碍，使设计达到“有用”“易用”“友好”的战略高度。

在这个阶段，我们可以采用设计知识管理，可以将散乱的设计信息片段转化为系统性应用的知识,高效地共享、传播和重用设计知识,运用有效各种设计研究方法和工具是为创新力和竞争力提供保障。例如：用集体讨论会的方式来充分发挥项目组成员的主观能动性，讨论确定消费人群及其需求特点，得到产品所要表达的特征要素，好的想法和创意正是从这里面产生的。有些不是很容易确定的要素还可通过定量的用户研究来对特征要素的可行性进行确认。经过多次的集体讨论会后，产品的脉络逐渐浮出水面，此时需要对其进行归纳和整理，把前期工作的结果以文档的形式保存下来。

2. 结构层——功能规格和内容说明

产品功能应满足使用者的使用需求。产品功能包括：主要功能、附加功能。当把用户需求转变成产品应该提供给用户什么样的功能满足时，该设计进入具化功能的阶段。当一款产品的功能堆积如山的时候，设计团队要选取核心的功能点，突出产品核心价值的功能点要优先展示。确定核心功能点，因为这是产品的核心价值所在，也是最能吸引用户的地方。

比如开发一种安全型汽车，那么这种车的各种部件都要围绕“安全”去做，不仅要有安全的气囊、也要有安全的刹车等。但是这个核心概念产品对竞争者来讲必须具备一定的技术壁垒，防止竞争者的跟进。一个产品概念或一个消费观念炒热以后，会有众多的跟随者，企业必须设立进入壁垒，确保产品的不可跟踪性，以保持自己引导的概念能销售自己的产品，为自己带来利益。

在结构层开发阶段，确定的核心功能一定要有聚集性、补充性。要围绕核心功能，相似功能的进行合并。在进行功能聚合的时候不能把与和核心功能无关的模块也加上，这样会显得很牵强。从而让产品冗余，显的臃肿。一定要让用户感到实用、方便操作、容易上手。好的产品就是要让用户花最少的时间，达到非常熟练使用产品的目的。我们可以参考腾讯CEO马化腾所说的“傻瓜式操作”。

3. 文化层——企业文化或品牌所赋予产品的附加价值与文化内涵

随着设计的发展，附加价值逐渐从一个经济学问题引入到文化层。一般附加价值高的产品多数品牌产品，质量上乘。购买产品除了其功能、造型、服务等之外，更多的是因为产品所衬托出使用者的身份地位或者心理满足等。

4. 表现层——造型设计

在造型设计中，功能决定形式。在产品的战略层、结构层、文化层的概念和定位都已敲定的情况下，功能、美学和技术汇集到一起来形成最终设计方案，它将能满足其他层面的期待目标。

在表现层创作过程中，我们可以使用各种分析图，进行设计语言的转换，用感性的、图形化的视觉语言以及思路拓展性提示来引导设计师及研发人员激发其创作灵感；也可以使用三维化展示的后端，用竞争产品实物、手工制作模型，现场对使用环境及状态进行模拟演示。在进行产品设计之初。作为设计师以及产品经理，甚至产品决策者，要多次模拟各种各样的用户场景。在这些模拟的用户场景中，我们需要真实地记录用户的体验感受。比如，在交互设计中，有的天气应用中加入了各种健康指数，这就是一种情感最真实的体现。在进行产品设计的时候也可以加入一些故事性的场景。比如可以利用相机或照片优化应用的怀旧功能，模拟更加真实的体验。一张图顶一千句话，一个好的模型顶一千张图。这样可以帮助团队尽早进入创作状态。

通过以上操作，可以了解到目标消费群的大体喜好趋向，之后再对特征要素进行修正。此时的工作和设计前期的创意工作相结合效果较为理想。如果前期我们的设计目标较为明确，那么在其后的效果图、手板评审时就可以进行相关的验证工作。

5. 验证层

在开发前期，新产品概念的测试越可靠，对下一步新产品开发的指导意义越大。新产品概念测试结果的可靠性在很大程度上也取决于测试方法的科学性。

进行新产品概念测试的首要困难在于，如何将新产品开发人员心中的新产品概念有效地传递给被测试的消费者，因为对新产品概念的描述毕竟不能代替新产品实体，不同的消费者对同一新产品概念的描述可能会想象出不同的新产品实体，这将会影响新产品概念测试的可信度。对于某些新产品概念，用简短的文字或图片便能让消费者对新产品概念有深刻的了解，但有些新产品概念需要更具体和形象的阐述，才能让消费者正确理解企业所希望的新产品概念。

例如，市场营销人员正在寻找一些好的方法，使产品概念更接近概念测试标的。例如，用三维印刷或立体印刷技术为产品制作三维模型，将新产品概念做成产品模型展示给消费者，让消费者对新产品概念有更直观的了解；利用计算机设计出多种供选择的实体产品模型，让消费者对这些产品模型表达他们的看法；也可借助于计算机对产品进行“虚拟现实”的新产品概念测试。比如，对汽车新产品概念的测试，研究人员在计算机上使用某种软件来设计出如真实的汽车那样被驾驶的模拟汽车，通过操纵特定的控制，受试者可以接近模拟汽车，打开车门，坐上车，发动引擎，听到发动机的声音，体验驾驶的感觉。公司可在模拟陈列室中展示模拟汽车，模拟销售人员以一定的方式和语言接近顾客，以使测试过程更加生动逼真。测试过程完成后研究人员可向受测试者提出系列问题，如评价这种汽车的优缺点，是否打算购买等。在能较好地向消费者传达新产品概念的基础上，可采用以上方法进行测试。但新产品概念测试并没有最佳方法，绝大多数都是各种形式的定量分析和集中讨论。

那么，在信息化时代，我们要充分利用合理真实的数据，充分利用公司内部的销售数据、研究数据与公司外部的咨询数据，了解和项目相关的产品的市场反应情况以及销售状况。结合自身项目在产品规划中的布局特征在项目小组内部进行集体讨论，得到对产品的初步判断。并组织各相关业务人员对其进行评估修改，通过后即可发布，这样做可避免一叶障目。此外，要实现高效、优质、经济的设计，必须对每一项设计步骤的信息，随时进行审核，确保每一步做到正确无误，竭力提高产品设计质量。

在具备一定的条件时，企业能够在前期工作中就考虑到设计后期发展，企业和设计界重视设计，并提升设计为企业策略能力和发展工具，而不是单一的工程服务和营销手段，这样将使企业有更好的发展，也能够使设计得到最大化的价值发挥。

6.3　苹果公司产品概念分析

以简约、唯美横空出世的苹果，无疑是当今高科技领域最绚丽多彩的一道风景。从 20世纪的 Apple II、Mac到 21世纪的iPod、iPhone、iPad，iPad Mini苹果一次又一次地征服了全人类。在2011年 2月，苹果通过其 iPhone系列手机取代了诺基亚长达 15年销量第一的地位，同年 8月苹果市值超过美孚成为全球市值最高的公司。苹果公司的成功秘诀到底是什么？这是很多人想知道的。苹果的成功并非神赐天成，也非庞大的营销预算，更非基于对消费者需求的调查，而是对产品概念的深刻理解。苹果公司真正的秘密武器是在一套严密的产品研发体系下运用正确的产品研发方法与工具，并能将技术转化为普通消费者所渴望的东西，并通过各种市场营销手段刺激消费者成为苹果“酷玩产品”俱乐部的一员。

6.3.1　苹果产品的伟大创新境界

苹果的前CEO乔布斯认为“情感的经济”将取代“理性的经济”，基于硅芯片上的技术运算制胜时代已经过去，取而代之的是“与消费者产生情感共鸣”和“制造让顾客难忘的体验”。苹果公司有一个明确的口号——Switch(变革)，苹果公司每一个员工也秉持了一个理念去工作：用心工作去改变身边的世界。来自苹果公司的高级工程经理Lopp，他解释了苹果是如何向用户交付了一个又一个完美的产品，他说：“产品研发的过程需要花费大量的工作和极其长的时间。这个过程就是要去除所有的瑕疵和含糊不定的地方。这个过程在开始时可能会耗费大量的时间，但是它减少了在后期纠正错误和修改的浪费。”从他平淡的谈话中，我们可以看出：苹果公司追求的完美无缺的一种产品创新境界。苹果作为有着37年设计历史的公司，几十年如一日的坚持着简约、质量、完美的企业精神。

乔布斯曾骄傲地说：“在苹果公司，我们遇到任何事情都会想它对用户来讲是不是很方便？它对用户来讲是不是很棒？每个人都在大谈特谈‘噢，用户至上’，但其他人都没有像我们这样真正做到这一点。”。正是由于苹果遵循其不断变革不断创新的品牌文化，始终把技术创新和注重消费者放在首位，才能保持其长久的旺盛生命力。苹果公司也明白成为一个真正创新的公司不仅应不断创造新产品和新服务，还要能通过营销创新来开拓市场，有足够的现金流来弥补成本，并回报股东。他们在产品创新的同时，也在不断地进行市场营销的创新，或许这也是苹果一直被模仿，从未被超越的真正原因所在。

什么是优秀、伟大，而非仅仅停留在好、凑合层面的设计呢？苹果公司首席设计师，苹果工业设计部门的创立者罗伯特・布伦纳认为，伟大的设计必须包括顾客对公司的所有体验，亲眼所见、交流所感，以及接触所得，这些会逐步形成观念并激发出想拥有产品的欲望。所有有关这一切的触点，都不应该只是碰巧被触发，而应精心地去设计和协调。很显然，他的这些描述，都可以看作是对苹果公司、史蒂夫·乔布斯主张的设计文化和模式的阐释。以设计为导向的文化，是与持续体验相关的，如果没有这一点，仅仅是基于一项技术而做的功能开发，那么就不可能改变一个公司的文化，并会使这样的企业趋向于保留利润丰厚的既有业务、让产品功能创新基于现有产品的规格和标准而进行，最终将错失真正的创新机遇。

6.3.2 苹果的产品消费者导向

苹果的卓越，让我们不得不重新审视产品的概念。主流营销学理论认为生产方应该用更多的时间去了解消费者的需求，并且尽可能传递这种需求，而乔布斯用行动颠覆了这种思想，正如亨利·福特所说的，如果问消费者需要什么交通工具，他们会选择快一点的骏马。逆主流的乔布斯选择了回归产品，因为在一次次的内心探索中，他找到了自己的出发点。他坚持认为：永远不该怀着挣钱的目的去创办一家公司，你的目标应该是做出让你自己深信不疑的产品。由于乔布斯对于产品品质的偏执追求，并提供了性能卓越的产品以及震撼的视觉冲击，从而开发出来普通消费者渴望并接受的一款又一款划时代的产品，才使得苹果在成功之路上越走越远，同时把其他竞争者远远甩在身后。

苹果把消费者的未来消费需求激发出来，从这个意义上看，谁才是上帝呢？从产品角度讲，苹果正是拥有了将技术和设计完美结合的能力，并辅之以消费者导向的产品策略，才使苹果的创新变得高效。事实上这两者是紧密结合的，因为对于电子产品来讲，技术与设计的结合意味着上佳的用户体验。苹果产品的产生往往源于一项潜在的消费者需求。苹果已经将消费者纳入到创新体系中，在苹果公司内部，对于一个新的产品设计理念常常需要提供三份评价文件：一份市场开发文件、一份工程设计文件以及一份用户体验文件。

苹果的高效创新源于他们总能深刻理解消费者的状况，“它似乎总能赶在消费者之前,洞悉他们的需求”，苹果公司一直在向消费者介绍下一代产品。它没有遵循传统的“技术导向”和平庸的“以市场为主导”的创新路径，因为如果那样，创新将可能进入偏执的死胡同，或者掉入“仿制”的陷阱。消费者也很信任苹果公司，并把它视为自己选购下一代产品的指路灯。

正如乔布斯不断强调的那样，iPhone不仅是手机，而且是一部“革命性的新手机”。宽大的屏幕加上简洁的外观设计，无可挑剔的触控技术，多种软件的应用和搭载组合，相关网络程序商店的快速更新等，都是iPhone让人难以抗拒的卖点，背面大大的苹果LOGO向苹果迷们自信的宣扬了品牌产品的又一次成功。以至于这之后，整体产业而言大屏幕和超大屏幕手机开始成为热门首选，炫目的外观设计受到越来越多消费者的青睐，可以说苹果公司把手机制造带入了一个全新的时代。iPhone它一改传统手机的工具性形象，第一次向世人传达了手机也是有生命这一惊世骇俗的观念，之后的 iPad再一次向世人证明了科技型的产品也有其艺术性的一面。功能只是略微优于充斥市场的 MP3的iPod能以其高于普通MP3三四倍的价钱让消费者踊跃购买，数年之后，每年仍维持着上千万台的销量。

因此，苹果已经不是在营销一部手机、一部计算机了，而是一件艺术品、一种文化、一种生活方式。这也造就了苹果那日益壮大的粉丝团队，购买的人，有的为了证明与众不同，有的为了跟随时代潮流，更有的从第一代就开始收集，是集遍各种颜色乃至配件的超级粉丝，他们把苹果产品奉为艺术珍品，对于苹果产品的宣传和维护，堪与传教者较量。

6.3.3　苹果的产品创新体系

“10 到 3 到 1”是苹果的特有的产品创新体系。对于任何一项新的设计，苹果的设计师们首先要拿出 10 种完全不同的模拟方案。这并非是让其中有 7个方案衬托剩下3个方案的优秀。他们首先要求10个方案，是希望设计师们有足够的创新空间，在没有限制的情况下进行开放式的创新。然后他们会从中挑出 3个，再花几个月的时间仔细研究这3个方案，最终决定得出一个最优秀的设计方案。

企业要创造卓越产品，除了资本、技术与人才外，更需要依靠卓越的产品创新与产品管理体系，这个体系的建立依赖于企业战略、组织、文化与流程各个层次在内的企业产品创新平台。这个产品创新体系形成和构成包括产品技术战略、产品市场战略、产品创新模式、产品创新的组织、产品创新体系流程等。每一个阶段都有各自的主要任务，提供实施方法和工具。比如，产品创新体系中的八段法：

产品创新阶段一：寻找市场机会创意开发和判断筛选方法，转移创意开发法，水平思考法，SWOT分析示例，产品创新的层次等。

产品创新阶段二：业务模式分析，销售预测，定价方法，关键技术的引进、消化等。

产品创新阶段三：客户模型，产品定位，路径图等。

产品创新阶段四：MRD范畴和作用，需求开发方法，需求挖掘/需求分析，需求描述/确认的方法，需求变更管理等。

产品创新阶段五：开发里程管理方法，市场推广等。

产品创新阶段六：购买者模型，市场MSG，上市计划制订，广告安排和投放，销售过程和支持。

产品创新阶段七：关注客户支持过程中反映的产品问题，客户回访最佳实践。

产品创新阶段八：终止产品发售，终止产品支持，产品使用终止后的回收。

这些方法与工具是产品创新的不同阶段进行有效的选择性运用，如果说运用的时候与场合不对，会适得其反。合理利用才会避免苹果的产品线不会出现低级的错误。苹果公司设计方面成功的关键就在于，乔布斯在团队中引入了凝聚力和纪律观念。强大的凝聚力促使苹果具有了创造功能简化产品的独特能力。在省略了很多民主议程之后，苹果呈现给世人的产品也因简洁而独具特色。简洁并富有市场驱动力成为了乔布斯如今的核心创新思想。

6.3.4　苹果的产品创新方法

Lopp 说：设计团队每周会有两次设计会议。一次是头脑风暴会议，这次会议完全要求成员不受任何的条件限制，自由地思考，进行自由创意。第二次是成果会议，这个会议与前一次会议正好相反，设计师和工程师必须明确每一件事情，前面疯狂的想法是否可能在实际中应用。尽管在这个过程中，重心已经转移到一些应用的开发和进展，但团队还是要尽量多地考虑到其他各个应用的潜在发展可能。即使到了最后阶段，保持一些创造性的想法做后备选项也是非常重要和明智的。

事实上这两次会议是产品创新的两个不同的阶段，同时也应用了两种不同的创意方法与工具。

第一次会议运用的是头脑风暴法，头脑风暴法遵循一二三四原则，一发言：要求每人都要发言，但每次只能一人发言；二是追求：追求数量、追求创意；三不许：不许质疑、不许批评、不许打断；四个关键步骤：主持人发言、个人自由发言、小组讨论、小组决策。

此次会议运用的六顶帽子的黄帽子思维方法，黄色代表阳光和乐观的，黄帽子思维代表着正面、积极。要求所有创意无限穷尽、不批评、不反对，发散思维。

第二次会议是产品的创意筛选，运用的是黑帽子思维方法，黑色是阴沉、负面的。黑帽子思维考虑的是事物的负面、风险。要求尽量从客观与反面的角度分析实施中有可能存在的问题。

在产品创新中，其实还有很多方法可供使用，如六顶思考帽方法、聚焦的头脑风暴方法、系统思考方法、现有产品改进创新方法、创造性问题解决方法、用户创新方法、顾客价值定位方法、商业模式定位方法、创意激发方法(HHG)、创意收集与管理方法、顾客理想设计方法、价值分析、简化的质量功能展开方法(S-QFD)、产品生命周期管理方法。

苹果的产品创新绝对是针对是团队在一定的创新体系下，运用科学的创新方法下集体智慧与团队创新的结果，不会是某一个设计人员、某一个市场人员、某一个领导的创意与点子。这样得出来的产品定位与创意堪称完美。

6.3.5 苹果的产品征服性品牌战略

乔布斯认为需要广告、包装、发布会来传递产品的感觉，因为并不是iMac，iPod 或者 iPhone使你的生活更加美好，而是品牌本身及其旗下任何一个设计完善的元素。乔布斯十分关注产品形象、营销策略、包装细节与产品的融合。每一次发布会都是他精心策划的好莱坞大片，每一个细节都经过精心推敲。他会全程参加一段广告宣传片的制作过程中并提出自己独到的见解，深知广告宣传在建立品牌形象过程中的价值。例如：1984年在库比蒂诺 MAC计算机发布会上，乔布斯就创造了一套新的舞台效果——产品发布会就像一场划时代的盛会。这次发布会取得了巨大的成功，不仅使苹果公司起死回生，也再次颠覆了个人计算机的形象。乔布斯坚信一个发布会、一个包装盒、一段广告、一个人性化的设计细节都是可以把“产品所拥有的那份美感”植入消费者心智的渠道。一个产品的价值应该体现为它代表着一种感官的享受，一种生活的体验，一种生活方式的选择。

对产品品质的精益求精，吸引了广大的消费者，更由于优良的品质、出众的外感形成了良好的忠实粉丝，从而形成了巨大的口碑传递群体。声誉极佳的口碑传播加速了消费者想拥有产品的消费心理，加之苹果对产品品质要求的限量供应促成了消费者饥饿性的内在需求。从对产品品质的偏执狂版的追求到消费者使用的优良体验再到限量性的供应，形成了一个具有卓越价值的能量环，如此形成的正向效应使得苹果公司拥有了独一无二的强大竞争力。因此从上述分析可以简单地推出苹果的战略方程式：

苹果卓越价值 =产品品质偏执追求 +饥饿营销 +口碑营销

对产品品质的偏执追求提供了性能卓越的产品以及震撼的视觉冲击，类限量性的供应一方面给予了产品品质的保障，另一方面给人以产品稀有的心理暗示，加剧了消费者饥饿性的需求。“物以稀为贵”可以很好地描述消费者的饥饿性需求的消费心理，每个人都想拥有与众不同的东西，而这一切都是基于苹果公司一直以来为什么喜欢保持神秘、喜欢制造话题、进行饥饿营销的内在原因。饥饿营销是指商业性公司制造产品供不应求的假象，从而吸引消费者的关注，内在本质是价格策略的外在演化。目前的国内的小米公司也适度利用了饥饿营销手段，创造了数分钟被抢光的火爆场景。当然，饥饿营销只是个配菜，主要原因还是性价比高，高配置低价格，决定了营销的成功。

口碑营销特点是传播速度快、成本低、影响力大，核心是对体验营销出神入化般应用，因为口碑传播是建立在消费者使用的前提下，而这一切都源于伟大的产品。此外，苹果专卖店外观之美，场地宽广，非常注重整体美学。他们说苹果专卖店占地面积大，浪费是吗？如今苹果专卖店每平方米每年能为苹果带来6 000美元的利润。人们对苹果专卖店的印象是“这不是一个专卖店，这是一个体验中心”，用户在这里的感觉与其他地方完全不一样。因此不只是计算机，除了计算机，苹果还出售感觉，抓住了体验经济的核心。

苹果的设计哲学一个是产品对应软件，另外的就是专卖店的体验设计。无论是产品创新还是销售创新，苹果一直奉行着抓住需求、整合创意的原则，只要能够带来有消费需求的产品，苹果都会聚合尽可能有用的内部资源和外部资源，并采取了兼容并蓄，开放融合的态度。从苹果的成功分析我们可以看出，在运营一个品牌时，品牌文化、定位、产品、营销、研发和核心领导人等都是不可或缺的要素，把这几个方面的因素规划好执行好并进行动态有机的组合，在不同的阶段在某个核心点聚焦起有效资源，且能够十年如一日默默的坚持，才可能使品牌真正强大。“伟大”与“好”之间的区别，正是苹果公司与其他许许多多规模不等的企业对设计、顾客体验乃至商业理念之间存在的认知差异。极致地努力追求卓越和完美，才造就今天的苹果产品！

下一个像iPhone一样的革命性产品，在哪里呢？

6.4　产品概念与设计管理

6.4.1　设计管理阐述

设计与企业管理的结合是设计发展的必然趋势，随着企业设计工作的日益系统化和复杂化，设计活动本身需要进行系统的管理。获得好的工业设计不仅是一项设计工作，同时也是一项管理工作。在设计过程中，设计师的专业技能当然是重要的，但在企业内部进行设计管理的技能同样重要，通过有效的管理，保证企业设计资源充分发挥效益并与企业的目标相一致。

从前设计与管理无缘，设计师往往是在决策链的最后一环才参与革新和开发的基本工作。设计通常被认为是一种为产品、包装、展示或宣传品所进行的零散性工作，相互之间以它们与企业的其他任何事情毫无关系。大部分管理者还认为好的设计几乎是微不足道的。设计师只不过是决定色彩及外观的人。在很多情况下，设计师可能是企业外聘的设计顾问，这就使得设计师更加远离决策和权力中心。由于设计活动无法对主要的决策产生影响，设计师一直处于受支配的地位，他们更多地与商品造型和视觉传达有关，而不参与产品的基本的研究和开发，他们的创造性才能被忽略。

许多企业每年都在设计的各个方面花费大量的人力物力。如产品开发设计、广告宣传、展览、包装、建筑、企业识别系统以及企业经营的其他项目等。但是，由于对这些不同的设计方面缺乏协调的控制，往往使它们各自传达出的信息相互矛盾。这样便失去了用设计手段建立企业完整的视觉形象，确立企业在市场中的地位并扩大企业影响的机会，从而导致企业资源被浪费掉了。企业所产生的任何一样东西都是企业的一面镜子，反映出该企业的各个方面，它们之间应该是协调一致的。许多企业并不了解这一点，从而造成了设计上的混乱局面。在有些企业中，设计实际上完全没有受到管理，甚至没有被看作是一种使企业内部协调一致的潜在力量。企业内部不同领域的设计人员也缺乏沟通，产品设计是由工程师们进行的，而视觉传达由公共关系和市场开发方面的人员负责，环境则由基建部门负责，如果没跨越传统部门界线的设计管理机制，混乱在所难免。

因此，设计管理的关键是企业内部各层次、各部门间设计的协调一致。设计管理是一个过程，在这个过程中,企业的各种设计活动，包括产品设计、环境设计、视觉传达设计等，被合理化和组织化。另外，设计管理还要负责处理设计与其他管理功能的关系，并负责有效地使用设计师。

英国皇家艺术协会对设计管理的定义：设计管理的功能是定义设计问题，运用最适当的设计师，使设计师在一定的时间内控制预算，并解决问题。这是目前最受认可的设计管理概念。设计管理是一个非常复杂而广泛的概念，具有多重含义。一般来说，设计管理包括两个层次，即战略性的设计管理和功能性的设计管理。

（1）在实践战略性设计管理时，企业还需要在各部门建立起一系列的设计管理工作小组，构成日常的设计管理网络，将设计管理的概念落实到企业的方方面面。这种网络必须有一种保证设计各方面最大限度的交流和直截了当联系的机制，避免互不通气带来的麻须。这也需要多学科的综合，包括管理学、市场营销管理学、消费行为学、组织行为学、人力资源管理、人本理论等。

（2）功能性的设计管理是确保企业具有一个运转良好的设计部门，作为企业在设计方面的智囊，并实施具体的设计任务。功能性设计管理的主要内容有三个方面，即设计事务管理、设计师管理和设计项目管理。

设计事务管理主要负责实际的设计工作、设计咨询或公司内部设计部门方面的具体事务。设计事务管理通常是由那些被提升为设计经理的设计师来负责。因为设计事务管理需要有工业设计方面的专业知识。在不少国外企业中，设计经理与财务经理、人事经理、销售经理一样，在企业中起着重要作用。为了做好设计事务管理工作，设计经理必须参与其他的设计管理活动。相对而言，设计事务管理还是一些较为简单的工作，如确定设计任务书、安排设计进度、控制时间及成本等。

设计人员和设计小组的管理是设计管理的重要一环，因为设计是通过设计师们来完成的。设计师或设计小组管理主要负责设计师的选择和确定设计师的组织形式，如确定是选用企业以外的顾问设计师或设计事务所进行委托设计，还是建立自己的设计部门，或者是两者兼有之。为了保证企业设计的连续性，有必要保持设计人员的相对稳定，同时又必须为新一代的设计师创造机会，为设计注入新的活力，设计管理必须对此作出长远的安排。

设计项目管理就是在企业安排各种实际工作时，考虑设计在项目管理过程中所占的位置。设计在企业的创造性、革新性活动与企业经营工作如制造、采购、销售等方面的准备阶段的控制之间，起着关键的作用，也就是说设计是新产品开发与企业经营之间的一种协调机制，设计管理也就成了企业的一项中心的、决定成败的活动。

好的设计管理会将产品以及产品所具有的传播特征视为一个相同概念的体现。因此，设计项目的各个方面应该以一种“平行”的方式来发展，而不是前后脱节。这就需要有一种贯穿设计项目各个方面的总体思想，使设计项目各方面的目的性达到统一，设计工作就不仅是产生了一种产品的整体意识，也激发了企业本身的整体意识，这将是设计管理对企业的重要贡献。

6.4.2　以人为本的设计管理

设计管理是为了满足设计与人的需要。人是一种索求需要的动物，在一种需要得到满足的时候，另外一种需要即接踵而来，设计程序与管理是不断满足使用者、设计者、设计管理者对产品的需要与依赖。综合上述，设计技术的进步、企业财富的创造、设计生产力的发展、一切与设计管理相关的运行都离不开人(设计师、设计管理者、使用者)，设计管理就是以人为中心的管理。

以小米公司为例：2013年4月，雷军宣布2012年小米就卖出了719万部手机，实现含税销售额共126.5亿元，并特别申明“纳税19亿元”。想当年，即便以高增长出名的淘宝，也是在第四年，交易额才突破了100亿元。并不夸张地说，这几年，从现实、网络再到行业甚至消费者，小米的名字，都受到了前所未有的瞩目。这个横跨制造与网络的“两栖明星公司”，宛如出道不久的女孩，已迅速成长为可以影响票房的天后，并令所有老前辈眼红。

小米成立之初，创始人雷军宣扬从同仁堂学做产品，从海底捞学做服务，确定抓好小米“铁人三项”（硬件、软件和服务）。黎万强原金山词霸的总经理——现在的小米科技联合创始人、副总裁，负责手机营销及MIUI(又称米柚)项目，小米A2及小米3手机如图6-1所示，他也说道，小米未来想成为一个“在消费者心中有品质，但价格又相对合理的互联网产品公司”。在他看来，优衣库和无印良品这两家日本公司的擅长之处，能为小米科技的未来理想提供某些养料。

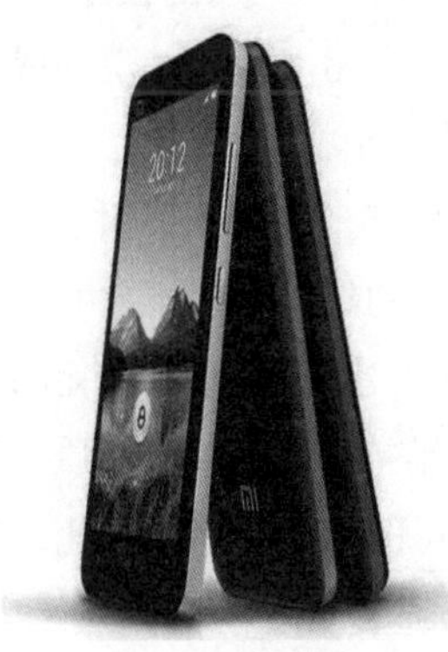

图6-1　小米2A、小米3两款手机的外形设计

小米的设计管理有三个关键词：坚持战略，死磕到底，解放团队。

1．坚持战略

设计一个全新的品牌，第一步肯定要思考整个公司的定义，就是“我是谁”的问题，并且要围绕“我是谁”来展开很多基础的工作。

品牌的发展历程无外乎是识别度、美誉度、忠诚度三步。识别度是让大家知道你是谁，是出现在用户视野内；美誉度是让大家觉得你不错，走到了用户身边；而忠诚度则是让用户真正爱上你，走到了用户心里。小米运用场景化的设计，首先是设置场景，然后是倾注情感，第三步是标注情怀。通过这一系列的方法论，目标是让用户能感知、接受更深的代入感，接着转化为参与感。小米相信，参与感是互联网产品设计的核心。它能让品牌传播不再是面向用户的单向推送，而是变得人格化、更有血有肉，能够和用户交心的产品，好的品牌会变成用户的孩子，让用户愿意陪伴它、帮助它、成就它。

那么，好的品牌识别度该如何开始呢？从开始就要认真想想，产品名字也好，造型也好，公司的口号也好，这些基础工作必须打起十二分精神去反复揣摩。有了这些，才能有体系地去思考所面对的市场，在你的产品上，根据你独特的DNA拿出鲜明独特的设计。

好的品牌自身就会说话。比如提到无印良品，能使人直观感知到简约适度的设计感；苹果能使人感到科技和时尚。很多时候我们拿到苹果的产品的时候，就感觉拿到了未来。再比如，可口可乐的经典红色设计，使大家看到的是年轻、激进、欢畅；而小米选择了橙色，目的想要的是一种年轻、热烈的感觉。此外，小米的品牌宣言是“为发烧而生”。定义这句话是件非常复杂的工作。定义战略难，坚定不移地执行不动摇更难。这期间要经历很多考验，做不少抉择。比如Nike的“Just do it”，沿用十多年历久弥坚；农夫山泉有点甜，也至少在广告语上用了10年，这些都值得管理者学习和运用。

2．死磕到底

有了坚定的战略之后，就看执行过程中如何死磕到底。好的设计都是磕出来的。注重细节，细节能够决定成败。比如：大家都知道，小米的发布会其实非常简单，整个发布会没有明星，没有模特，PPT是整个发布会的最重点，也是唯一的重点。在每次的发布之前，创始人和设计团队反复推敲演讲稿的细节，在众多公司里，小米应该是PPT做得最认真的，基本上里面每一页都是海报级别的品质。此外，小米的VI视觉形象的设计，简洁明快，效果突出。比如，现场展示中从现场的效果来看，小米手机的招贴效果是最好的，其他过多的设计都是干扰。

在小米的包装盒方面，从最早1代开始，到2代，3代，4代，包括红米手机，都用了环保材料工艺，坚持可回收、可降解、可利用。坚持现有品质标准，前期推出的红米系列，它的包装盒的成本将近10元钱。对于799元的手机来讲，10元实在是天价了。有些人建议，别人用2元的，我们用3元的也好。但是雷军后来说，不行，我们不能因小失大。坚定的维持小米的一贯品质。管理者在做决策的时候，会经常面对来自很多部门的压力这些都会动摇公司的战略目标，因此，坚持正确的方向，强化品牌战略，这一点在设计战略执行中尤为重要。

3．解放团队

当明确了设计战略目标，坚定了死磕的意志，接下来很关键的就是学会解放团队，激活更大的生产力，提供设计管理的组织保障。其中核心是让你的员工对你的产品有爱。当我们经常作为决策管理者的时候，我们要学会将心比心，换位思考。小米是由一群发烧友做起来的，不必怀疑他们对产品原生的爱，而公司要做的就是保护并进一步激发他们的热情。小米向海底捞学习，吸收其静华，海底捞就首先做到了高度关怀自己的员工，爱自己还爱自己公司的产品才能使得员工对顾客的服务热情发自内心。

小米设立了一套更合理的机制，让爱产品的能量有效率地推动设计工作。关于设计团队的管理，小米的策略是从抱怨中发现问题，找到解决的入手处。最常见的抱怨是“我们产品经理和设计师协作的效率很低。”很多互联网项目的开发节奏都已经经历了“从年到天”的变化。面对开发的迭代加速，要建立配套的项目组，最有效的方法就是全部碎片化。

小米目前总共有数百人左右的设计师团队，但不再是大的设计中心这样的整体架构，而是分到若干项目中去了。而且在全面的项目化结构中，都没有复杂的任命，大家都不要操心我什么时候升主管，什么时候升经理等。他们直接跟产品经理和设计师组队，发挥灵活的小团队效率。这种做法背后的行业趋势其实已经被不少人重视了。在同一总体设计品牌战略下，不同的产品、不同的设计应用场景，对于设计风格、表达方式和传达渠道的需求自然都不一样，这就是大家都看到的元素集中、表达离散的趋势。同时，设计师和产品经理的身份也开始有更多的融合趋势，小团队模式显然更能适应这些变化。

为了避免不懂用户产生不接地气的产品设计，在小米内部，设计管理者要求员工全员去泡论坛、发微博，不断跟用户交流、倾听用户的声音，让用户参与产品、营销的设计，从而构成了小米商业模式的底层基础。比如MIUI（米柚）的开发，MIUI的设计师、工程师内部全部泡论坛，每周快速根据用户的意见来迭代，甚至小米的内部奖励，不是老板认为你做得好，而是全部依靠用户觉得设计合理票选出来的。这种力量是循环互动的，当你很认真地对待用户的时候，用户也会用心对待你。经常和用户互动沟通，听他们的建议，帮他们解决各类问题，有玩者之心的团队，才会真正爱自己的产品，爱自己的用户，这才是解放团队真正的核心。

小　　结

通过本章的学习，同学们从中了解到设计理念，设计战略，设计管理在整体的设计布局中的重要作用，通过案例分析更能够形象的展示出设计战略对于设计运营的起到的带头作用。通过此章节内容与科技创新部分内容形成呼应，使得设计理念和科技创新更好的融合在设计之中。

习题与思考

1. 大家讨论对于大设计理念的认识，并结合目前流行的设计观念进行探讨。

2. 选取知名品牌企业，进行从设计管理到设计战略方面的研究分析，并形成1 500字左右的报告。

第三部分　产品概念设计与设计竞赛

第7章　产品概念设计与设计竞赛

本章学习重点：

1. 分析产品概念设计发展趋势，理解各设计竞赛主题。
2. 研读经典获奖作品，体会各竞赛作品风格，分析其获奖点，衍生自己的产品概念。
3. 掌握各设计竞赛参赛注意事项。

参加高水平的设计竞赛有助于提高同学们的设计实践能力，也是自己的设计才华被认可的一种重要途径。工业设计著名的设计竞赛的获奖点往往都关注于产品概念的创新，所以产品概念设计课程的实践教学的理想方式是“以赛代练”。目前业界公认的高水平设计竞赛包括：德国的IF、RedDot、美国的IDEA、日本的Good Design Award。它们以主题紧扣专业前沿趋势、高水平的参赛作品、严谨的评审过程而闻名，能获得此类奖项对每一个设计从业者都是一种巨大的荣誉。近年来，随着我国设计行业的发展，中国设计红星奖也受到了越来越多的关注，其参赛作品数量逐年增多。为了保持竞赛质量，其获奖作品数量依然保持很少，而且竞赛主题与中国设计面临的现实问题关系紧密，使其影响力逐渐提升。本章内容围绕工业设计竞赛，依据各竞赛特点和经典获奖作品，分析各竞赛侧重点并指出参赛过程中应该注意的细节。

7.1　参加设计竞赛

7.1.1　综述

概念设计源自于大规模工业生产之前对市场需求的预判，市场需求则由用户和市场共同决定，即能够促进消费或提供良好体验的产品都是好产品。而在其中，设计扮演着重要角色，但是设计没有“责任”决定一项产品是否成功，它可以是一个关键手段，让产品与众不同，但它无法“担保”产品在市场中源源不断地吸引消费。

这种情况下，设计大赛对设计师的独特价值就凸现出来了，设计大赛主要认可的是一件产品在设计方面的价值。比如图7-1所示的茶经茶包，它是2012年IF概念奖的获奖作品。与图7-2的立顿红茶相比，它的茶袋的制作工艺要更复杂，获奖茶包需要装订四边，而立顿只需对折；除此之外，往茶袋中装入茶叶的加工流程也会因为这个造型的改变而带来困难。获奖作品茶袋上的字样也存在一些困难，比如如何保证着色剂在高温下不溶于水，也不会对人体产生毒害，这些让设计感到无从下手，甚至会因为市场推广、品牌因素、名人效应等多种影响异化、弱化设计在产品中的价值，使得很多优秀的设计无法得到合理的市场反馈。但是，这些都并不是无法解决的问题，只要有了足够好的概念，生产加工的问题只是成本问题。

而为什么具有如此多“缺点”的设计却能得到iF奖的认可，我想所有爱好设计的人心中自然明白，就是设计在其中创新的价值。这样的一件承载了中国传统茶文化的茶包，抛开其他所有因素不谈，但从这一点而言，它就已经远远超越了立顿这种快餐式的茶包，此外，由于它并未因为增加了一些文化内涵而影响整体功能，因此从iF众多的参赛作品中脱颖而出。

图7-1　IF获奖作品茶包

图7-2　立顿快餐式茶包

7.1.2　以大赛“验证”设计概念

尽管这一章的内容讲解的是如何参加概念设计大赛，但是在这里，依旧要阐述一个观念：未来想要成为设计师，就永远要记住，验证设计的最好途径就是市场和用户，千万不要把大赛作为评定设计好与坏的绝对标准。

那学生还为什么要参加概念设计大赛呢？因为无论是从时间投入、财产投入还是精力投入的角度来看，设计大赛对于学生而言，无疑都是“验证”自己设计概念的最佳途径。因此，参加设计大赛的最根本的目的就是要验证自己的想法是否符合当今设计的要求，自己的设计是否考虑得周全，并最终能够通过获奖与否得知自己的设计是否能够得到国际评委的公认。一般而言，国际评委都是身经百战的设计师，所以，他们敏锐的嗅觉往往能够辅助他们准确地判别什么是真正有价值的产品。

当然，经过大赛验证后没有获奖的作品并不意味着没有价值，如果你依旧对自己设计的正确性深信不疑，那恭喜你，这至少证明了你拥有一个很多设计大师的品质——自信，如果你的自信是建立在对这个设计概念的反复尝试和思考之上的，那么这对于一个学生而言，可能比获奖更加有利于成长。

总之，切忌以功利的态度对待大赛，因为一件好的作品才是设计师真正应该追求的，以产品惠及到用户才能够实现设计师的价值，否则，无论是什么大奖，都不足以证明你的实力。

7.1.3 参赛的价值

按照商业的思维，凡事都要考量投入与产出经济性，设计也不例外。参赛就一定要有所回报，这种想法并不功利，因为，回报的形式多种多样，可以是奖金、奖状也可以是经历或经验。总之，在参赛过程中，一定要让大赛为你回报足够的价值，毕竟你在大赛中投入了大量的时间成本、经济成本以及机会成本。

那么参加概念设计竞赛究竟能为你实现什么价值呢？

这里从两方面展开叙述。

首先，是个人的提升。几乎所有参与设计竞赛的人都有的共识：在参赛过程中，他们的设计水平得到了提升，当然，具体提升的方面因人而异。因为在一个参赛流程中，设计师需要从提出概念、组建团队、项目管理、手绘草图、模型制作、版式设计等多角度，全方位地去设计一件作品，这样，给了学生们一个熟悉项目流程的机会。

从大赛中熟悉项目流程要远优于直接参与项目，因为相对于真实项目，大赛更加无拘无束，而且设计作为一个创造性的行业，往往在没有压力的环境下，才更容易诞生优秀的作品，当然这个观点也有不少设计师持反对意见，他们认为时间节点才是设计的第一生产力。

其次，是价值的创造，这里的价值创造包含两个方面，第一个是为用户创造价值，因为世界上每诞生一件优秀的作品，都在为用户创造着价值，而能够获奖的作品，往往都是优秀的作品，因为它们都用巧妙的方式解决了产品需求中的问题；第二个是为设计师创造价值，通过获奖，可以有效地推广作品和设计师本人，间接或直接获利。一旦产品概念推广成功，就要面临量产。由于投入生产需要一笔数目不小的投资，因此，对于获奖设计师而言，可以有多种方式去解决这个问题，比如天使投资、众筹渠道、银行贷款、企业合作等。毕竟，大奖是宣传和推广的一个好噱头，是设计成功向商业成功过度的理想助推剂。

7.2 国际著名设计竞赛介绍

由于设计本身具有难以量化评估的特点，国内外举行了数不胜数的设计大赛来汇集创意，但是，大赛中也往往混杂着许多目的不纯的奖项，这些都要参赛者自行甄别。为了方便大家了解什么样的设计大赛才是好的大赛，按照参赛者的经验和反馈，这里把现有著名的设计大赛进行了一下分类：

1. 独立设计大赛（见图7-3）

独立设计大赛往往由设计师协会、工业设计促进会等机构组织，由于没有过多或直接牵涉赞助商、主办方等问题，因此，往往是最具公平性的大赛。但是，也正因为没有主办单位的支持，独立大赛往往需要向参赛者收费。不过参赛费绝对是值得的，因为最具权威性的大赛几乎都是独立设计大赛。

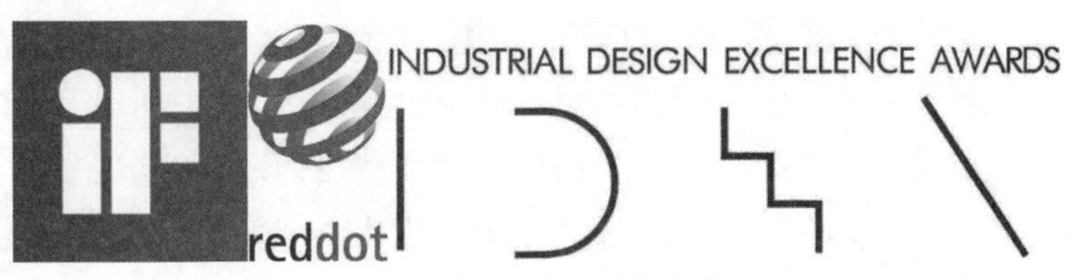

图7-3　设计界影响力最大的3个设计竞赛奖，iF,RedDot,IDEA

2．企业主办的大赛（见图7-4）

企业主办的大赛往往目的性非常明确，就是挖掘好的创意，吸引优秀设计师，其中比较典型的有海尔的卡萨帝设计大赛，联想的工业设计大赛等，几乎所有国内企业都举办过这类大赛。这类大赛往往以高额奖金或者实习机会来吸引参赛者，参赛者也主要是一些学生或者初创的设计事务所。另外，一些跨国企业也经常会举办这类大赛，比如无印良品、起亚等，它们还有一个其他目的，就是了解中国市场，让中国本土设计师将中国的市场需求以参赛作品的形式翻译给它们。

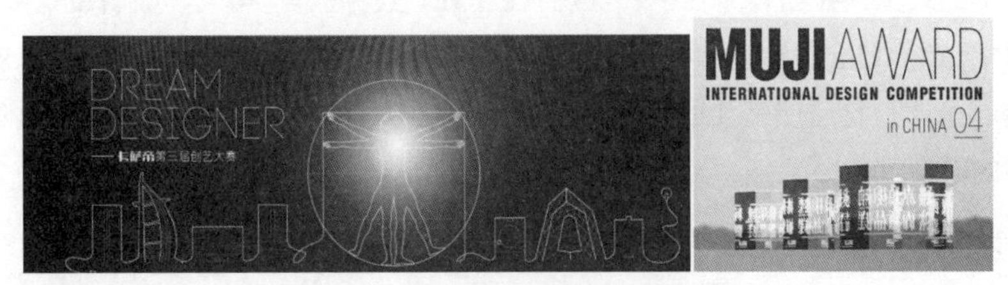

图7-4　企业主办的著名设计竞赛

3．政府机关主办的大赛（见图7-5）

随着我国政策对创意产业的鼓励力度逐步加大，多地产生了大量的创意产业园区，工业设计园等，为了调动地区设计的积极性，很多地方的有关部门组织了许多诸如招贴、旅游纪念品等的设计竞赛。比如，故宫的紫禁城杯、无锡的太湖杯等。

图7-5　政府主办的设计竞赛

4．工作坊式的竞赛

由于许多学生可能没有充足的时间参加设计竞赛，因此，工作坊的比赛模式就出现了。工作坊，即Workshop，一般会由企业、学校或实验室主办，之前往往会确定一个主题，进行宣传，然后在比赛前几天或比赛当天进行组队，然后举办一个从几小时到几天时间的工作坊，最终参赛的作品可能是概念也可能是一个可验证的实体模型。参赛者往往会获得一个证书和一些奖品以及少量奖金。除了此之外，工作坊的主要优势就是可以在短期内产出产品，效率往往较高，而且可以通过工作坊的形式组建团队，认识导师。

5．创客大赛

创客被克里斯安德森喻为新工业革命，美国总统奥巴马决定把6月18日定为全美“创客日”。自从创客的概念提出之后，中国的创客运动就如火如荼地展开了。创客的基因仿佛一夜之间深入到了每一个角落，而创客大赛自然也不会落后，一时创客大赛风生水起。因为需要场地和配套硬件，创客大赛往往由创客空间或硬件生产厂商主办，与之前几类大赛不同的是，创客大赛往往可以吸引来大量的技术力量，无论是硬件还是软件，都能在短期内实现，因此，创客就成了一些概念设计师的天堂，在创客大赛中，实现自己的创意也成了这类大赛吸引设计师的魅力。

把各种大赛总结成五类之后，相信下次再看到林林总总的各式大赛，就能够练就一番火眼金睛，准确看出哪个才是自己所需要的，然后放手大胆尝试参与。下面就列举一些国际知名的、公认最具权威性的设计竞赛分享。

7.2.1 IF设计竞赛

IF设计竞赛由三部分组成，即IF设计奖、IF学生奖项和iF为客户策划的奖项。其中，IF设计奖包括产品设计奖、传达设计奖和包装设计奖；学生奖项有IF概念设计奖以及每年的特殊奖项；IF为客户策划的奖项有台北国际自行车展创新设计奖和台北国际计算机展创新设计奖两项。

IF Design Award（IF设计大奖）由德国IF（International Forum Design）汉诺威国际论坛设计有限公司主办， 诞生于1953年，有悠久的历史，被公认为全球设计大赛最重要的奖项之一，在国际工业设计领域有“设计奥斯卡”之称。IF概念奖虽然是专为学生设置，但竞争依旧十分激烈，甚至是三大奖中获奖比例最低的，2014年，IF概念奖共计收到11 847份有效参赛作品，其中91件获奖，但是IF概念奖由于有多家企业赞助的支持，因此不需要参赛者缴费。图7-6所示为2014年IF设计大赛获奖作品——8度电池。

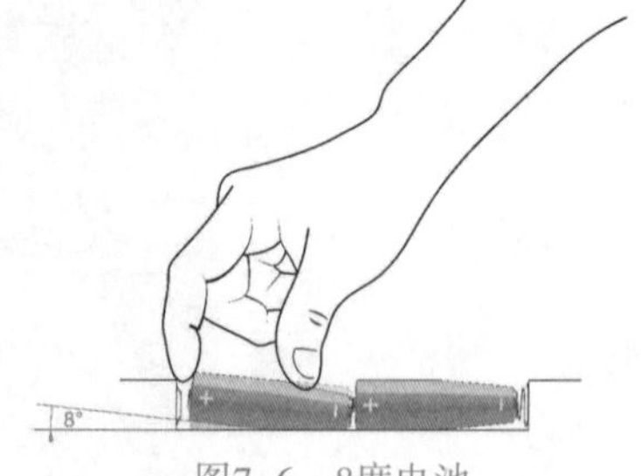

图7-6 8度电池

这里希望参赛者注意的是，IF概念奖官方提供了一份《十项评先选标准》，包括：创新程度/创造性、设计品质/行销、实用性/概念周密性、功能性、适用性、材料、永续性、社会责任、通用设计、安全性。

这里针对一些相对重要的标准进行阐述，首先，创造性，IF官方对创造性的表述是：作品是否是一个新的想法？作品是否改善现有既存的问题？改善到何种程度？可以看出，对于创造性的定义相对于无中生有，IF官方更加强调的是对于现有产品问题的发现以及再设计。

此外，就是关于其对通用设计的要求，狭义的通用设计指的是针对残疾人的设计，也是概念设计大赛最常获奖的主题之一。对于通用设计，IF官方的定义如下：作品是否符合通用设计的标准？产品对目标族群外的使用者来说是否实用、有吸引力。由此可见，在官方定义中隐含了某些产品对残疾人关怀的暗示，但是，IF对通用设计的定义却是广义的，它还包括更广泛的适用范围，因为它强调的是目标人群外的人群适用性，可见，如果某件设计作品是专为残疾人设计的，但是却也兼顾了普通人使用的体验的话，依旧会被IF认为是好设计。

这里引用IF大赛执行长Ralph Wiegmann的一段话来帮助参赛者更好的理解IF的评审标准："世代在改变，对于产品的需求也有不同，也因此造就产品功能性的转变，过去讲求科技主义，未来则是在科技之上创新、回归人性，这是对设计师的一大挑战，他们必须通过梳理过去，化繁为简，在先进的科技之上，以批判性的态度，反思产品如何在功能性之外更友善地贴近人性与生活，惠及更多用户。"从Ralph Wiegmann的话中可以分析，IF其实继承了德国多年来的功能主义传统，不同的是，它不再拘泥于功能与形式二者之间的关系，而是将功能主义上升到了一个新的高度。

IF官网：http://www.ifdesign.de；IF中文官网：http://www.ifdesign.de/language_chinese_e。

瓶盖可以作为放大镜的药瓶，是2012年IF概念奖的获奖作品（见图7-7），它借助瓶盖的形态，添加了一个放大镜功能，方便老年人去看到说明书上的小字，但是，却忽略了大部分药品都应该具有避光的特性。

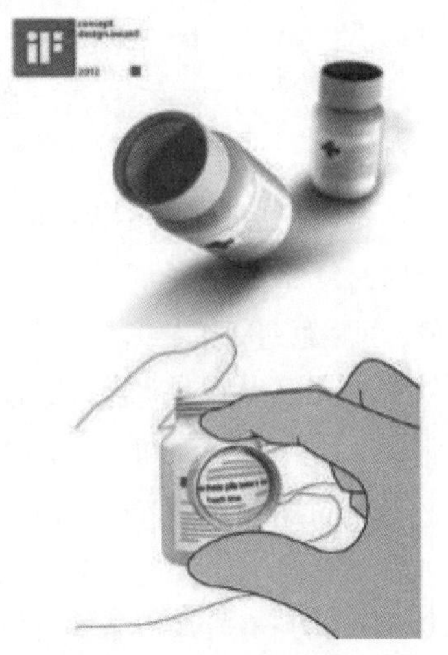

图7-7　药瓶设计

通用设计，在为流浪者提供住所的同时，也可作为非目标用户的广告灯箱（见图7-8）。

图7-9所示作品关注的非常明显是安全，同时它还创造性地发现了一个广发存在却又被忽视的问题。解决方式不添加过多的复杂流程，而且视觉效果相对美观。

图7-8　广告灯箱设计

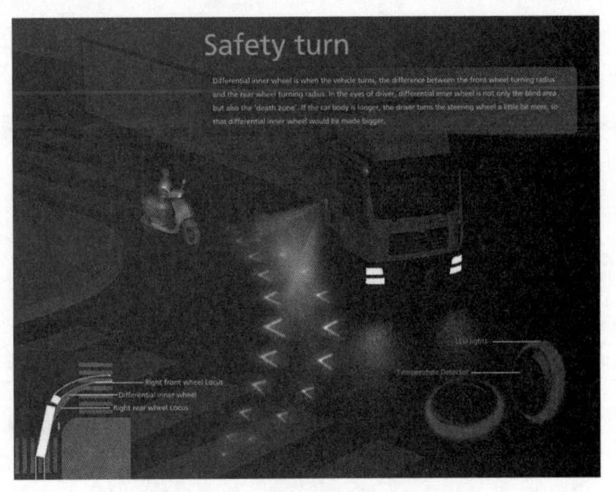

图7-9　2014iF概念奖获奖作品

7.2.2 REDDOT设计竞赛

红点奖的历史可追溯至1955年德国北莱茵——维斯特法伦设计中心（Zentrum Nordrhein Westfalen）在埃森（Essen）创立的一个“非商业利益导向”的设计展。1991年Peter · Zec开始负责设计中心的管理工作，根据当时设计的发展形式创立了面向国际的设计竞赛——Roter Punkt（德语：红点）奖，随后改为英文名：Red Dot Award，即红点奖。2000年为了形成统一的品牌，将产品奖与传播奖更名为我们今天所见的红点设计产品奖与红点设计传达奖，红点概念奖的命名也源于此。

红点概念设计大奖，英文全称：Red Dot Award: Design Concept，由红点奖（Red Dot Award）现任主席Peter · Zec先生于2005年创立，是红点奖家族中最年轻的成员。2012年，红点奖三大奖项共计收到参赛作品逾15 000件，是国际上参赛规模最大的设计竞赛之一。

红点概念奖主要面向年轻设计师及在校学子，参赛作品主要是设计概念或由概念衍生出的设计样品，2013年共分为24个参赛类别，以产品设计为主，同时涵盖包装设计、环境设计等诸多设计领域。2012年红点设计概念奖共计收到全球57个国家3 672份参赛作品，连续六年保持增长的势头。

但是，在这里不得不提出的是，红点概念奖虽然作为面向全球征集作品的赛事，参赛作品遍及全球五大洲，但绝大部分来自亚洲，具体来说，主要来自韩国和中国。这里的绝大部分所指的比例，可以通过一组数据来表达。

2010年红点奖亚洲主席邱智坚先生访华时，Billwang网站CEO庄俊雄对其进行过采访，邱主席在采访中透露了2008～2010年三年间中国大陆地区参加红点概念奖的情况。设计 · 中国网站（www.3d3d.cn）于2008年发表的一篇关于当年红点设计概念奖的报道中曾透露韩国2008年参赛作品数为741件，通过计算可以得出，2008年中韩两国（暂未统计中国台湾省）共计投递作品1 027件，占所有投递作品总数的53.88%。通过近五来年来对红点概念奖获奖年鉴的统计，以及2008～2010三年中国大陆地区参赛作品的递增趋势，我们可以发现，中韩两国近五年来获奖作品数量占所有获奖作品总数的百分比分别为：72%、74%、74%、75%、79%，呈递增的趋势。

当然，数据可能并不够直观，因此，除数据之外我们还有另外的方法来感受红点的参赛者构成，相信登录过红点官方网站的人都应该发现，红点官网上的语言选项，除了本国语言德语、英语之外，赫然多出了韩语及简体中文的选项。由此可见，红点还是非常重视为参赛选手提供方便的参赛通道的。

用了比较大的篇幅讲解红点概念奖（近几年，几乎成为中国和韩国包揽的大赛），并不是为了贬低它的价值，作为世界三大奖之一——红点依旧有着它无法比拟的权威性，这点毋庸置疑。而参赛选手的构成之所以如此集中，其主要原因也并不在红点，而在于中韩两国的设计都在迅速发展，有大量的设计师需要一个国际化的舞台展示自己的设计才华并得到认可，再加之本身这两国的人口基数就较大，设计师比例又在逐年上升，因此，自然而然就会有大量的参赛设计师。

因此，相较于IF而言，红点概念奖可能更加易得一些，但由于它的每件作品都需要参赛费用，因此参赛作品质量也都相对较高。

红点奖官网：http://www.red-dot.de/press/；红点奖中文官网：http://www.red-dot.sg/zh/participate/about/。图7-10、图7-11、图7-12所示为部分红点奖获奖作品。

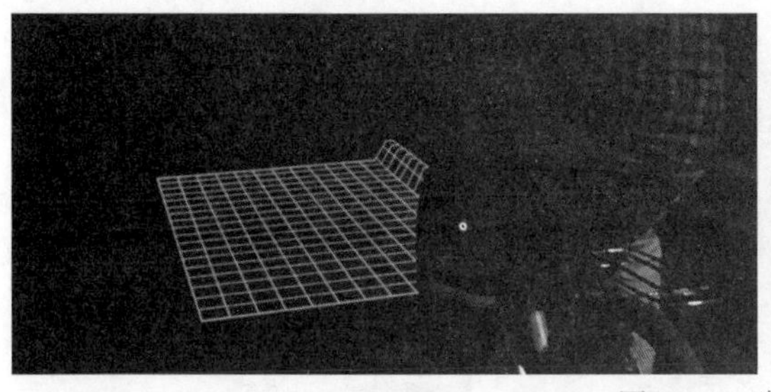
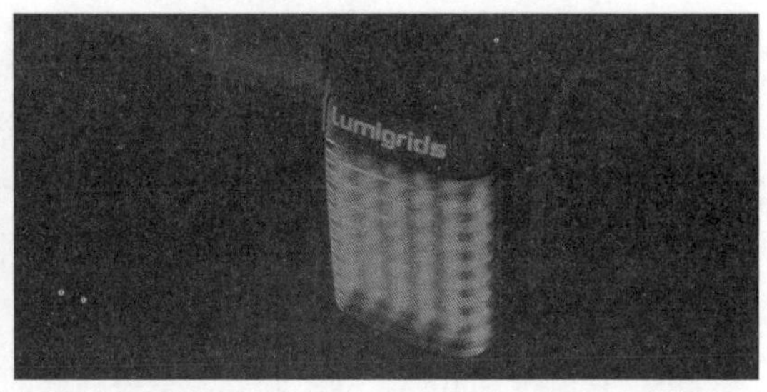

图7-10　路面投射灯

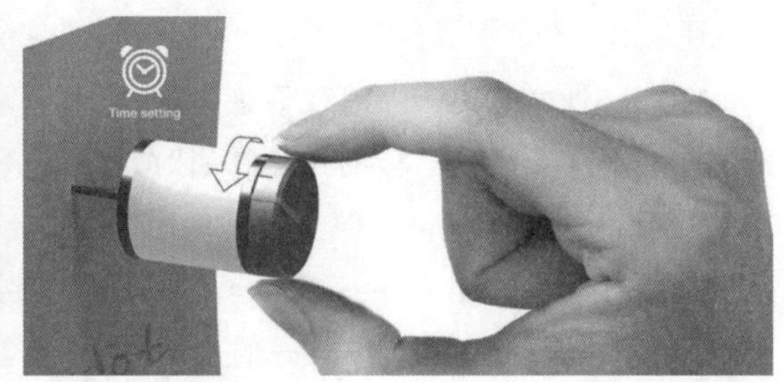

图7-11　计时提醒功能的图钉

图7-12　红点钟爱的自然灾害解决方案

7.2.3　IDEA设计竞赛

美国IDEA奖全称是Industrial Design Excellence Awards，即美国工业设计优秀奖。IDEA是由美国商业周刊（BusinessWeek）主办、美国工业设计师协会IDSA（Industrial Designers Society of America）担任评审的工业设计竞赛。

IDEA设立于1979年，主要是颁发给已经发售的产品。虽然设立时间较短，却有着不亚于IF和红点的影响力。IDEA的作品不仅包括工业产品，而且也包括包装、软件、展示设计、概念设计等，包括9大类，47小类。

每年都会有上万的作品参加IDEA的评选，奖项分为金奖和银奖，从上万件的作品中，专家们会从中挑选出100件左右的优秀作品，给设计者颁发荣誉证书。

IDEA官网：http://www.idsa.org/idea；IDEA中文官网：http://www.idsa.org/idea-2014-chinesedocuments-and-forms。

7.2.4 其他有影响力的设计竞赛

Good Design Award优良设计奖（日本）——日本优良设计奖，即业内广受称道的“G Mark”大奖，拥有45年历史，是由日工业设计促进协会针对优良设计产品所颁发的奖项，是亚洲最具权威性的设计大奖。Good Design Award不仅重视产品造型语言，更强调消费者使用经验与产品便利性的创新与突破，凡是获得「G」(Good Design)标志的产品，即代表设计和质量的双重保证。

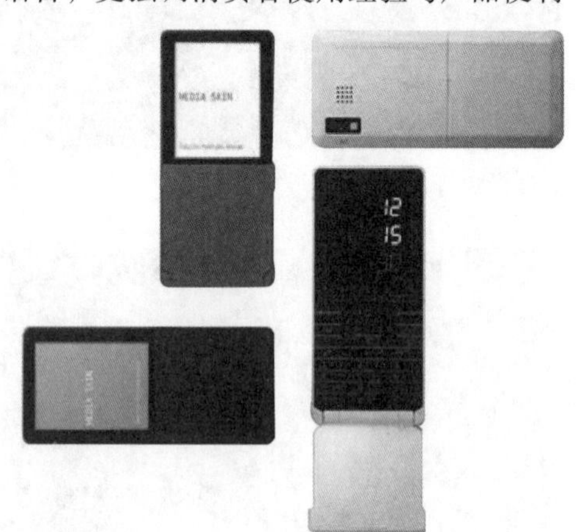

图7-13 日本优良设计奖获奖作品

可能是由于价值观念的不同，优良设计奖的获奖作品往往与之前提到的三大奖有显著不同，但是，无论如何，还依旧都是能够服务于人的好设计。

图7-13所示为是非常有代表性的日本2007年的优良设计奖获奖作品，这样的作品在当时是什么概念？2007年时第一台iphone发布，而当时日本所认定的设计美学已经能够看到iphone 4的影子，只是限于制造工艺和技术水平，没有达到iphone的水准。图7-14所示为2014年优良设计奖获奖作品。

图7-14 2014优良设计奖获奖作品

红星奖和红星原创奖，是中国自己的国际级设计大奖，其获奖难度不亚于iF，RedDot，IDEA

三大奖项。

2006年，在中国设立“红星奖”，以鼓励好设计师，推动设计产业发展。2013年参评数量已跃升到千余家企业5 000多件产品。目前，已有29个国家、3 716家企业的30 485件产品参评，包括戴尔、摩托罗拉、3M、惠而浦、飞利浦、伊莱克斯、LG、三一重工、雷沃重工、联想、TCL、海信、创维、苏宁、美的、汉王、浪潮、小天鹅、李宁、探路者等国内外众多知名企业，是中国设计界、企业界极具影响力的奖项。

红星奖是国际工业设计协会联合会认证奖项，秉承“公平、公正、公益、高水平、国际化”的原则，聘请中国和国际著名设计专家担任评委，保证了奖项的国际水准和社会公信力。红星奖与中央电视台、经济日报、中国日报、科技日报、新浪、搜狐等数十家专业媒体保持良好合作关系，宣传优秀设计企业、设计师和产品。

在北京“设计之都”大厦建有红星奖博物馆，每年还组织部分获奖产品赴国内外进行10余场巡展，所有获奖产品都有机会参加展出推介。每年3月中旬至6月底，在中国注册的企业设计、生产、销售的产品可以报名参评，年终举行颁奖活动。

总之，作为中国设计师若获得红星奖，将会有更多的个人推广机会，非常有利于个人发展和为自己建立良好的设计环境。图7-15、图7-16、图7-17所法为部分红星奖作品。

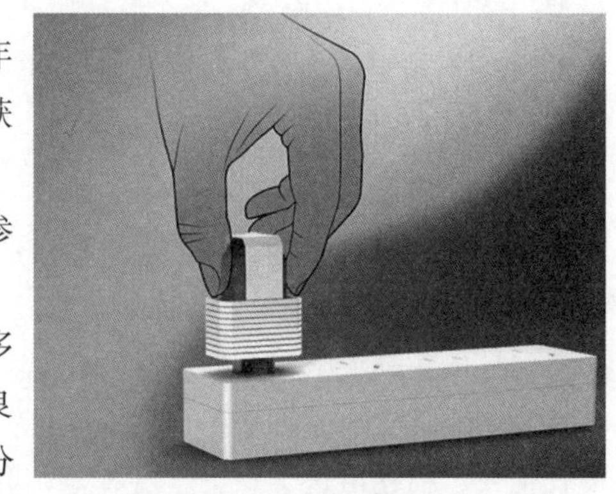

图7-15 单手可插拔的插头

图7-16 书灯

图7-17 无限刮勺

7.2.5 设计竞赛之外验证设计概念的手段

这里主要阐述的依旧是“验证”的观念，正如前文中所说的，参赛只是对于学生而言性价比最高的“验证”手段，但绝对不是最优的。如果真的想要做好产品，那么需要一步一步地优化，不停询问用户感受，让体验和灵感共同引导设计的前行，让设计思考为产品提供一个易用且友好的真实形态。

因此，除了设计大赛之外，这里还推荐几种设计概念的验证手段。

1. 网络

这里所说的网络可能过于宽泛，但是网络就是这样一个神奇的东西，你不要对它有任何限制，因为你甚至可以用无数的经由网络的方式来验证，比如问卷调查就是一种非常重要且详细的手段，但是谁又能否认聊QQ是一个深入调研的良好方式呢？所以网络是非常有力地辅助你完成概念迭代的工具，这里推荐一个网站——“next buy”，它通过分红等机制，调动消费者参与到对产品概念的评价中去，从而让产品在投入生产之前就可以得到大量的来自于消费者的直接反馈。

2. 模型

模型永远是最直接的手段，也是在不考虑成本的前提下的首选手段，但是这里要强调的就是模型的保真度。一般而言，一个有高保真度模型完全可以达到验证的效果，比如在制作一个App的时候，可以用实际程序来制作模型，也可以巧妙利用PPT制作，这样效果不会有太大差别，但是节省了大量时间，如果可以再低保真一些的话，设计师甚至可以用便签纸来制作模型，通过手动的方式来给用户模拟操作体验。只要能得到反馈，验证自己的想法，永远没有错误的方法。这里推荐大家参考精益创业模式的MVP模型，即最小可行性模型。

3. 描述

通过语言描述来验证似乎是每个设计师最原始的技能，但是这也往往是最快、最佳的方式，在一个点子冒出来的第一时间，作为设计师，就应该在保护产权的前提下，马上去找身边的任何人，描述出这个想法，看看他人的感受，这就是一切验证的最初始的方式，也是最有效、最高效的。

4. 视频虚拟场景

用视频模拟的方法，让用户不需要亲自体验，也能够对这个产品有大致的感受，这也不失为一种好方式。

总之，验证的方式多种多样，主要取决于你的成本预算和你要验证的产品自身的特点，活用这些方法验证，可以直接提升你产品的质量，而拿验证后的产品去参赛，也可以提升获奖概率。

7.3 概念设计竞赛参赛指导

7.3.1 参赛流程

IF大赛：

（1）登录官网，http://www.ifdesign.de/，注册账号（若已有账号跳过此步）。

（2）登录账号，进入my IF。

（3）单击“Currently applicable iF competitions”下的“IF concept design award 2014”旁的“open”。

（4）单击红色“open”后出现的红色“Apply entry”。

（5）填写报名表：按照要求填写“Entry Data”并根据作品选择参赛类别等选项。

（6）单击“submit”，在报名表提交成功后会收到官方的确认邮件。

（7）上传作品图片及文字说明（一般图片要求存储字节不超过2MB，尺寸不超过300×300 pixel，RGB模式的jpeg图片，若存储字节超过2MB将会被网站自动过滤）。至此，已经成功参赛。

（8）（以下步骤为参赛后续操作）若收到官方邮件，有可能需要对产品进行物流描述，即产品尺寸等。

（9）将作品寄送至指定地点，大赛将通过“my IF”官网通知作者是否收到。

（10）获奖结果：将以电子邮件的方式寄送，也可在my IF自行查询。

（11）获奖结果公布后，获奖者可到“my IF”下载得奖标志及相关宣传资料用于作品的商业宣传。

（12）根据大赛官方要求，提供高清晰度图片以便年鉴使用。

（13）大赛将参赛作品实体寄送返还作者。

（14）上传学生证扫描或照片以证明学生身份可以申请免费。

IDEA大赛：

（1）登录IDSA下的Award链接，http://www.idsa.org/awards，注册账号（若已有账号跳过此步）。

（2）登录账号（与IF不同，账号登录不会进入一个专有的大赛网页）。

（3）单击大赛相关链接，进入对应年份的最新的IDEA大赛官网。

（4）登录账号（一般情况下会要求在此步骤中登录）。

（5）填写申请表进入初评。

（6）初评后按照要求汇款，即提交参赛费用。

（7）评审结果会通过邮件发送。

红点大赛（Red Dot Award）：

（1）登录红点官网，http://red-dot.org/，注册账号（若已有账号跳过此步）。

（2）在官网单击最新的红点概念奖链接，“Red Dot Award：Design Concept”。

（3）在参赛页面中，点击我要参赛，登录账号。

（4）初评审：按照大赛要求填写报名表格。

（5）上传作品图片（一般是A3幅面的展板，数量要求在5张以内）。

（6）官方邮件通知设计概念是否进入最终评审。

（7）初评审提完后进入最终评审后，按照要求汇款，并把展示语言更改为英文即可，还可对概念进行更改。

（8）没有经过初评审也可进入最终评审，但直接参加最终评审的作品需直接以英文提交，且不享受初评审的相关优惠。

（9）获奖后，会受到官方贺函，之后可前去填写获奖者服务要求的网上表格。

（10）颁奖典礼：在新加坡举行，获奖者需应大赛要求，完成最终的参赛流程。

7.3.2 注意事项

IDEA：

（1）凡是学生参赛，皆须把作品递交于“学生类别”之下。

（2）上年参赛但未获奖的作品如仍满足今年参赛要求，则仍可递交参赛。

（3）“概念设计”参赛作品不能是任何计划投入生产的产品。如果您申请的是“概念设计”则参赛作品不能是任何已经上市或马上计划投入生产的产品。

红点：

（1）普通作品提交时期提交的作品可有初审优势（①可以用英文、中文、德文、或韩文提交您的设计概念。这样在评委允许设计概念进入最终评审，也就是表示您的设计概念有赢获红点奖的潜力之前，无须将作品翻译成英文，如此可以节省时间和费用。②由于只有通过初评审的设计概念才需要交纳评审展示费，所以您可通过极低的提交费来检测设计概念的实力水平。③您可提交多份参赛设计概念，而只需为那些具备红点奖获奖潜力的设计概念支付评审展示费。）。另外，您也可享有一赠一的优惠。每个登记成功的作品允许您免费的登记多一个作品（此优惠只适用于单一的登记表格）。

（2）作品进入最终评审后还可对其进行更改。

（3）国际汇款方式建议使用万事达卡。

（4）红点采用新元，国际汇款后在参赛者的卡中一般换算成美元支付。

（5）在享受1赠1优惠的时候注意要将两件作品填写在一张申请表格，否则提交、汇款后将无法更改。

IF：

需要上传学生证扫描或照片以证明学生身份，可以申请免费。

7.3.3 获奖“偏方”

（1）一定要选择适合你个人风格的大赛，像红点、IF、IDEA、红星各有各的风格，所以在参赛前一定要提前分析往届获奖作品，选择你最喜欢的那种风格参赛，往往有利于获奖。

（2）版式要绝对的简单清晰，要割舍一切不必要的装饰，我看到过很多艺术生的作品，他们版式非常漂亮，但是就是因为太漂亮了，所以吸引了过多的注意力，而IF的评审标准与大多数国内企业举办的大赛还是有较大区别的，酷炫的版式不足以获奖。

（3）产品形态也要绝对清晰！这个是重中之重，也是经常被忽略的，产品本身形态一定要体现产品的主要功能服，以8° Battery（8度电池）为例，它的造型很容易让人注意到它设计的核心是锥化的尾部，也可以理解为你的设计语意要足够明确。

（4）要有一个好名字！这是在你作品足够好的基础上能够加分的点，一个好的名字会给评审深刻的印象，此外，由于展板只有一张，因此，名字作为整个版面上最抢眼的文字信息，一定要为产品的展示起到辅助作用，例如8° Battery这个名字，看到后，就马上会引导评审去找，这个8°在哪儿？

（5）作品英文描述，要多参考往届的获奖作品。由于大部分参赛选手的英语并没有达到英语母语水平，因此，很可能使用一些与设计者本意不符的英文翻译，用字典翻译还好，要是依赖英文翻译软件问题就大了。所以，从语法、到语序再到表述方式以及常用词等，都建议参考往届获奖作品，这样才能保证自己的作品不会因为英文翻译而与大奖失之交臂。

最重要的“秘诀”大概就是以上五条。国际大奖往往是可遇而不可求的，我遇到过许多非常优秀的设计师参赛多年也没有拿到过任何一个大奖，但这并不影响他们的设计实力得到认可。所以，通过参赛来增长经验，一定不要把奖项太过于放在心上，衷心祝愿所有设计师都能够在大赛上有所斩获。

7.4　国际竞赛所关注的热点和趋势

7.4.1　和谐的情感体验

产品的情感体验，目前已经被企业上升到了一个全新的认识高度，曾经在设计界情感化的设计一度被认为是以一种戏谑的态度对待产品，或者干脆是一些设计师把情感化的设计作为一种实用艺术来制作。但是在今天，在体验经济和智能产品的催生下，用户似乎已经不自觉地与产品之间形成了许许多多的情感纽带，比如激动的球迷在看电视的时候，可能会去砸电视，而电视在早期仅仅作为一个视频播放器出现的时候，却无法引起人们如此强烈的情感反馈。因此，情感体验已经成为了设计师在进行产品设计的时候必须要考虑的一个主题了。情感设计的代表作品是唐纳德·A·诺曼（一位享誉全球的认知心理学家，美国西北大学计算机科学、心理学和认知科学教授，加利福尼亚大学圣地哥分校名誉教授）的设计心理学系列书中的《情感化设计》一书。

虽然如此，但今天业界对情感化设计业并无一个绝对的定义，而依旧属于一种理念，也正因如此，大量的以和谐的情感体验为突破点的概念设计，在世界大奖中都有所斩获。笔者在这里以一些广义的创造和谐情感体验的获奖作品为例，进行简单阐释。

图7-18所示为eQu的马鞍是2014年IF概念奖的获奖作品，它是一款会为马创造舒适体验的产品，也就是一款符合“马”机工程学的马鞍。它经过设计团队的反复试验和研究，真正地解决了马在被骑乘的时候所产生的不适。相信看到这里，有情怀的设计师们一定都会或多或少地被这一人与自然和谐相处的理念所感动。但是，无论是企业还是投资人，一般情况下都不会为这件产品埋单，毫无疑问，这只是一件会平白无故增加产品成本的“坏设计”。然而，设计师抓住了这一情感牌，任何人在骑乘动物的时候，一定会与动物产生情感纽带，同时，马鞍可以说是人与马交流的主要产品之一，我们没有理由不把它设计好。此外，对特殊群体的关怀也是典型的情感化设计，例如，导盲杖、盲人用的水杯等。

这里还要举另外一例：如图7-19所示，它也是2014年IF概念奖获奖作品，是一款基于体感设备leapmotion的手部运动康复游戏。这件产品依旧是以和谐情感体验为主打，在关于情感化设计的一片论文（忘了叫什么）中，曾经提出这样的观点：“近几年的情感化设计会围绕着一个主题“游戏化”发展，这篇文章所下的结论或许很偏激，但是我们不妨看看它背后的原因，首先，游戏象征着一种能够刺激你频繁和长时间使用的一种典型的黏性产品，并且在必要的时候，甚至可能刺激你去消费。因此，毫无疑问，正如e代驾的创始人杨家军所讲“游戏会是下一场互联网企业在用户体验战场上的军师。”所以游戏化其实代表的是一种极致的体验，而它有一点优于智能化的是，它更加易于落地。

图7-18 eQu马鞍

图7-19 有助于手部运动康复的游戏

而游戏所带来的体验，相信每个人都曾亲身感受过，它是一种完全地情感体验。这款产品所创造的就是一种基于和谐情感体验的产品，并且运用了最新的体感技术，而且还具有针对医疗康复的弱势群体关怀主题。

7.4.2 全新的使用体验

全新的使用体验是一种对传统使用流程的优化或再设计。这类设计通常来源于对现有产品所存在问题的发现，是非常适合学生参赛者的一类主题。

图7-20所示衣架就是2014年IF概念奖获奖作品，它就是典型地通过发现现有衣架从衣领放入衣服不方便的缺点之后，进行了再设计，创造了全新的使用体验。除此之外，还可以有一种创新体验，是基于最新科技的。

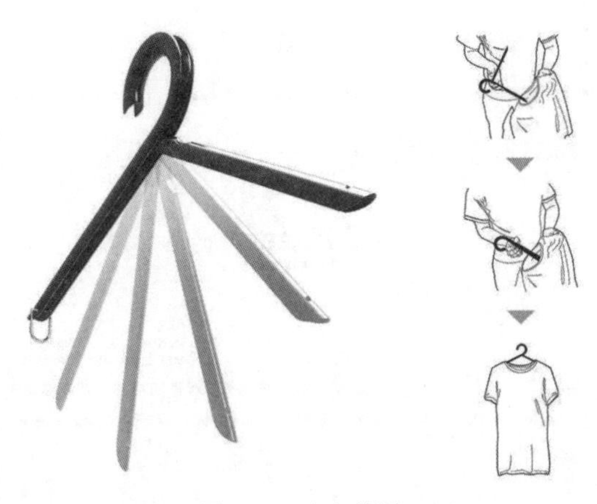

图7-20　衣架设计

图7-21所示的显示器，就是基于透明屏幕的全新体验设计，屏幕作为一个二维操作，其使用体验已经在大多数用户心中形成了一种定式，而这个设计创造了全新的使用体验，即利用透明的平面创造出了一个三维操作体验。

图7-21　虚拟现实技术提供的全新使用体验

7.4.3　流畅的服务体验

服务设计作为一个新兴学科，在近年的设计、商业、管理和计算机等行业都造成了较大的波动，几项大奖也紧随潮流设立了服务设计奖项类别。服务可以说是产品自身的延伸，在产品同质化严重的今天，尤其电子类产品和软件产品，其核心竞争力已经慢慢地由体验转向了服务，例如，相对于安卓而言，IOS系统就在创造一种流畅的服务体验。目前大部分学校并未开设此类课程，学生们可以作为新方向尝试。

图7-22所示为2014年红点概念奖获奖作品，它是以一个服务解决了年轻人惯用电子产品，而造成的无法与老年人顺畅交流的问题。它通过APP提供一项服务，就是把年轻人想要发送给自己长辈的信息或图片，印刷成纸质版，并且寄送过去。这样简单的一个服务，却创造了跨越代沟的

流畅的服务体验。

图7-22　线上线下协同服务设计

7.5　利用大奖创造价值

随着大赛每年举办，获奖作品的数量自然是逐年递增，但是由于大多数概念奖都是由学生获得，而学生尤其中国学生往往不会有把获奖概念继续做下去的想法。因此，大量的优秀概念和设计就这样闲置在大奖的年鉴中，而年鉴的价值也成为了一本杂志，一本指出当年设计趋势的杂志， 就如同时装周一般，大量的概念涌入，经过精挑细选，把优秀概念筛选并展示出来，这些优秀的想法不能够进入市场，惠及用户，非常可惜，因此，本节主要为学生介绍一些经验和成功的案例，来指导如何让获奖作品创造出更大价值。

7.5.1　设计的商业模式

设计咨询制度是最常见的设计商业模式，当然，设计咨询制度也具有多种盈利模式，例如，美国公认的工时付费制；中国大多数设计师的项目合约制等。但是总体而言，都是设计师提供设计服务，作为企业的设计顾问在产品团队中效力。

这一制度的历史要追溯到20世纪20年代末，福特曾经自大地说，“只要汽车是黑的，你就可以把它当做任何颜色”正是这个理念，福特曾一度坚持只生产黑色汽车。同时代的美国通用，则请来了Harley Earl（此处他完全可以看做是工业设计师之父，注意是工业设计师，不是工业设计），他曾为好莱坞定制电影用车，1927年，通用总裁Alfred Sloan任命Earl为新成立的“美术与色彩部”主管，后为“风格部”主管，之后，Earl开创了曲面挡风玻璃等新的汽车形态。最关键的，Earl创造了“Concept Design”的概念，而就在20世纪20年代起，大量公司开始购买通用集团的概念设计，从而Earl的成功直接造就了——工业设计咨询（以概念设计为交付的）这一职业。

说到这里相信大奖所具备的商业价值已经很明显了，就好像产品的推式生产和拉式生产，设计公司是通过订单，设计概念产品，然后交付到甲方，实现盈利，属于拉式生产。而大奖作品，尤其是学生的概念奖作品，大多数都并非甲方要求的产品，因此，这类作品在获奖后，完全可以作为一种已经得到认证了的设计咨询概念去销售给甲方。因此，其实在这种商业模式中，大奖给了设计师自身很大的自由，想要做什么，完全不需要受限制于甲方。

众筹是一种非常火的形式，典型的众筹网站是国外的kickstarter，国内也有淘宝众筹、京东众筹，与红星奖合作的“众筹网”，以及由视觉中国创始人雷海波再次创业所创造的太火鸟众筹等。这类网站都会欢迎获奖作品，而众筹成功之后，设计师直接打通了所有产品链中下游的部分，例如生产商、资金链、渠道商、物流等。因此，短期来看，众筹会是大量个性产品和小批量设计类产品爆发的一个点。

7.5.2　设计能力认证

作为未来即将进入设计行业的学生，一定要时刻准备好被社会质疑设计能力，因为在概念阶段的设计一定都是有缺陷的，当甲方看到这些缺陷之后，大多数是会以一种质疑的眼光去看待设计师，因此，设计师要做的就是不停地寻找证明自己设计实力的途径。大奖就是非常快速有效的途径之一。因此，我认为对于设计师个人而言，即使没有盈利，大奖依旧有着难以比拟的价值。

小　结

通过本章的学习，同学们根据自身专业水平及兴趣，选择适合自己的设计竞赛参与。无论结果获奖与否，其参赛过程对同学们的专业成长都是有益的。通过参赛，同学们可以了解专业发展趋势并捕捉产品概念前沿动态，激发同学设计潜力。如以小组形式参赛，可以锻炼同学的团队合作能力；如跨学科合作参赛，不但产品概念更具竞争力，对设计专业学生拓展知识结构也大有好处。总之，以参加以高水平设计竞赛为主的实践教学形式非常适合产品概念的学习。

习题与思考

1. 每年著名设计竞赛的主题都涉及哪些领域？

2. 同学在了解自身优势和分析各设计竞赛特点的基础上，选择参加一个著名设计竞赛。要求：产品概念新颖、产品形式宜人、视觉信息传达合理。

第四部分　产品概念设计案例分析

第 8 章　优秀产品概念赏析

“8°”电 池

设计者：张印帅 林宏楠，如图8-1。

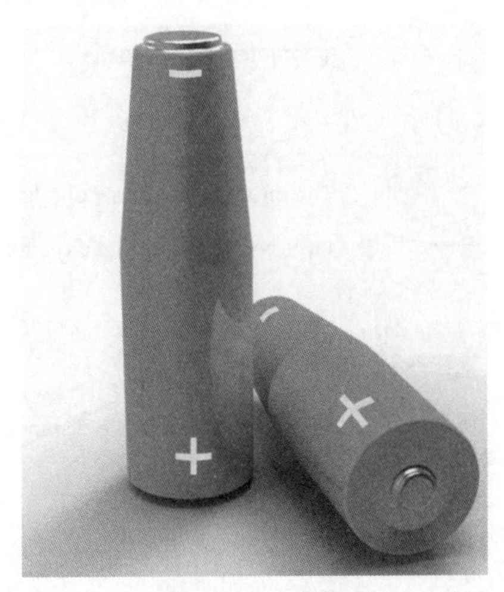

图8-1　8度电池

赏析

把电池从电池仓里面抠出来是一直困扰着我们的问题。这个将电池长度的一半部位截去一部分的新设计能够轻松地解决以上问题：按下电池锥形的那一半，电池的另一端就会翘起来，这样就能很方便地把电池拿出来了。

“易视”胶带（Easy-to-see Tape）

设计者：苗立学，如图8-2所示。

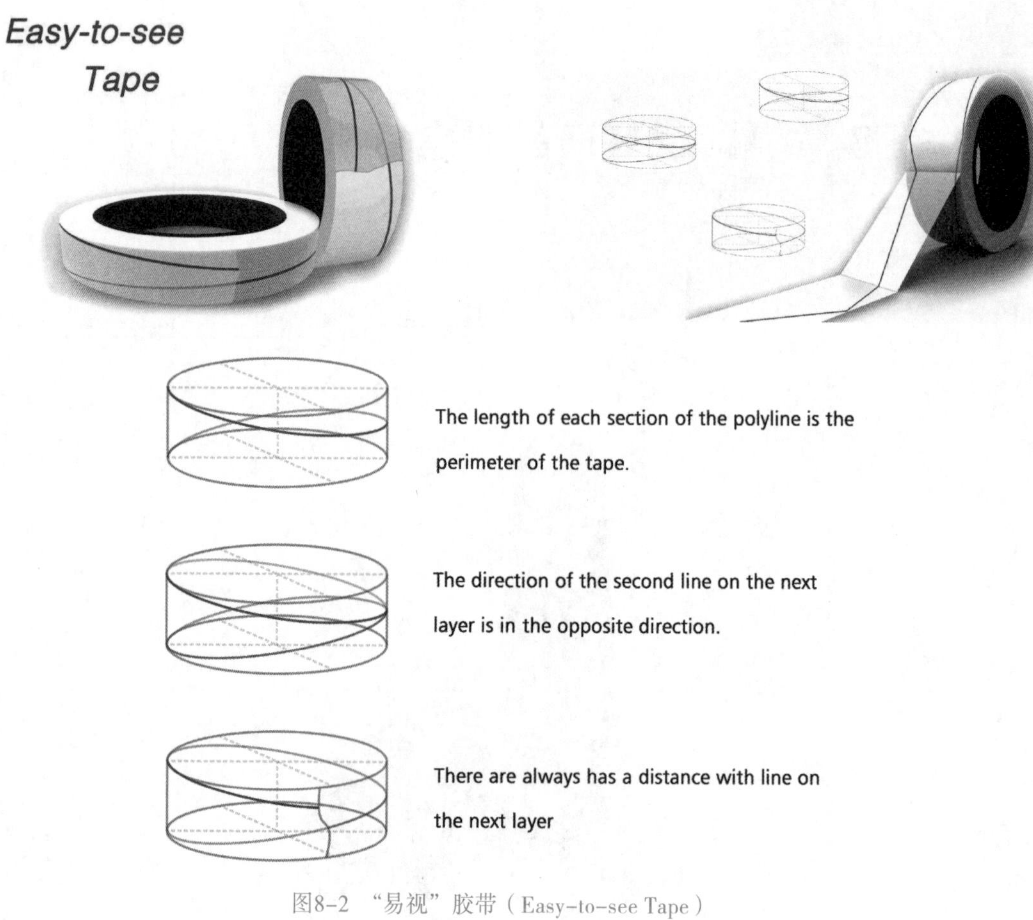

图8-2 “易视”胶带（Easy-to-see Tape）

赏析：

胶带是随处可见的办公物品，但永远也找不到的胶带端口则时常让人抓狂。“易视”胶带的设计用一种非常简单的办法解决了这个问题。在胶带上以每一圈的周长为半周期，画有一条折线。无论在哪一点截断胶带，断口处的折线都会和底层的折线有一段距离。只要转动一下胶带，你就能很轻松地通过折线的标示找到断口。

炭 笔 卷 尺

设计者：张印帅 林宏楠，如图8-3所示。

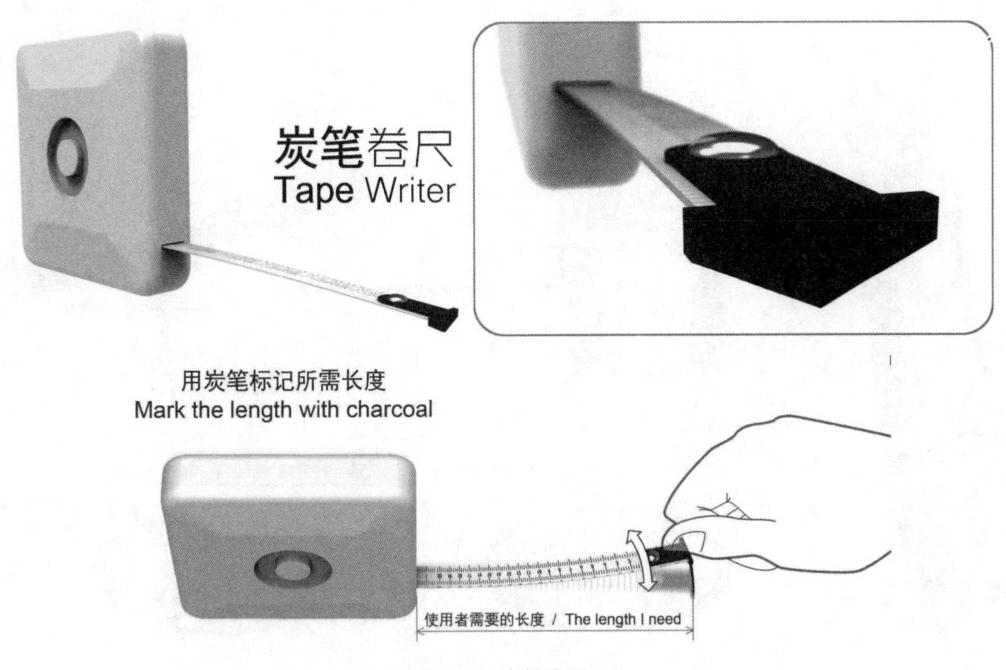

图8-3　炭笔卷尺

赏析：

使用卷尺测量过长度时，你是否经常会忘记所要标记的位置呢？炭笔卷尺的设计就很轻松的解决了标记的问题。利用卷尺端部的炭质卡口，能迅速款素准确的在测量处划下标记。

"Unique"照相机

设计者：彭飞，如图8-4所示。

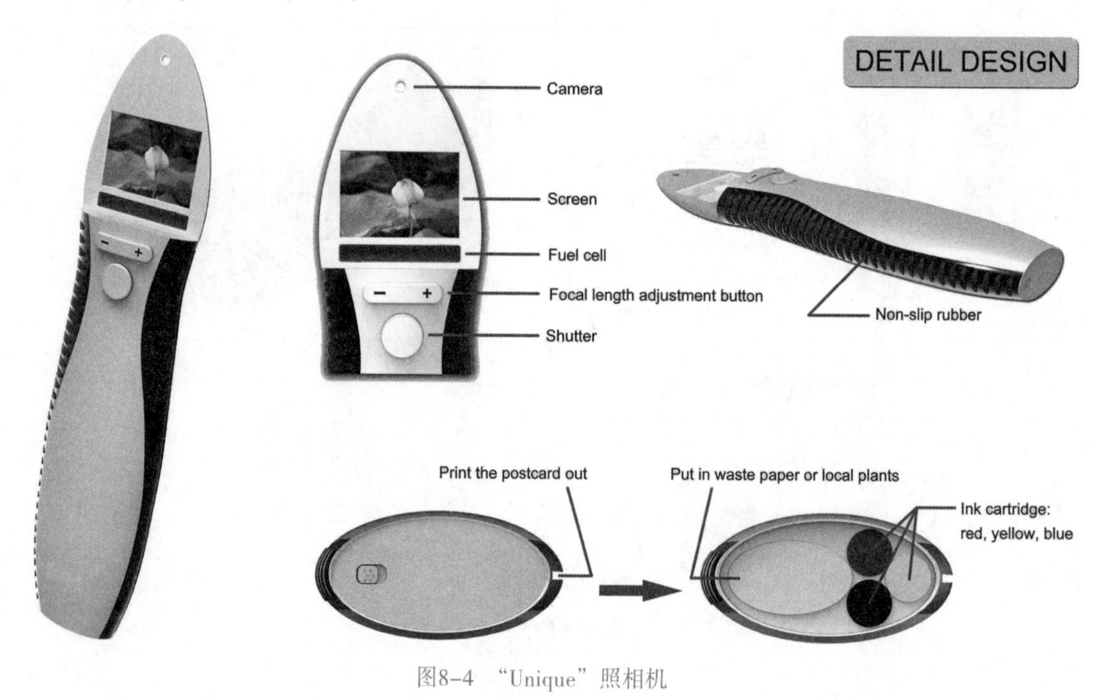

图8-4 "Unique"照相机

赏析

Unique是一款能快速制作明信片的照相机，它的电源由不对环境造成污染的燃料电池提供，最重要的是制作出的明信片是世界上独一无二的，因为明信片上的图片和制作明信片的材料都是独有的。

时间的痕迹

设计者：尹虎 徐雨晗 赵子琛，如图8-5所示。

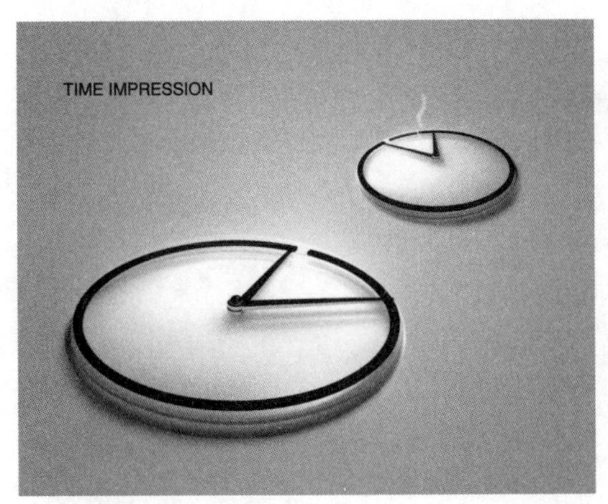

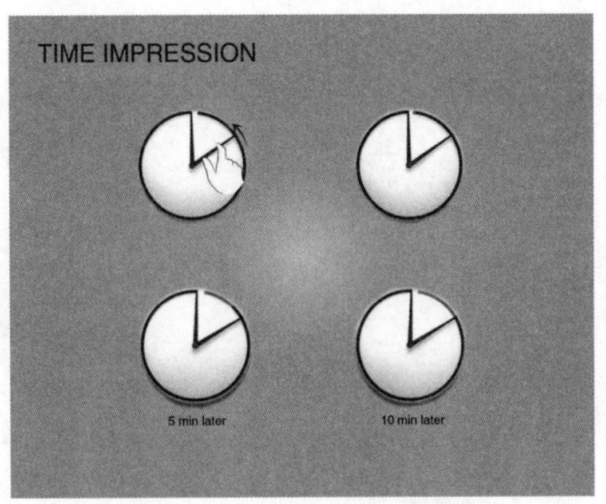

图8-5 时间的痕迹

赏析

“时间的痕迹”参考了中国古代“一炷香的时间”这一说法，同时整个产品的形态是时钟的样子，使其看起来更加简单易懂。产品的主体为一根盘香，整根香燃尽的时间是一个小时，但是香盘上的指针可以指向任意的时间段，当香燃烧时，盘香会因为指针的阻碍而熄灭，此时香盘上也会留下那一段香灰，提醒着我们那段逝去的时间。

当香在燃烧时，伴随着烟一起飘走的是时间。在生活中，我们看不到也摸不到时间，唯有在年老的时候感慨着时间的飞逝，纪念着逝去的青春。所以“时间的痕迹”能给人们对时间最直观的视觉感受，在烟雾飘走得同时，可以感受时间的流逝。当那一段香烧尽时，留下的香灰也能使你回忆起那段短暂而又特殊的时间。

同时，这款作品也是一款可以定时燃烧的蚊香。我们可以在睡觉前将香的指针拨到我们需要它燃烧的时间处，就像空调的定时开关一样。这样我们就能减少不必要的浪费和空气污染。

“Pills man”儿童药品说明书设计

设计者：张印帅、林宏楠，如图8-6所示。

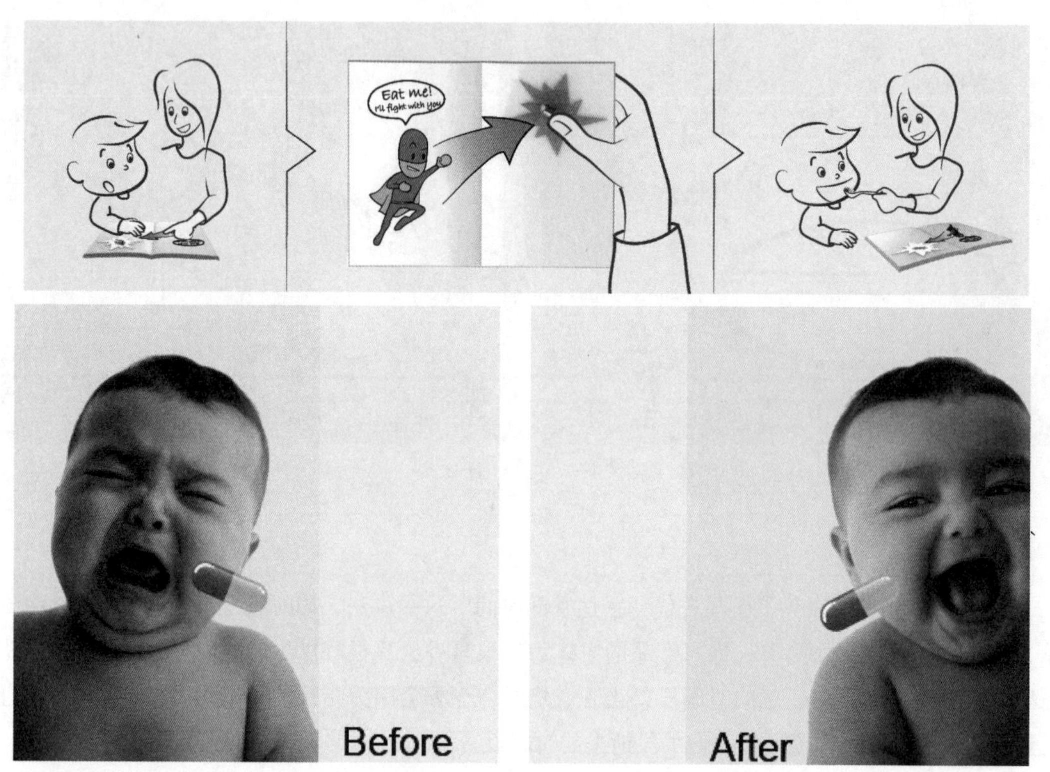

图8-6 “Pills man”儿童药品说明书设计及使用效果

赏析

药片超人是针对儿童不喜欢吃药的问题所做的一款儿童药品说明书设计。通过讲述一位卡通的药片超人的故事，父母可以消除儿童对药品的恐惧和厌恶，顺利地引导儿童吃下药片。儿童在听到了好玩的药片超人大战疾病怪的故事后，就不会对吃药有那么大的抵触情绪了。

一次性餐筷再设计

设计者：李素愔、赵宁，如图8-7所示。

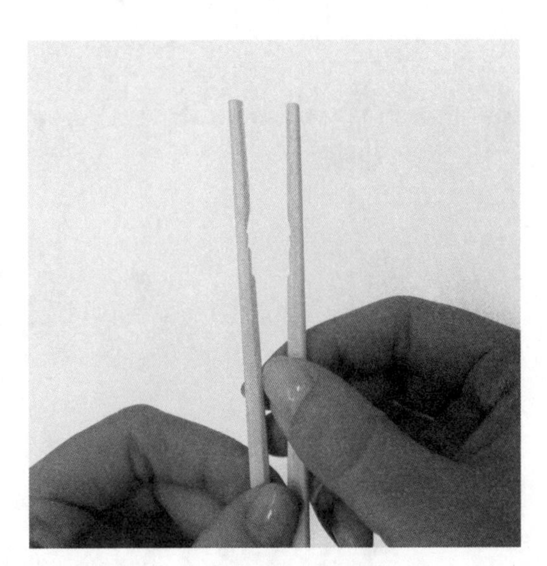

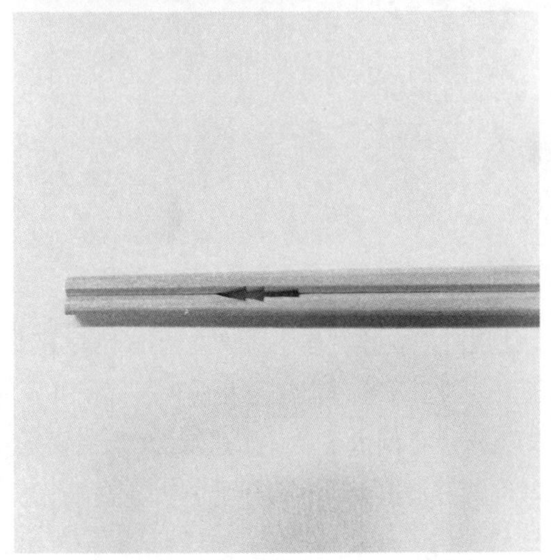

图8-7　一次性餐筷再设计

虽然一次性木质餐筷被认为是森林生态系统被破坏的一个原因，但它可能会像香烟一样，短期内很难从我们的眼前消失。我们对一次性餐筷进行再设计是希望当人们在掰开筷子，看着筷子上的小树图案也被分成了两半时，手中脆弱的小树能够唤醒人们的环保意识。不仅如此，小树形状的缺口使筷子能够稳定地放在盘子的边缘而不滑下。

“Flot”盲人倒水器

设计者：王一然，如图8-8所示。

图8-8 “Flot”盲人倒水器

Flot是为了方便盲人把水倒进杯子里而设计的。使用时把它挂在杯子边缘，两个小球分别悬挂在杯子的内外两侧。当向杯子里倒水的时候，杯子内侧的小球会浮上来，相应地，杯子外侧的小球就会掉下去。当盲人触碰到外侧的小球时，就知道该停止倒水了。杯子边缘的U形装置是橡胶质地，小球为塑料，绳子则采用玻璃纤维制成的。Flot能够适用于所有的杯子。

"Kid Turn"房门把手助开套

设计者：沈达，如图8-9所示。

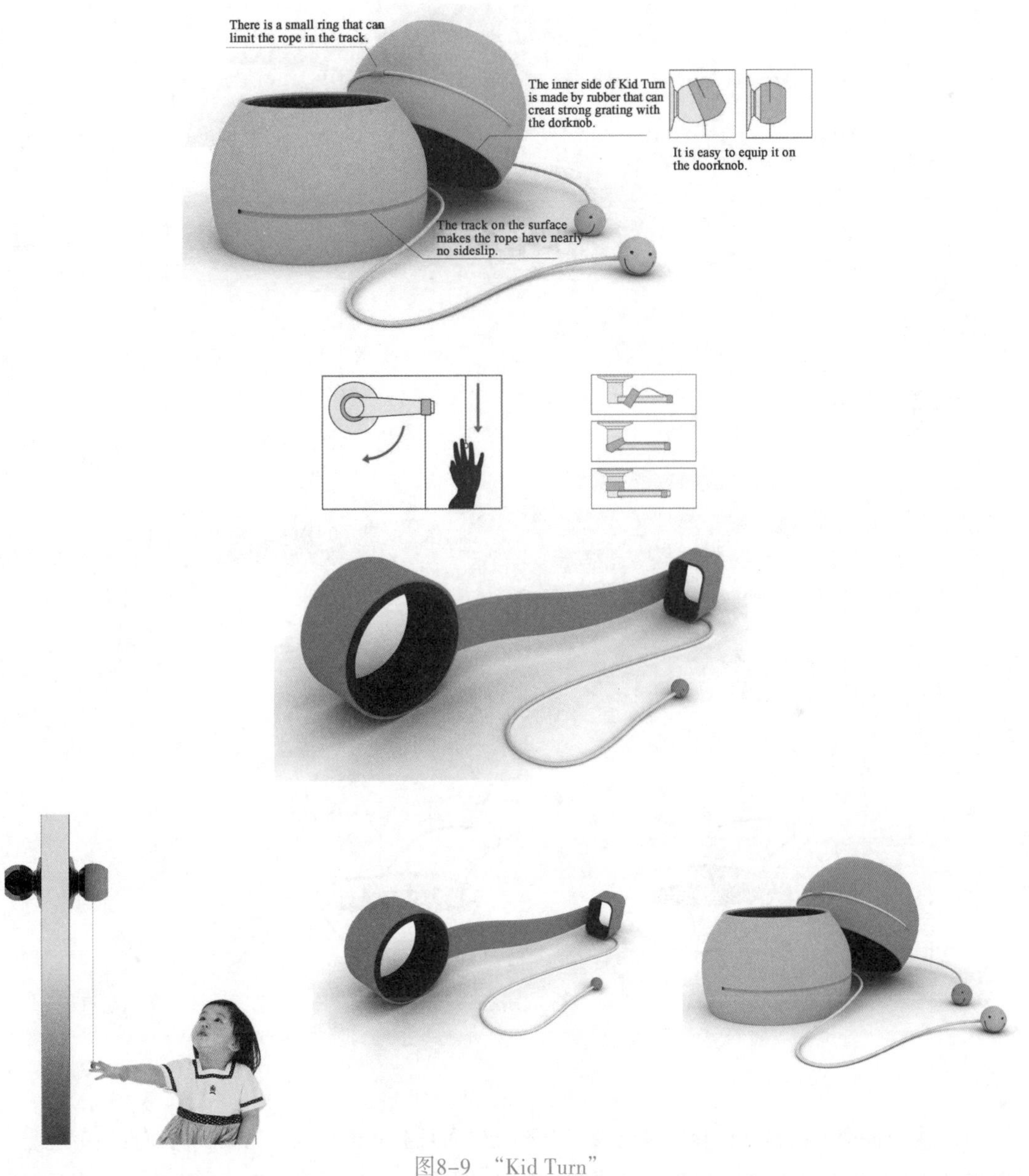

图8-9 "Kid Turn"

赏析

Kid Turn是为2～5岁的儿童设计的，这个年纪的孩子还不够高，碰不到门把手。把Kid Turn套在门把手上，孩子拉动Kid Turn上的绳索，就能转动门把手，从而把门打开。设计的宗旨是要通过简单的方式来解决孩子们在活动室中的障碍。

“Fine Draw”裂缝叉子

设计者：李硕 汤羿 马骁，如图8-10所示。

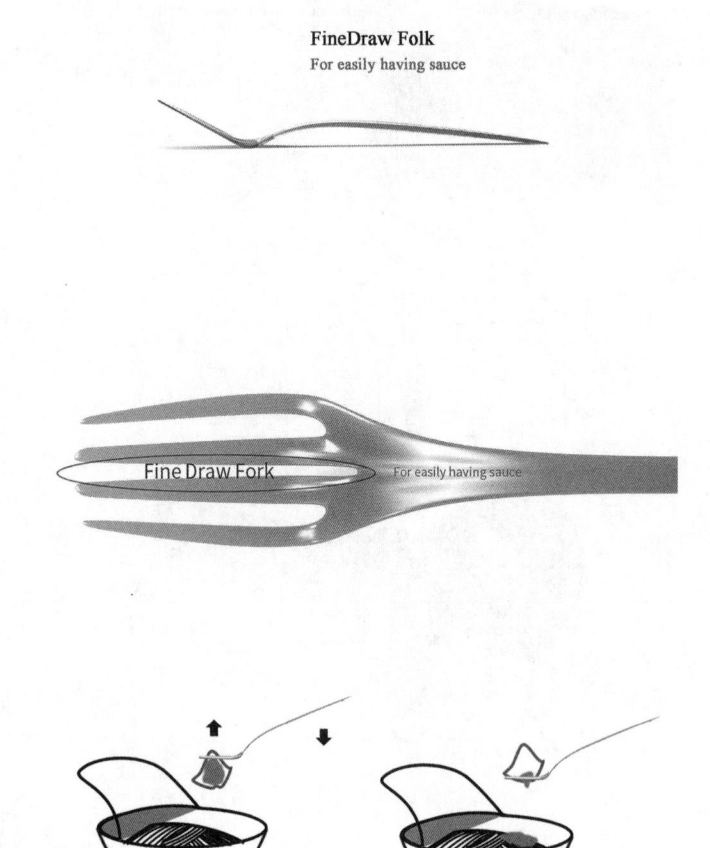

图8-10 “Fine Draw”裂缝叉子

赏析

有时我们很难把酱料从包装中挤出来，很不方便而且会弄得很脏，比如我们在麦当劳吃薯条的时候挤番茄酱包就是如此。这款叉子的设计能够以一种很简单便捷的方式解决这个小麻烦。利用叉子中间经过特殊设计的缝隙，用户可以把酱料包放在两个叉脚中间，打开包装，然后把包装从缝隙当中拉过去。由于缝隙很狭窄，叉脚可以把包装中的酱料挤压出来落到容器当中。这种很简单的处理方式能够让用户很方便的处理这个包装上的小问题。

"Turn off me" Socket

设计者：张印帅、林宏楠，如图8-11所示。

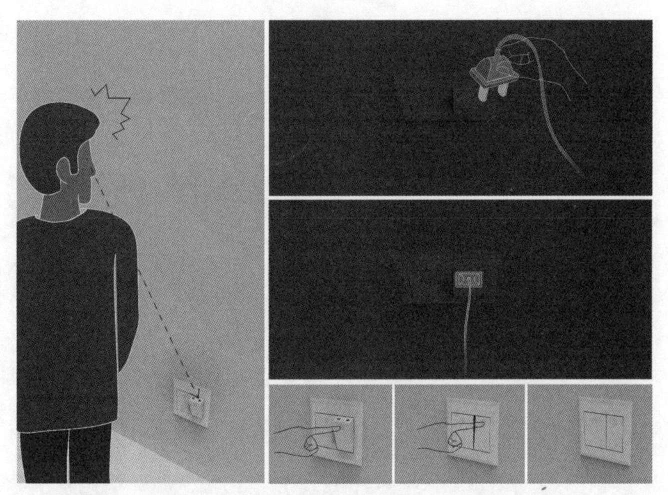

图8-11 "Turn off me" Socket

赏析

插座电源在使用后忘记关闭是一个非常危险同时浪费电能的错误习惯，因此，在插座里面内置LED灯来提示用户关闭电源，并且选取了适合立姿观看的角度来便于提醒；而且，点亮的LED灯能够辅助用户在夜间插拔插座。

射　　灯

设计者：甘园园，如图8-12所示。

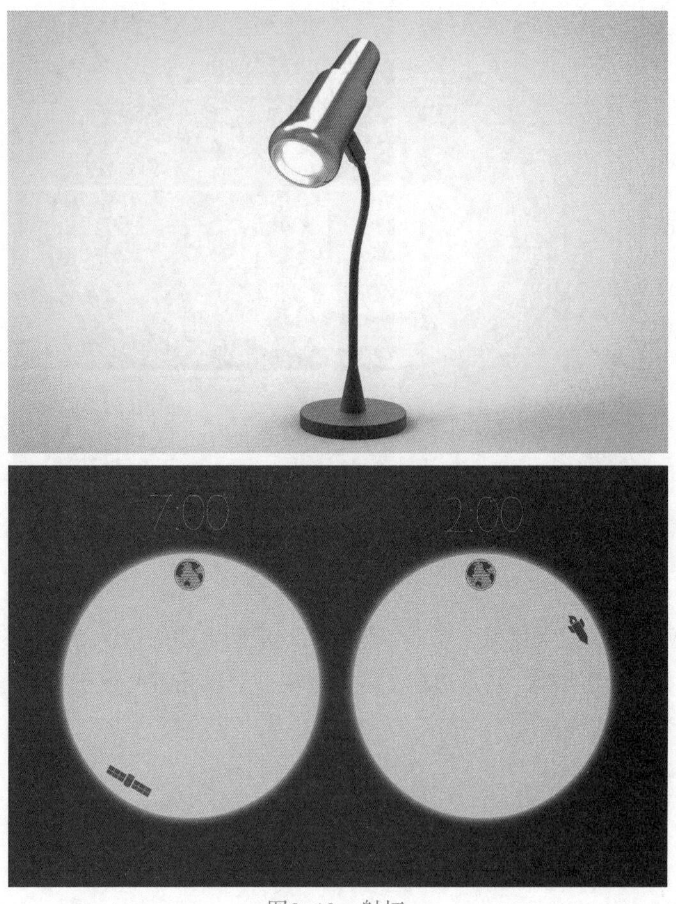

图8-12　射灯

赏析

图8-12所示为一款射灯，它不仅能提供光亮，还能用有趣的方式在不经意间提醒人们时光的飞逝。射灯射出的圆形光亮就像一个表盘，地球图案的阴影固定不动，移动的阴影就是时针，随着时间的流逝，小火箭飞离了地球，运送一颗小卫星绕地球旋转，返回地球时又变回了小火箭。

火箭和卫星都是航空航天的象征，同时，飞速的运动又让人联想到时间的流逝。这款射灯的主要功能依旧是照明，阴影的运动缓慢并不能准确指示时间。然而，在我们的生活中，往往就是在不经意间注意到时间的飞逝，就如火箭、卫星的暗影在不经意间已经走了很远。

“Beverage Maker” paper cup

设计者：张印帅 林宏楠，如图8-13所示。

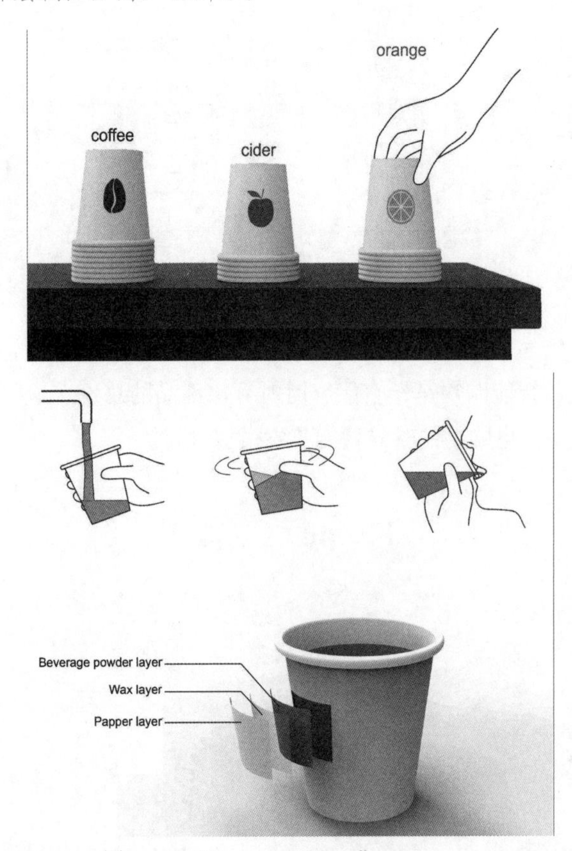

图8-13 “Beverage Maker” paper cup

赏析

固体饮料粉末的包装材料、运输和冲泡用的一次性杯子是很大的浪费。Beverage Maker纸杯不仅仅是一个纸杯，它还是固体饮料粉末的包装。杯子上的标志代表了杯子里的饮料种类。

“It Knows”智能购物车

设计者：彭飞，如图8-14所示。

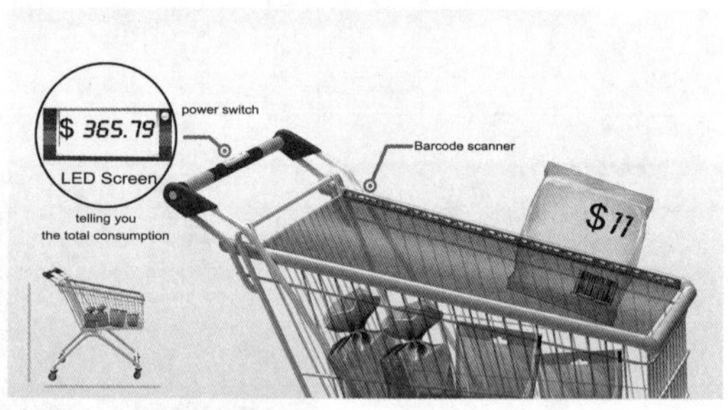

图8-14 “It Knows”智能购物车

“It Knows”是一款智能购物车，它能够时时算出商品的总价，这样你就能随时地知道你的总花费。有了它，你在商场里购物的时候就能节省很多时间。

“Scan”微波炉

设计者：彭飞，如图8-15所示。

图8-15 图“Scan”微波炉

赏析

有时候人们并不清楚该怎么用微波炉来加热快餐，但是现在只需要把条形码放在微波炉前面扫一扫，微波炉就能自动选择加热方式和加热时间，操作者就不用再感到手足无措了。

"D-face Ruler"双面尺

设计者：邢鑫雨，如图8-16所示。

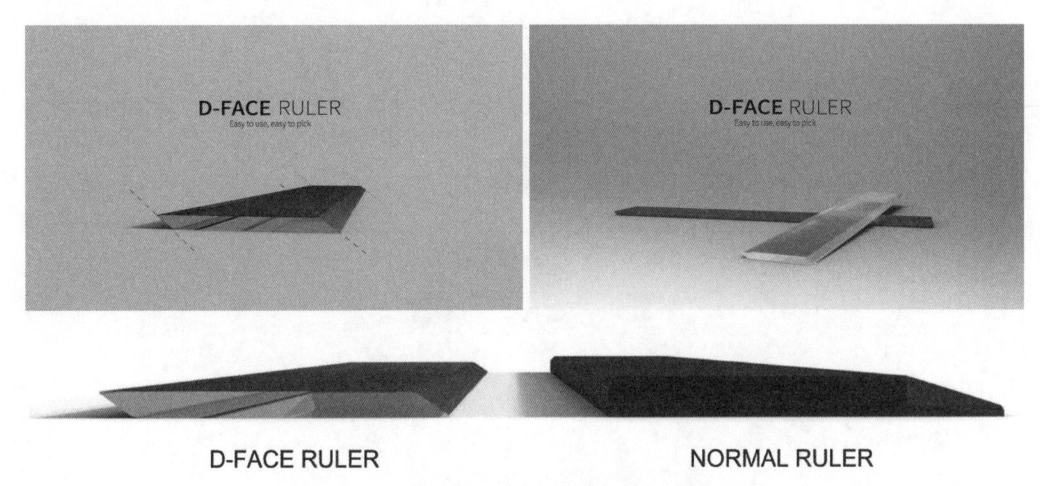

图8-16 "D-face Ruler"双面尺

正如我们所知，尺子在日常生活中是一种非常有用的文具。并且在尺子的某一边会有倒角来确保它的绘图精确度。但是问题来了，由于尺子的这个倒角，使得我们很难将它拿起来，尤其是将它放在一些平坦地方的时候。而双面尺的两边都有倒角的存在，位于相反的方向上，并且能够保持平衡。于是使用者可以轻易地将它从平面上拿起来。而且这种造型不会影响绘图的精度。

“Coin card”硬币卡片

设计者：李硕、汤羿、马骁，如图8-17所示。

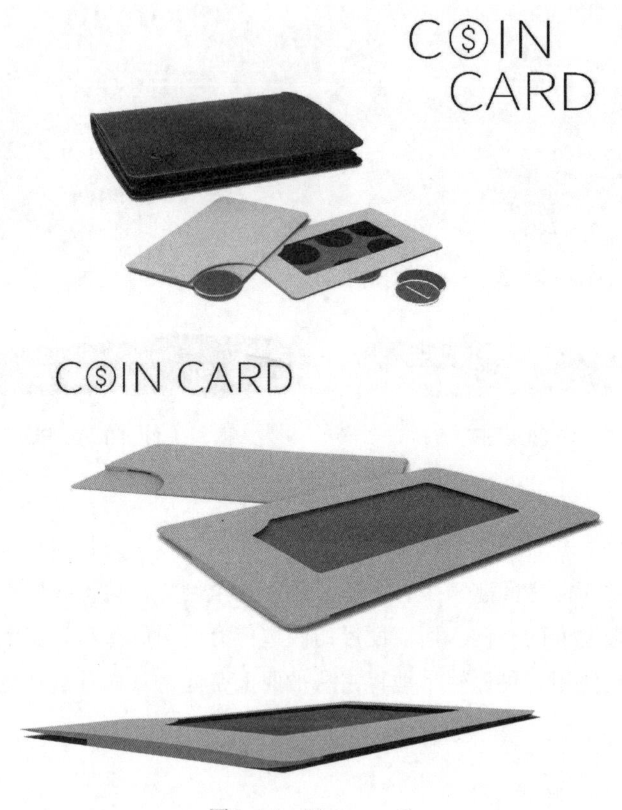

图8-17 “Coin card”

赏析

在日常生活中，人们或多或少的会丢失一些硬币。有时候当人们因为找钱而拿到一些零钱时，他们可能会因为没有合适的机会把这些钱花出去而把硬币随意的放置，久而久之就遗忘了它们。而有些时候，人们又恰好需要硬币，比如用零钱坐公交车，或者是在自动售货机上买东西时。

硬币卡的出现有效地解决了这些问题。当人们拿到硬币，可以通过角落的小孔直接将硬币推入卡中；由于硬币卡的材质为橡胶类材料，这一过程会非常顺利；同样的，如果需要拿出硬币使用，只需要挤压两侧，硬币卡一侧的缝隙就会张开，足够硬币进出。

"Tea Temperature"水壶

设计者：梁晓、刘蓓贝，如图8-18所示。

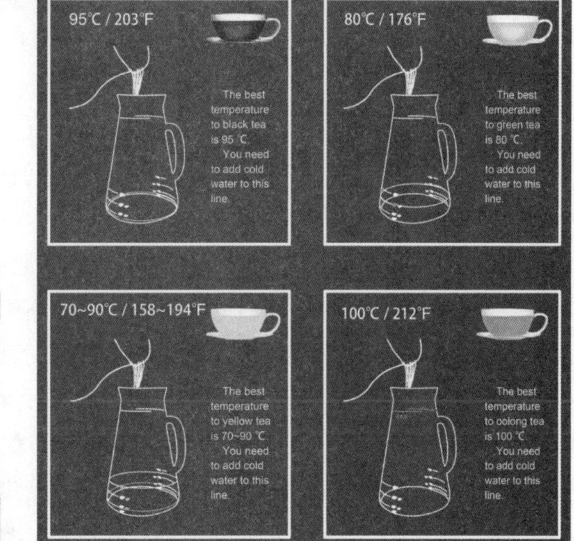

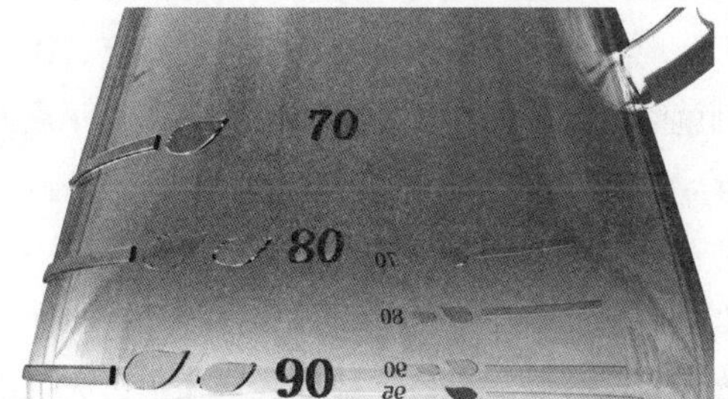

图8-18　"Tea Temperature"水壶

赏析

这是一款对泡茶的水的温度极度挑剔的茶壶，他会提醒你泡某种茶相对应的水的温度。你只需要先放入茶叶，然后倒入无菌水至相应刻度，然后再入沸水至刻度线。这样你便能获得一壶口感极佳的茶水。

时间痕迹

设计者：申福龙、张朝政，如图8-19所示。

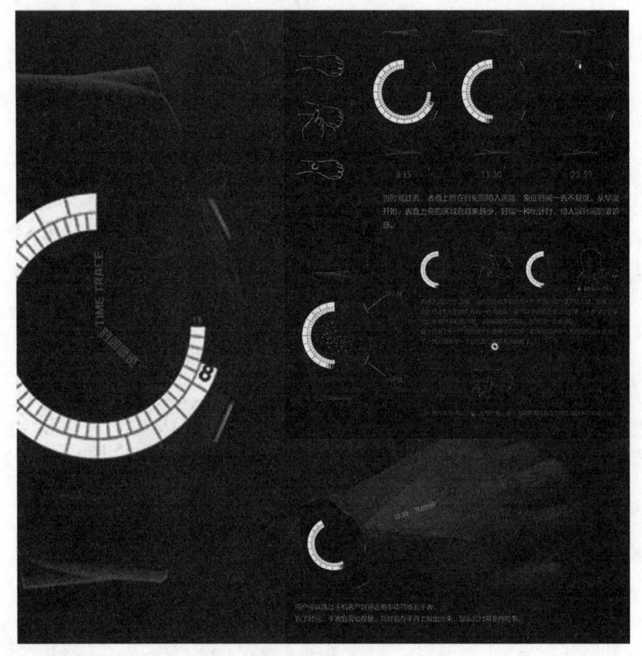

图8-19 “时间痕迹”腕表

赏析

随着人们的生活节奏越来越快，时间对于我们却越来越抽象。当一年在不知不觉中又过去时，总是有一种怅然若失的感觉，心中总是禁不住要问：“时间都去哪儿了？”

设计这款手表的初衷就是为了帮助忙碌的人们记录时间的痕迹，消除对于时间的迷茫之感。

传统表针和现代普遍的电子表的计时方式都不符合现实世界中时间消逝不复返的特点，因此设计出全新的双轮计时方式:当时间过去，所在的时刻就陷入黑暗，象征时间一去不返，从早晨开始，表盘上亮的区域会越来越少，好似一种倒计时，给人以时间的紧迫感。记录痕迹的呈现方式灵感来源于年轮，每一圈代表一天，圈上的每一个点代表一件事，表盘上共七圈，代表一周，一周之后清空痕迹，重新开始记录，如此循环。圈与点共同构成璀璨星空的画面，在夜晚开启时尤其具有美感，看着自己这一天的记录，内心的踏实与满足不言而喻。另外，根据观察，很多人习惯在手背上写上当天要做的事提醒备忘，据此设计了一种符合用户无意识的自然的概念提醒方式，即在手背上投影出备忘的事，到时间便提醒用户。采用钻石切割风格的手表造型设计，营造时间雕刻之感。

温度贴纸

设计者：杨利伟，如图8-20所示。

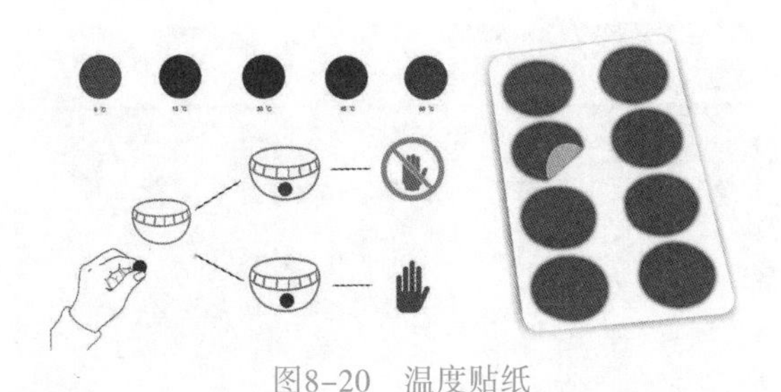

图8-20 温度贴纸

赏析

这是一款由温变材料和色粉制成的圆形贴纸，会随着温度变化而改变颜色。使用者可将它贴在任意可能发热的厨具上，以大致判断厨具的温度范围，从而判断能否直接触碰它，防止烫伤手。

计时锅盖

设计者：王曦，如图8-21所示。

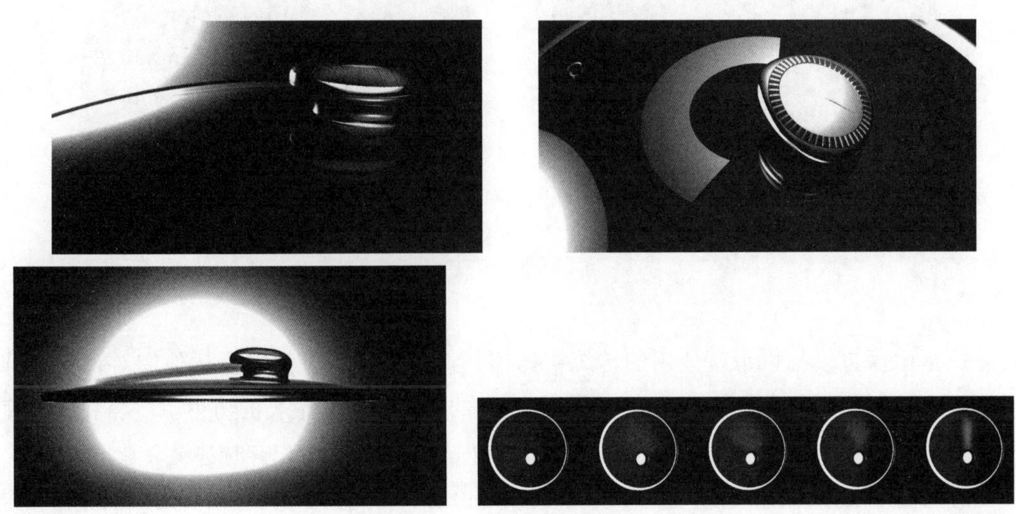

图8-21 计时锅盖

赏析

这是一款可以计时的锅盖设计。发光区域的面积与颜色表示了时间的长短与紧急程度，可以帮助人们更好的掌握烹饪时间。在技术实现上，计时区域的发光采用了胆固醇液晶显示技术，也称电子纸技术。将彩色电子纸置于双层隔热玻璃的夹层中，既便于清洁，也不会受水汽、油污的影响而导致短路。

“Clean-prayer”香炉

设计者：朱一冰，如图8-22所示。

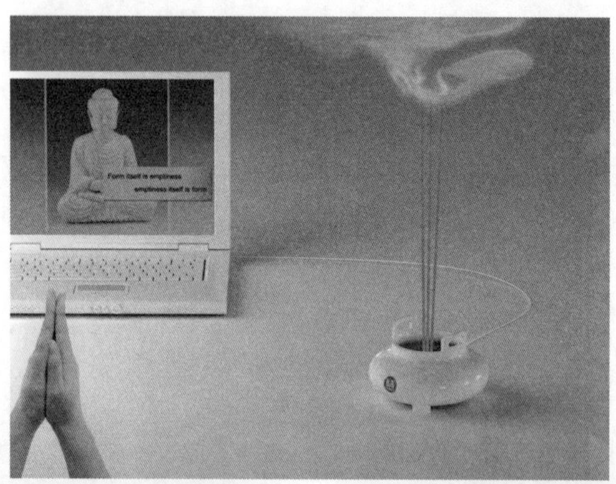

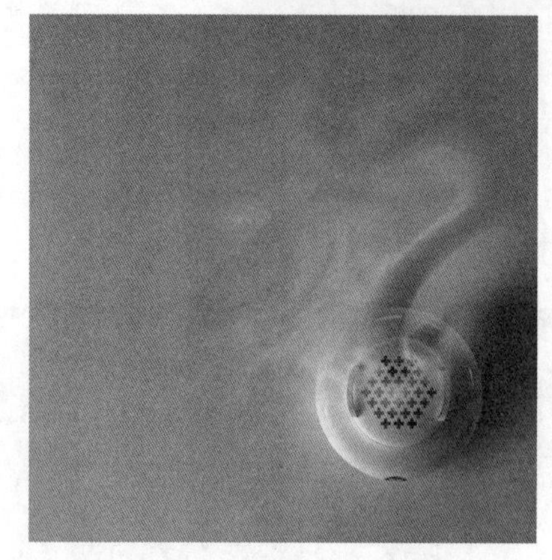

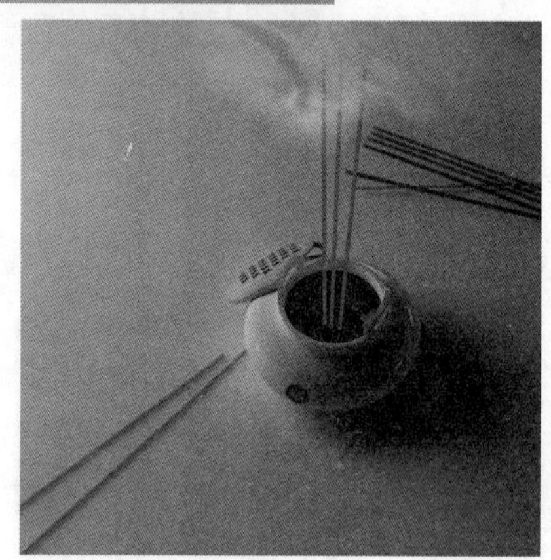

图8-22 “Clean-prayer”香炉

赏析

香炉是中国自汉代以来所使用的传统祈祷器具。中国人用香炉来表达他们对神的敬仰尊重，并且以此为媒介和神进行交流。在中国，香炉的使用已经有很长的历史了。当我们在室内使用香炉时，火焰和浓烟会不可避免的污染周围室内的空气和环境，有时甚至会造成火灾。

随着人们生活方式的不断改变，传统也在渐渐的没落，年轻人不再像以前的人们那样频繁的参加佛教活动。但是在日常生活中，他们仍然需要精神慰藉。这款“Clean-prayer”香炉就提供了一种新的途径，能够让你随时随地都可以得到心灵的安宁。无论是在办公室，还是在家中，都能够让你以一种更现代化的方式，和神进行沟通。以宗教的方式来净化现代城市中人们的心灵，就好像空调净化室内污浊的空气一样。

无论你身在何方，你都可以用这件产品来向神祷告。当你打开她，使用它的时候，你可以放松自己的身心，感受到从内而外散发出来的宁静。

SOFE Tableware”餐具设计

设计者：伊成强，如图8-23所示。

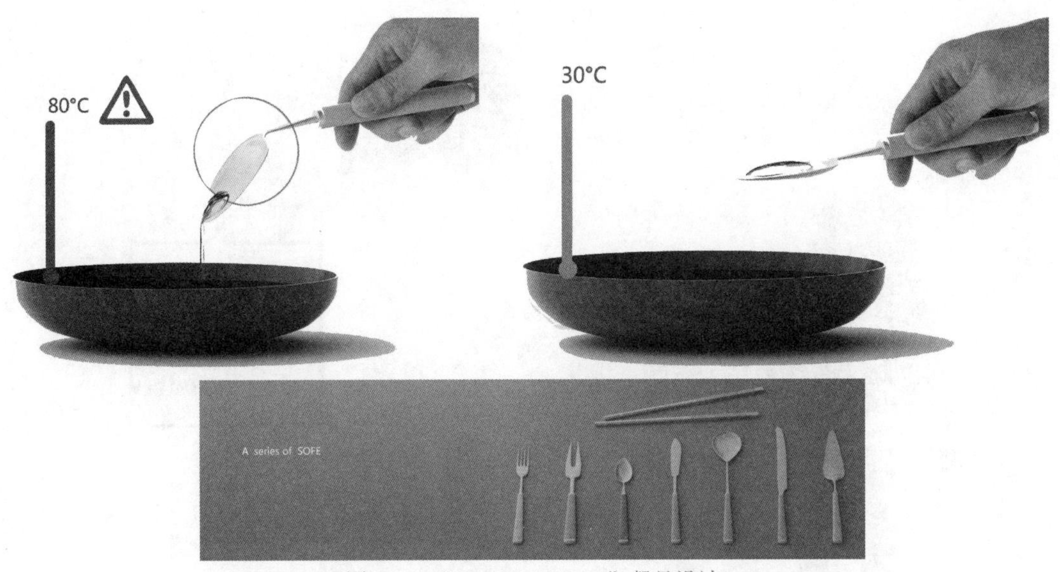

图8-23 “SOFE Tableware”餐具设计

赏析

SOFE餐具，使用高分子材料形状记忆纤维作为材料。高分子材料形状记忆纤维，其原理就是运用现代高分子物理学和高分子合成改性技术，对通用高分子材料进行分子组合和改性。如对聚乙烯、聚酯、聚异戊二烯、聚氨酯等高分子材料进行分子组合及分子结构调整，使它们同时具备塑料和橡胶的共性，在常温范围内具有塑料的性质，即硬性、形状稳定恢复性，同时在一定温度（所谓记忆温度）下具有橡胶的特性，主要表现为材料的可变形性和形状恢复性，也就是材料的记忆功能，即“记忆初始态—固定变形—恢复起始态”的循环。

“Touch-Lover”手环设计

设计者：杜鹏飞，如图8-24所示。

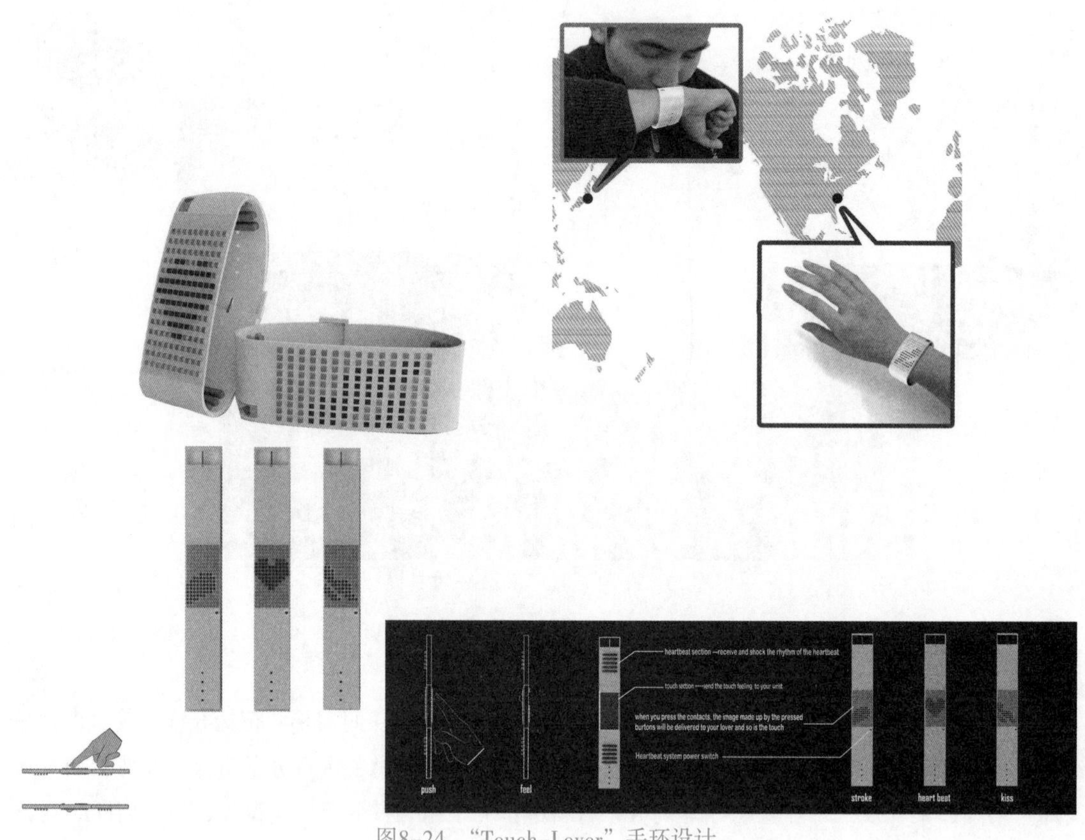

图8-24 “Touch-Lover”手环设计

赏析

异地的恋人们需要经常交流来维持彼此之间的关系，然而，光是发发文字和图片对于爱人们来说还不够亲密。Touch-Lover是一款手镯，它能通过振动向爱人传递你的爱抚，让他/她感受到你的心。

“Transparent Color”电熨斗

设计者：彭飞，如图8-25所示。

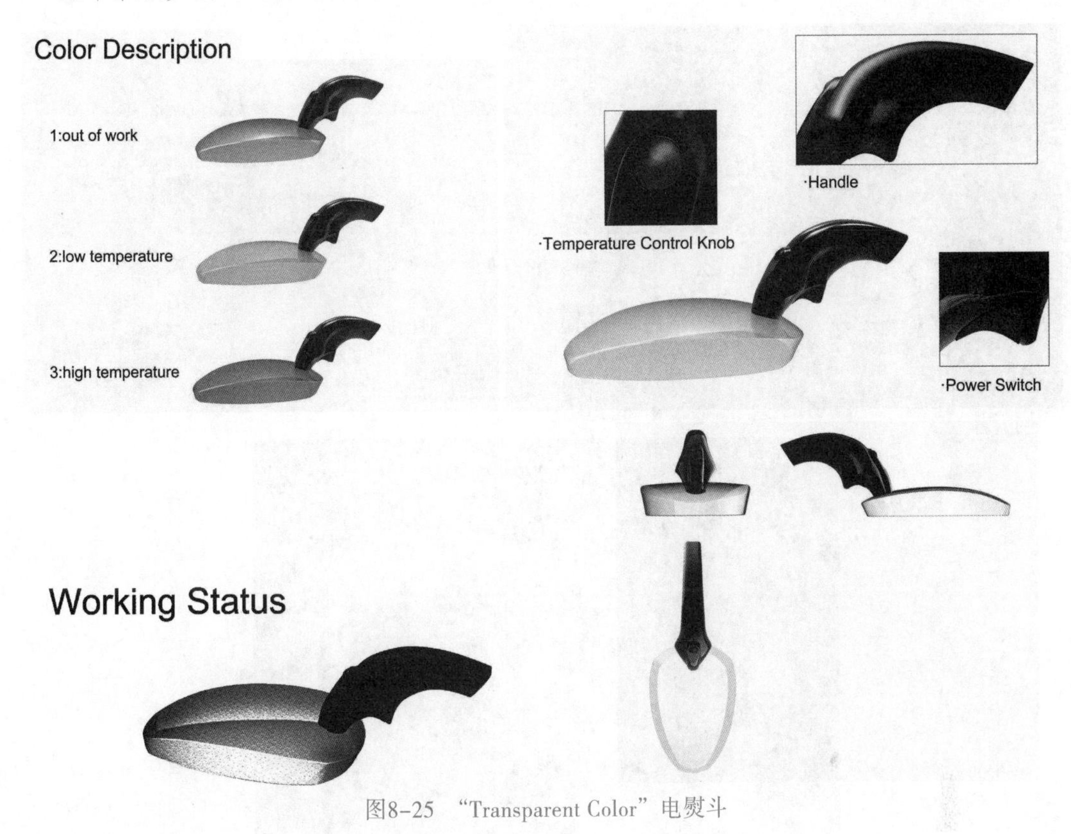

图8-25 “Transparent Color”电熨斗

赏析

Transparent Color是一款能告诉你衣服是否平整的熨斗，同时，它还能根据自身的温度改变颜色，这样我们就能知道熨斗的确切温度。有了这样新型的透明陶瓷，用户们能简单地通过颜色来判断熨斗的温度，防止意外烫伤发生。

废旧电池集成充电器

设计者：傅一帆，如图8-26所示。

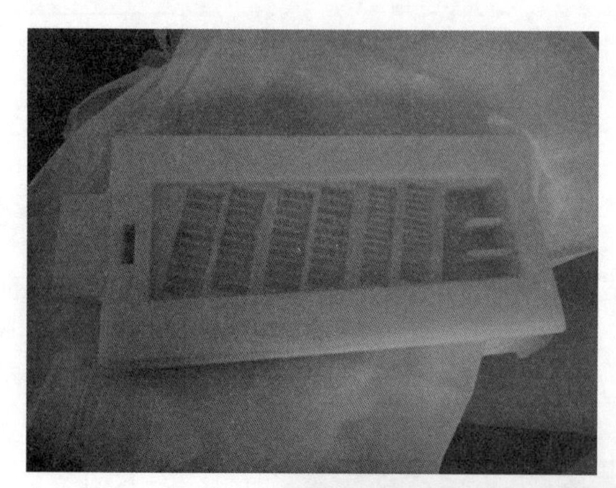

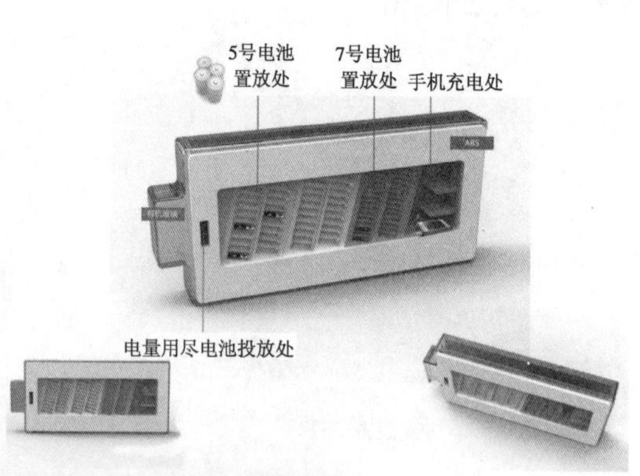

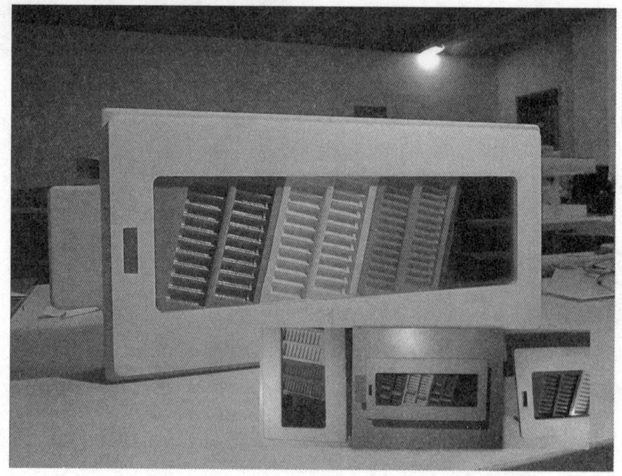

图8-26　废旧电池集成充电器

赏析

大多数情况下我们会将废旧电池随便丢到垃圾桶里，而不是将它们收集起来放到专门的回收站。往往用电池供电的设备不能工作，而电池的电量还没有完全耗尽，这个时候丢弃电池不仅污染环境，还会造成一定的浪费。将这些被丢弃的电池集中到一起，通过这款废旧电池集成充电器的整合处理，就可以将废弃电池电的电量慢慢积聚起来，为公共场合继续用电的人带来小小的便利。

上班的人可以将废旧电池带到车站，通过这个可持续电池供电器来为急需充电的人带来便利。赶飞机时需要为计算机充电的人也可以通过这个产品享受到他人将废旧电池集中到一起带来的便利。同时，这些废旧电池也被集中到了一起，方便回收电池的人定点收取，防止电池随意丢弃带来的污染。

“OOXX” Bottle

设计者：郭鑫磊，如图8-27所示。

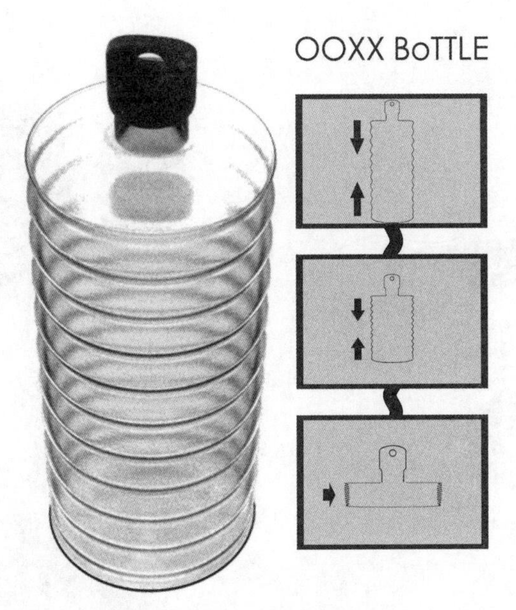

图8-27 “OOXX” Bottle

赏析

“OOXX”是专为旅行者设计的一款矿泉水包装。螺旋形的外侧框线设计使得瓶子在没有水的情况下很容易压缩，节省了“驴友”背包内的空间，也很便于回收处理。

小树便签盒

设计者：张萌，如图8-28所示。

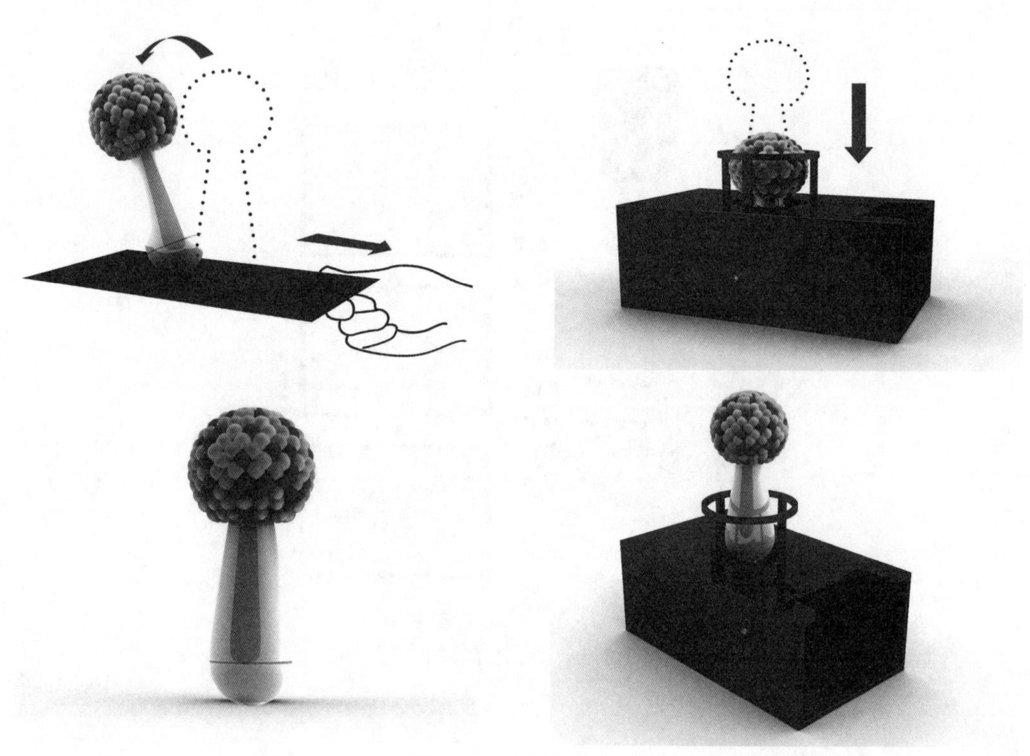

图8-28 小树便签盒

赏析

小树便签盒是一款提倡节约能源的设计，它利用了惯性，摩擦阻力及不倒翁原理，使用时，小树会因惯性及摩擦阻力向抽取纸张的反方向倒下，由于自身是不倒翁，使用后小树会自动恢复到竖直位置。同时，由于小树落在纸上，随着便签的减少，小树会变矮，直到最后大部分没入便签盒。这款设计的意义在于提醒人们，节约用纸，保护树木，维护绿色家园。

“Notes book”

设计者：张印帅、林宏楠，如图8-29所示。

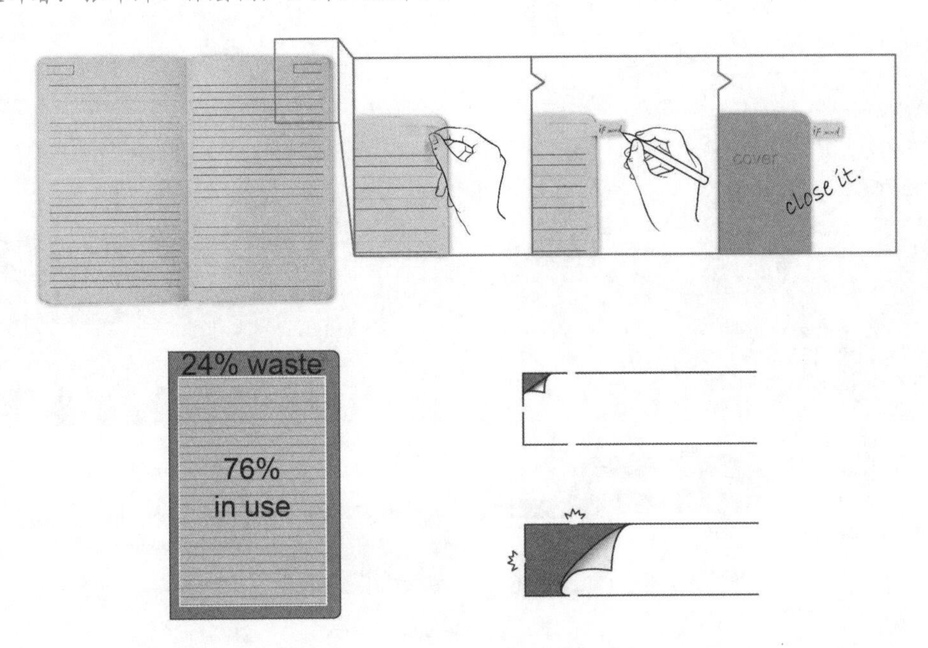

图8-29 “Notes book”（笔记本）

赏析

日常使用的纸张仅仅有76%的部分是常用的，而其余的24%几乎都是浪费的部分，以此为突破点，得到了这款改进设计。当你需要在笔记本上标记一页重要内容，并且写下这页关键词的时候，你只要将”Notes book”页面上端的预留标记纸条撕开，并折出，即可在上面写下标记页的关键词，同时，折出的标记条还可以作为书签使用。

"Cycle my dog"拉绳

设计者：张印帅、林宏楠，如图8-30所示。

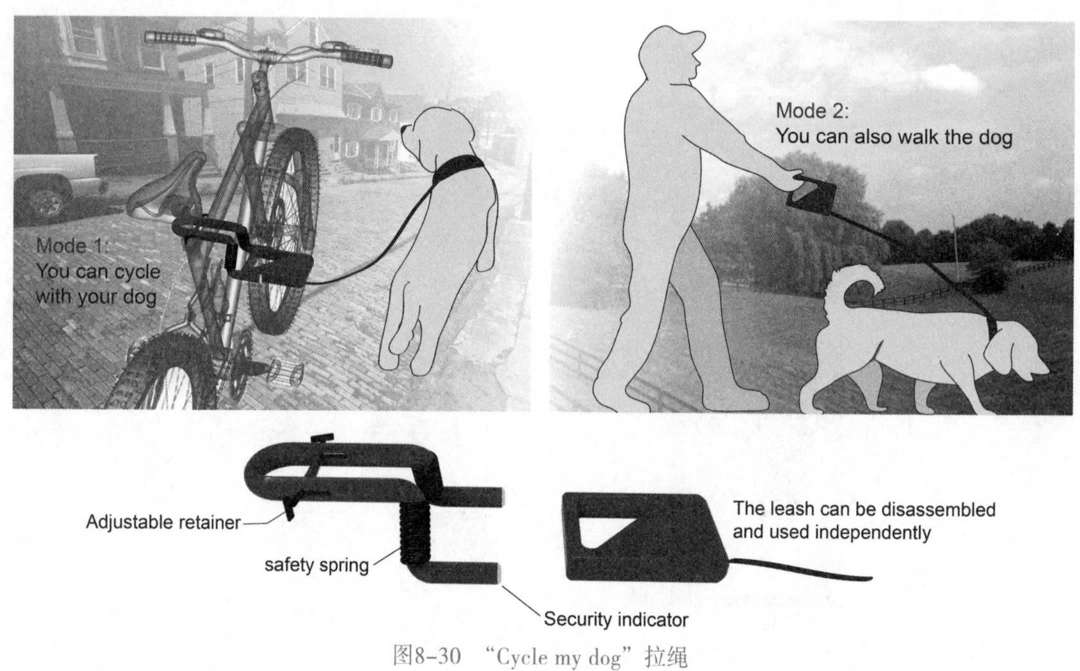

图8-30 "Cycle my dog"拉绳

赏析

在城市里狗主人们很难找到一个合适的地方遛狗，"Cycle my dog"拉绳为宠物和它们的主人创造了一种新的生活方式。人们可以把拉绳固定在自行车上，这样就能边骑车边和宠物玩耍，在找到合适的地方之后，拉绳也能方便取下，这样就能步行着遛狗了。特别要指出的是"Cycle my dog"拉绳的结构经过了一定的研究，因此它不会对宠物和它们的主人造成伤害。

冰 的 箱

设计者：张印帅、林宏楠，如图8-31所示。

图8-31 冰的箱

赏析

智能冰箱难道只能是传统冰箱与一块屏幕的堆砌吗，我们不这样想。冰的箱，形如其名，有直抵人心的语义和视觉冲击力。置于箱门框上的扫描装置收集出入冰箱的食物信息，交由云端分析处理。

“摆谱”音乐插接玩具

设计者：尹虎、杨逸峰、苏雷、张印帅，如图8-32所示。

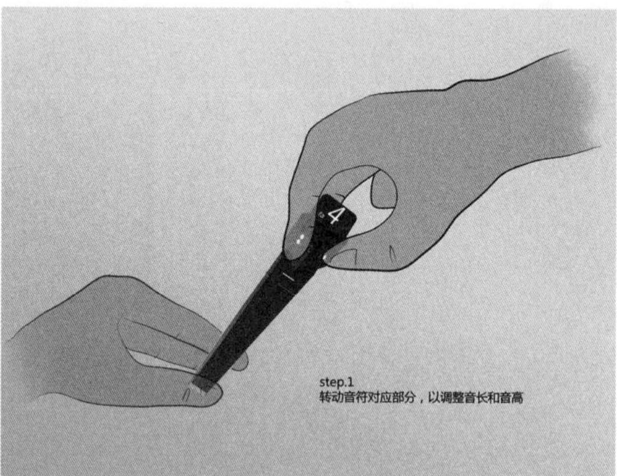

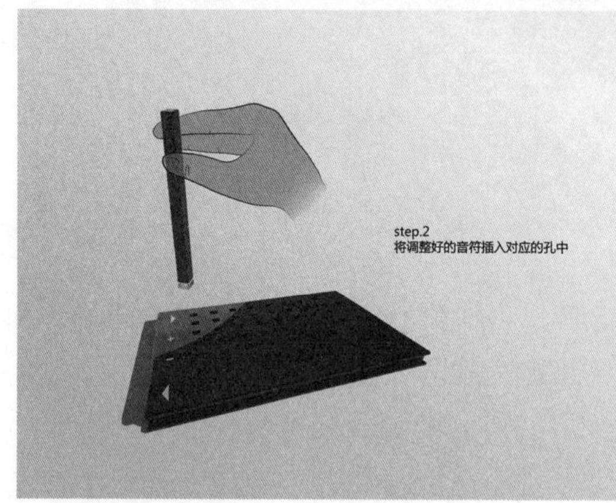

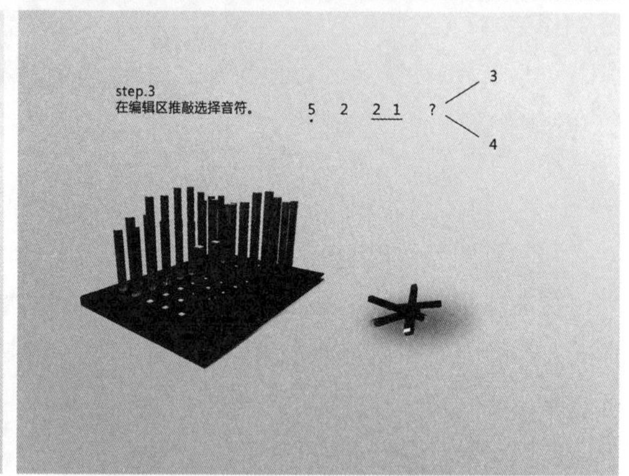

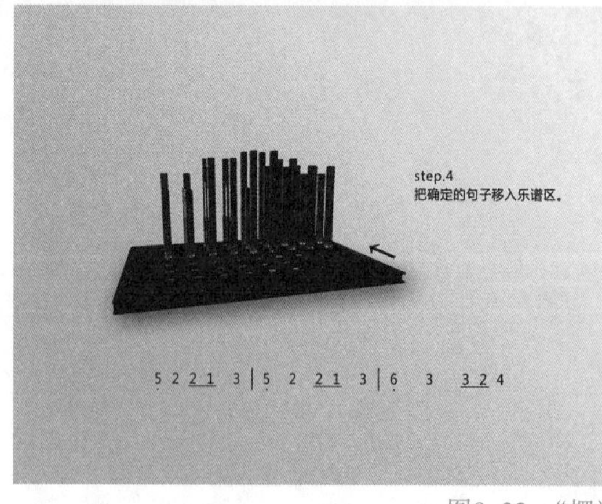

十六种旋转组合模式

对应不同的音长音高

	$\underline{\cdot}$	$\overline{\cdot}$	—	$\underline{:}$
—	$\underline{\dot{4}}$	$\underline{\underset{\cdot}{4}}$	$\underline{4}$	$\underline{\overset{:}{4}}$
═	$\underline{\underline{\dot{4}}}$	$\underline{\underline{\underset{\cdot}{4}}}$	$\underline{\underline{4}}$	$\underline{\underline{\overset{:}{4}}}$
	$\dot{4}$	$\underset{\cdot}{4}$	4	$\overset{:}{4}$
▬	$\dot{4}$-	$\underset{\cdot}{4}$-	4-	$\overset{:}{4}$-

图8-32 “摆谱”插接作曲玩具

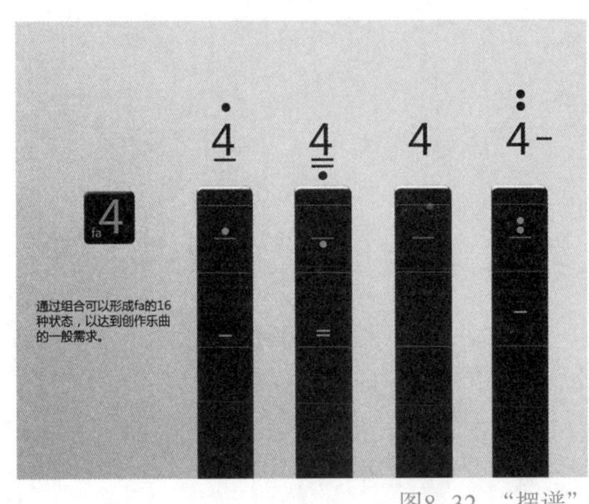

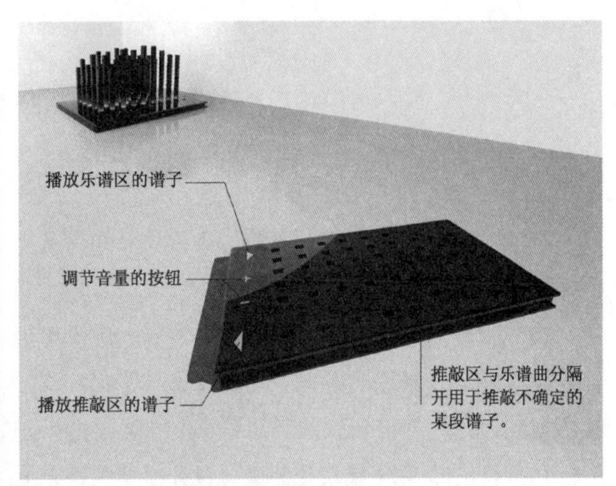

图8-32 “摆谱”插接作曲玩具（续）

赏析

此设计适用于没有音乐基础、不熟练掌握乐器，又希望创作简单旋律的音乐爱好者。可以根据插接，完成象征城市天际线的插接模型，同时这一过程也是谱曲的过程，消除了作曲的专业障碍，在玩中实现了音乐创作。

每根立柱既象征一个建筑，也是根据不同长度对应着音符“1”到“7”的不同音高，还可通过旋转顶部结构实现1/2、1/4、1/16音符及升音、降音，共计16种组合。

此玩具有两种玩法，初玩者，可以通过自由插接随机产生乐谱和城市剪影，并通过扬声器播放（系统由数据库支持，把随机产生的乐谱经过美化后播放）；另一种玩法是有目的的简单创作，玩者可以根据创作旋律，调整音符进行有目的的插接。此玩具的底盘及音符还可扩展。

参 考 文 献

[1] 赵江洪，张军，龚克．第二条设计真知：当代工业产品设计可持续发展的问题【M】．石家庄：河北美术出版社，2003.

[2] 刘新，余森林．可持续设计的发展与中国现状【D】．北京：清华大学，2009.

[3] 柳淑仪．概念产品与产品概念设计【J】．家具与室内装饰，2003(11)：1 0-1 2.

[4] 王文渊．基于LCA的产品概念设计关键技术研究【D】．济南：山东大学，2007.

[5] 白月香．基于模块化的概念设计模型的研究【D】．江西：华东交通大学，2006.

[6] 徐妍.概念产品可持续设计【J】．工业设计，2011（10）：120—121.

[7] 朱坚强，韩狄明．可持续发展概论【M】．上海：立信会计出版社，2002：2.

[8] 王鑫.对未来生活方式的思考：以一位设计师的未来生活片断为例【J】．艺术与设计，2006（3）.

[9] 应肩肇．环境、生态与可持续发展【M】．杭州：浙江大学出版社，2008.

[10] 周仲凡．产品的生命周期设计指南【M】．北京：中国环境科学出版社，2006.

[11] 余森林．设计新主张：服务设计—以社区衣物清洁服务设计为例【J】．装饰，2008，51(10)：80.

[12] 杨丹丹，任宏．新材料在工业设计中的应用【G】艺术与设计，2012（10）224-225.

[13] 陆斌．生物识别技术及其应用【J】．通信与广播电视，2004(4)：46-52.

[14] 刘云浩.物联网导论【M】.北京: 科学出版社. 2010.

[15] 兰玉琪．物联网发展给工业设计带来的机遇、挑战和对策【J】．包装工程2013，34（12）.

[16] 张志东，李海鹰.论物联网时代的到来对工业设计的影响[J].包装工程，2011， 32（14）：122-125.

[17] 吕艳红.非物质社会产品设计特征及研究方向[J].包装工程，2005，26（3）：197.

[18] 【英】阿什比．材料与设计：产品设计中材料选择的艺术与科学【D】．建筑工业出版社，2010.

[19] 尹虎. 探索学科交叉融合的综合性工业设计教学模式[J]. 图学学报,2014(03): 459-463.

[20] 尹虎. 工业设计创新与工业设计教育发展[J]. 东岳论丛，2014(06):153-156

[21] 尹虎. 高校工科工业设计专业素描课教学探索与实践[J]. 教育理论与实践，2014(21)：52-53.

[22] 【美】Ben. Shneiderman Catherine. Plaisant . Designing the User Interface—Strategies for Effective Human-Computer Interaction Fifth Edition [M]. 北京: 电子工业出版社, 2011.

[23] 【美】Donald A. Norman. The Design of Futre Things [M]. 北京: 电子工业出版社, 2012.

[24] 【美】Donald A. Norman. Emotional Design [M]. 北京: 电子工业出版社, 2012.

[25] 【美】Esslinger. H. Design forward: creative strategies for sustainable change [M]. 北京: 电子工业出版社，2014：289.

[26] 【美】Chris. Anderson. Makers [M]. 北京: 中信出版社, 2012.